KB125584

보이지 않아도 존재하고 있습니다

보이지 않아도 존재하고 있습니다

물리학자 김범준이
바라본

나와 세계의
연결고리

김범준 지음

웅진 지식하우스

추천의 글

전화기를 열고 인공지능 프로그램에게 뭘 알려달라고만 하면 검색 결과가 산더미처럼 쏟아지는 시대다. 이런 시대에 지식을 얻기 위해 한 사람의 말을 애써 찾아 듣고 그의 글을 읽어야 하는 이유가 있을까? 그 이유 중 하나는 한 분야에 대해 깊이 연구하고 고민해온 사람으로부터 지식뿐 아니라 그 사람의 삶의 태도와 인생에 대한 감상을 함께 알고 싶기 때문일 것이다. 그런 감상을 전해줄 수 있는 우리 시대의 스승이라면 나는 역시 김범준 교수님이라고 생각한다.

『보이지 않아도 존재하고 있습니다』는 누구나 쉽게 접할 수 있는 일상 속 현상에서 다양한 과학 지식을 소개해주는 친절함은 물론이고, 그 지식을 돌이키는 가운데 21세기의 현인이 마음속에 새기고 있는 삶의 의미까지 담겨 있다. 그런 글들이 아름답고 조용한 숲속, 그 끝없이 많은 나무들처럼 서 있는 것이 바로 이 책이다.

가슴이 답답하고 인생에 지칠 때, 과학책을 읽으며 힘을 낸다는 게 과연 어울리는 일인가 싶을 수 있는데, 말하자면 이 책이 그런 책이다. 원자와 우주의 세계를 차근차근 설명해주는 그의 따뜻한 목소리는, 세상사에 한숨을 쉬며 주저앉고 싶을 때 어쩐지 마음을 가라앉혀주고 힘을 내게 해준다.

__곽재식(공학박사 겸 SF소설가, 「그래서 우리는 달에 간다」 저자)

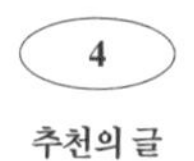

보이지 않는 것의 존재는 세상의 많은 갈등과 논란의 이유가 될 때가 많다. 영적인 세상에 관한 담론이나 가치관의 충돌이 그런 예들이다. 그러나 모든 물질을 이루는 소립자처럼, 눈에 보이지 않는 존재는 인간이 우주를 이해하는 원동력이 되기도 한다. 김범준 교수의 연구 분야인 통계물리학의 핵심도, 보이지 않는 원자와 분자들로부터 일상적인 감각의 세계가 어떻게 일어나는가를 탐구하는 데 있다. 그래서인지 김범준 교수는 『보이지 않아도 존재하고 있습니다』에서 과학자의 날카로운 시선과 시인의 부드러운 감수성을 중첩시켜 세상과 삶과 자신에 대한 깊은 통찰을 독자와 공유한다.

그는 책에서 이렇게 말한다. "난 여전히 가을날 하늘을 보며 등골이 오싹한 경이로움을 느낀다. '과학자임에도 불구하고'가 아니라 '과학자라서' 더욱." 이 책을 읽는 독자들도 가을 하늘이 새로운 경이감으로 충만해지는 경험을 하게 될 것이다.

__김민형(영국 에든버러 국제수리과학연구소장, 『수학이 필요한 순간』 저자)

과학은 매우 어렵다. 수학이라는 비자연어로 구성되어 있기 때문이다. 하지만 21세기를 살아가기 위해서는 과학이 필수적이다. 어이할꼬? 과학을 지식으로 생각하면 답이 없다. 통계물리학자 김범준은 과학은 지식이 아니라 생각하는 방법이자 세상을 대하는 태도임을 여실히 보여준다. 20세기에 칼릴 지브란의 『예언자』를 읽으면서 느낀 전율을 21세기에 이 책을 보며 다시 경험했다.

__**이정모**(국립과천과학관장, 『저도 과학은 어렵습니다만』 저자)

물리학자가 바라보는 세상에 대한 섬세한 시선이 잘 드러나는, 깊어가는 가을의 은은한 아름다움 같은 과학 에세이다. 딱딱할 것 같은 과학 지식이 삶이 되는 모든 순간에 대한 저자의 깊은 성찰이 녹아 있다. 과학의 영역과 삶의 영역이 씨줄과 날줄처럼 잘 엮여서 우리의 인생이라는 멋진 옷이 된다. 시간은 속절없이 지나고 남는 건 보잘것없어 더욱 소중한 존재인 사람이다. 순간을 소중하게 여기고 자신을 소중하게 여기는 모든 지구인들에게 이 책을 권한다.

__**황정아**(한국천문연구원 책임연구원, 『우주미션 이야기』 저자)

티끌같이 사소해도
천금같이 소중합니다

파란 하늘을 떠가는 하얀 구름을 봅니다. 구름뿐 아니라 모든 것은 하나같이 원자로 이루어져 있지요. 작은 원자핵을 전자가 멀리서 감싸고 있는 것이 원자의 모습이어서 원자는 허공에 다름없습니다. 많은 별로 반짝이는 여름날의 밤하늘도 기억나는군요. 바로 곁에 나란히 보이는 두 별도 알고 보면 인간이 만든 가장 빠른 우주선으로 수만 년을 여행해야 하는 먼 거리에 떨어져 있습니다. 허공과 다름없는 원자들이 모여 인간이 되고, 인간의 세계 바깥의 우주도 허공과 다름없습니다. 인간의 티끌 같은 사소함과 평범함에 실망할 수도 있지만 우리 다르게 생각하기로 해요. 우리는 티끌같이 사소한 이성으로 이 광막한 우주에서 우리가 어떤 티끌인지를 스스로 알아낸 놀라운 티끌이니까요.

물리학은 정말 아름다워요. 마치 멋진 그림을 보며 우리가 느끼는 아름다움과도 비슷하지요. 우리 바깥에 존재하는 그림과 우리 마음 사이의 어떤 합일된 느낌이 그림의 아름다움을 만들듯, 우리 바깥에 있는 자연과 우주의 무언가가 우리 이성과 조우해 만들어내는 '이해'의 느낌이 물리학의 아름다움이라고 할 수 있습니다. 예술 작품을 알면 알수록 그 아름다움을 더욱 느낄 수 있는 것처럼 과학과 물리학도 마찬가지 아닐까요? 자주 듣고 깊게 읽으면 과학의 아름다움에, 그리고 인간 이성의 경이로움에 많은 이가 공감할 수 있을 것입니다.

딱 지금처럼 책의 편집이 거의 막바지에 도달할 즈음 서문을 쓰게 됩니다. 언제나 글을 조금 더 가다듬을 수 있지 않았을까 하는 아쉬움이 가슴 한편에 남으면서도, 무거운 짐을 덜어낸 것 같아 마음은 조금 가볍습니다. 해부학적으로 우리 가슴 속에 아쉬움을 담는 신체 기관이 있을 리 없고, 질량을 정의할 수 없는 마음이 무겁고 가벼울 리도 없겠지요. 하지만 우리는 자주 이처럼 과학의 개념을 비유와 은유로 쓰고는 합니다. 여전한 가슴속 아쉬움은 잠시 잊고, 짐 벗은 가벼운 마음, 그리고 부끄러움도 함께 담아 이 책을 세상에 가만히 내밉니다.

저는 과학자입니다. 과학의 여러 분야 중 물리학을, 그리고 물리학의 세부 전공으로는 통계물리학을 연구하지요. 물리학을 공부하다 보면 간혹 생각이 엉뚱한 곳으로 흘러갈 때가 있습니다. 물리학의 질량을 생각하다가 마음의 무거움을 떠올리는 것처럼 말이지요. 그럴 때는 가만히 생각의 흐름을 곁에서 지켜보곤 했습니다. 불교 선승의 화두처럼 물리학의 개념 하나를 꼭 붙잡고 생각을 이어가는 식이지요. 골짜기 높은 곳에서 출발한 졸졸 시냇물은 다른 물줄기와 만나 넓은 강으로 흐릅니다. 작은 흐름이 과연 어떤 강에 닿을지 짐작도 못 하고 생각을 시작할 때도 많았지만, 흐르는 것은 흐르는 대로 그냥 내버려두고는 했지요. 그 자체가 저는 참 재밌었습니다. 그래서인지 이 책에는 과학과 과학이 아닌 것이 함께 섞여 있습니다. 서로 결이 다른 두 얘기를 함께 적을 때는 다름보다는 비슷함에 주목했다는 말씀도 드립니다. 이 책이 과학책인지 과학책이 아닌지 헷갈리는 부분도 있지만, 우리의 삶이 그렇듯 모든 것을 둘로 딱 나눠 구분할 필요는 없다고 생각합니다. 과학을 이야기하지만, 과학만 이야기하려고 하지는 않았습니다.

과학도 결국 사람의 일입니다. 글을 쓰면서, 여려서 쉽게 흔들리는 것들, 눈에 보이지도 않을 작은 것들이 함께 모여 아름다운 세상이 된다는 것을 새삼 깨달았습니다. 광막한 우주 속 사소해서 어쩌면 더 소중한 우리 존재를 생각하고, 커튼 틈새로 들어온 햇빛에 반짝이는 작은 티끌을 정겹게 바라보게 됩니다. 어마어마한 크기의 우주의 지금 모습과 고마운 햇빛을 보면서, 물리학의 여린 중력과 약한 핵력을 떠올리기도 했지요. 눈에 보이지 않아도 존재하고, 작고 여린 것들이 함께 모여 우리 사는 세상이 됩니다.

세상 속 아름다움의 진면목은 눈에 잘 띄지 않는 구석진 곳에 있을지도 모릅니다. 우리 사회도 마찬가지고요. 잘 보이지 않는 곳을 애정 어린 시선으로 보고자 하는 모두의 노력이 더 아름다운 세상을 만들 수 있다고 생각합니다. 세상 속, 하나같이 사소해서, 그럼에도 불구하고, 아니 그래서 더욱 소중한 우리 모두를 생각합니다. 티끌같이 사소해도 태산같이 무겁습니다.

차례

들어가며 티끌같이 사소해도 천금같이 소중합니다 007

1부 우리는 모두 우주에서 온 별의 먼지
: 인간이라는 존재로 산다는 것

| 처음 | 시간의 화살 위에 점을 찍는 일 016
| 흐름 | 강물은 에너지로 흐르고 세월은 엔트로피로 흐른다 026
| 허공 | 원자에서부터 우주까지, 거의 모든 것을 이루는 032
| 소멸 | 10년 전의 나와 10년 후의 나는 같다고 할 수 있을까 044
● 과학자의 노트 051
인간이란 무엇인가: 영화 〈블레이드 러너〉
| 빈칸 | 생성과 소멸을 거듭하는 진공의 바다 056
● 과학자의 노트 063
저자가 한 명이라도 주어는 '우리': 과학자들의 재미있는 논문 이야기
| 성공 | 가장 높은 고지에 이르는 최적화문제 068
| 경험 | 알파고는 이기는 법을 인간에게 배우지 않았다 077
● 과학자의 노트 085
우리 뇌는 어떻게 학습하는가: 배움의 뇌과학
| 예측 | 뉴턴이 말했다, 내일도 동쪽에서 해가 뜰 것이라고 089

2부 적어도 지구 위에 고립계는 없다

: 관계의 물리학

| 열림 | 생명, 그리고 인간관계의 필요조건 096

| 거리 | 사람과 사람 사이의 물리량 102

| 인연 | 천문학적 규모의 우연에 이름을 붙이는 일 111

| 사과 | 중력이라는 이름의 상호작용 120

● 과학자의 노트 127

앞에서 끌어주고 뒤에서 밀어주고: 동행의 작용-반작용법칙

| 온도 | 아내의 언 손을 녹이는 것 131

| 뾰족 | 큼과 작음의 비율 139

| 무게 | 존재의 무게를 좌우하는 중력장 144

| 꼰대 | 지금 이곳의 좌표 151

● 과학자의 노트 159

좋은 리더란 어떤 것일까: 계층구조의 효율성에 관한 리더십 연구

3부 모든 변화는 상전이처럼 온다

: 보이지 않는 힘들의 세계

| 자석 | 스핀이 한곳을 바라볼 때의 위력 164

| 떨림 | 변화의 순간을 알리는 격렬한 신호 172

● 과학자의 노트 178

빨간 약, 그리고 내 마음속 가시: 영화 〈매트릭스〉

| 공명 | 나와 너의 진동수가 같아지는 순간 182
| 증가 | 우주를 쌀알로 가득 채우는 데 걸리는 시간 189
| 꼼짝 | 운동에너지가 0이 되면 생기는 일 195
| 평형 | 힘과 힘이 벌이는 팽팽한 대결 202
| 비움 | 지속을 위한 버림 212
● 과학자의 노트 221
가을 하늘이 주는 오싹한 경이로움
| 순환 | 지속가능한 것들의 조건 225
| 마찰 | 뜨거워지는 세상, 폭주하는 미래 232
● 과학자의 노트 238
세상을 구할 영웅도, 세상을 망칠 악당도 없다
: 행위자가설의 함정에 빠지지 않으려면

4부 과학이 지식이 아닌 태도가 될 때
: 이성의 눈으로 복잡한 세상을 꿰뚫는 법

| 역설 | 겸허의 학문 244
| 주체 | 눈을 감아도 그곳에 달이 정말 있을까 253
● 과학자의 노트 261
'덕업일치'를 이룬 물리학자입니다만!
| 잣대 | 1킬로그램을 정의하는 법 265
| 기준 | 기준이 달라져도 변하지 않는 같음 272
| 법칙 | 자연스럽지 않은 것들은 없다 278

| 상식 | 나의 지식을 모두의 상식으로 만드는 과정 284
| 이해 | 공통의 나무 그늘을 찾는 일 290
● 과학자의 노트 297
뇌 안의 연결 배선을 바꾸는 방법: 말과 글
| 풍경 | 봉우리 높이만큼의 에너지 301
| 확률 | 세상은 양자택일로 돌아가지 않는다 308
| 경계 | 문턱이 사라지면 발가락을 찧지 않는다 315

5부 더 나은 삶을 향한 아름다운 안간힘
: 공존에 관하여

| 무한 | 거리가 아닌 방향으로 측정되는 물리량 322
| 틈새 | 있지만 잊었던 작은 것들이 모습을 드러낼 때 328
| 대칭 | 물리학이 아름다울 수 있는 이유 334
| 옥석 | 다이아몬드와 흑연 사이 341
| 평화 | 연결의 구조를 바꿔 세상을 바꾸다 348
| 자연 | 우리가 없어도 목련은 핀다 354
| 투명 | 아득히 깊은 곳까지 빛이 다다르려면 361
● 과학자의 노트 367
지속가능한 성장을 향한 길: ESG경영에 관하여

1부

우리는 모두 우주에서 온 별의 먼지

: 인간이라는 존재로 산다는 것

처음

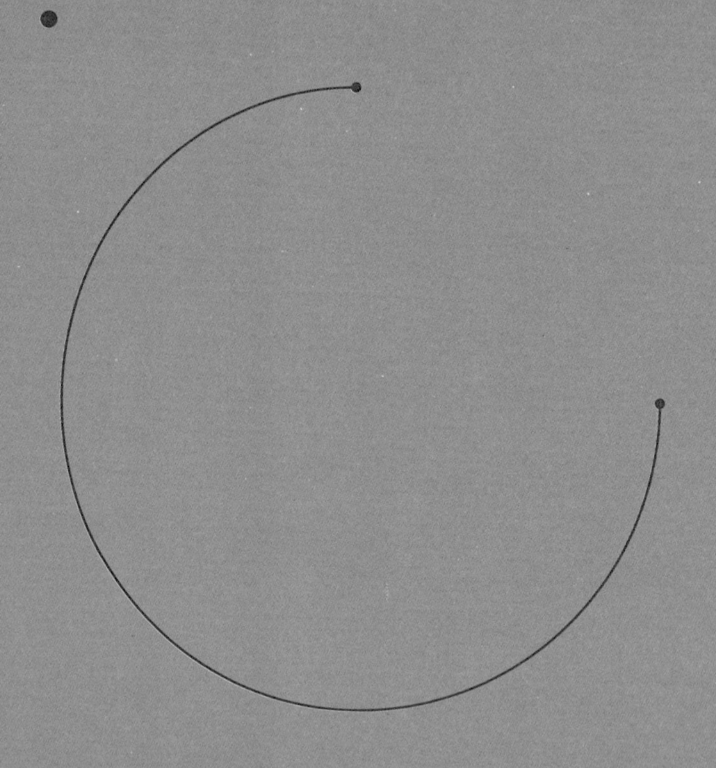

우리 삶의 많은 처음은 밋밋한 시간의 화살에 놓인,
의미 있는 사건의 색색의 여러 표지석이다.

시간의 화살 위에 점을 찍는 일

새해 첫날의 기준

1년이 항상 1월 1일로 시작하듯 모든 것에는 처음이 있다. 이 책은 1부에서 시작하고, 우주는 138억 년 전에 처음 시작했다. 오늘 하루는 간밤에 시계가 정확히 0시를 가리킨 자정에 시작했고, 내 생은 내가 태어난 날 시작했다. 시간이 지나며 생성, 변화, 소멸하는 모든 것에는 처음이 있다. 우주에 처음이 있어서 내가 지금 이곳에 있듯, 내 삶의 모든 처음이 있어 지금의 내가 있다. 시간은 과거에서 미래로만 나아간다. 비가역성이 있어서 거꾸로 되돌릴 수 없다. 모든 처음은 다시 올 수 없는 우주적 사건이다.

문득 궁금증 하나가 떠오른다. 1월 1일이 새해의 처음이 된 이유는 무엇일까? 한 해의 처음이 꼭 1월 1일이어야만 하는 물리학적 근거는 전혀 없다. 달이 기준인 음력의 새해는 양력보다 뒤에 있다. 지구는 365일을 주기로 태양 주위를 돌아 원래의 위치로 돌아온다. 사실 낮과 밤의 길이가 같은 춘분이나 추분, 낮이 가장 긴 하지나 밤이 가장 긴 동지를 한 해의 첫날로 삼는 것이, 누가 보더라도 결과가 같은 객관성을 추구하는 과학의 입장에서는 훨씬 더 적절하다.

새해의 첫날인 1월 1일에 주변의 자연을 아무리 자세히 살펴도 전날과 다른 점은 딱히 없을 것이다. 하지만 춘분날에는 낮과 밤의 길이가 같아서 시계를 보며 해의 위치를 잘 살피면, '아, 오늘이 춘분이구나' 하고 누구나 알 수 있다. 이날은 해가 떠서 질 때까지인 낮의 길이가 하루의 딱 절반인 12시간이다. 춘분이 지나면 낮이 밤보다 길어지니, 빛이 어둠을 이기기 시작한다는 비유도 가능하다. 기독교의 부활절이 지금도 춘분을 기준으로 정해지는 이유다. 성탄절이 12월 25일로 정해진 것도, 빛이 어둠을 이기기 시작하는 춘분날이 마리아의 예수 잉태일로 적절했기 때문이라고 한다(달력의 재미있는 역사에 관해 알고 싶다면 이정모의 책 『달력과 권력』을 추천한다). 참고로 수태 기간인 40주를 춘분날에 더하면 12월 25일 무렵이다.

춘분이 이처럼 특별하다 보니, 여러 문명에서 이날을 새해의 첫날로 삼았다. 우리가 지금 사용하는 달력에는 아직도 그 흔적이 남아 있다. 9월, 10월, 11월, 12월은 영어로 September, October, November, December인데 각각 라틴어 숫자의 7, 8, 9, 10에 해당한다. 즉 지금의 12월이 과거에는 10월이었고, 마찬가지로 춘분이 들어 있는 지금의 3월이 먼 과거에는 한 해의 첫 달이었다. 이는 고대 로마의 율리우스 카이사르(Julius Caesar)가 자신의 집정관 취임을 두 달 앞당기고자 당시의 11월을 1월로 이름을 바꾸어 새해의 시작으로 삼은 결과였다. 우리가 사용하는 달력의 3월은, 카이사르가 두 달을 앞당기기 전에는 1월로 불렸다는 이야기다. 한 해의 첫 달로는 사실 이때가 더 자연스럽다. 낮이 밤보다 길어지기 시작하는 첫날이 바로 3월에 들어 있는 춘분이기 때문이다. 현재의 달력에서 2월이 다른 달보다 유달리 짧고, 하필 2월에 윤년의 하루를 넣는 것도 마찬가지로 쉽게 이해할 수 있다. 365일을 12달에 30일, 31일로 적절히 나눈 뒤에 세부적인 날짜 조정을 마지막 달인 2월에 했던 것이다. 이처럼 우리가 지금 이용하는 달력에는 과거의 흔적이 화석으로 남아 있다.

처음조건과 습관의 관성

시간(時間)은 말 그대로 때(時)의 사이(間)다. '사이'를 재려면 먼저 한 점을 찍어야 한다. 그 점을 기준으로 다음 점까지의 거리를 잴 수 있다. 과거에서 현재를 거쳐 미래로 이어지는 시간의 화살 위 어디에 점을 찍어 한 해의 처음으로 정할지는 결국 우리보다 앞에 살았던 사람들의 약속에 불과하다. 그렇지만 한 해의 처음 날짜가 임의적이라 해서 처음이 의미가 없는 것은 아니다.

물리학에서도 그렇다. 돌멩이를 손에 들고 있다가 가만히 놓으면 땅에 떨어진다. 돌멩이가 땅에 닿을 때까지 시간이 얼마나 걸릴지는 쉽게 계산할 수 있다. 그런데 처음에 돌멩이를 아래를 향해 던지면 어떨까? 돌멩이는 더 빨리 땅에 닿을 것이다. 돌멩이를 손에서 놓는 처음높이가 달라지면 돌멩이가 땅에 닿는 시간은 또 달라진다. 돌멩이가 땅이라는 목표지점에 도달할 때까지 걸리는 시간은 돌멩이의 처음높이뿐 아니라 돌멩이의 처음속도에 따라 달라지는 셈이다.

물리학에서는 물체의 처음위치와 처음속도를 합해 초기조건 또는 처음조건(initial condition)이라 부른다. 돌멩이 던지기의 사례에서 알 수 있듯이, 같은 물체가 같은 물리법칙에 따라 움직여도 나중에 어디 있을지는 처음조건이 결정한다. 과학과 수학에 관심 있는 사람들은 '라플라스의 악마'를 들어본 적이 있을 것이다. 우주의 모든 입자의 미래를 결정론적으로 정확히 알 수 있는 가상의 절대 지성을 가리키는데, 처음 이런 존재를 상상했던 과학자 피에르시몽 라플라스(Pierre-Simon Laplace)의 이름을 따서 라플라스의 악마라고 한다. 이 라플라스의 악마가 제아무리 뛰어나도 처음조건을 모르면 평범한 인간인 우리와 마찬가지다. 아무런 예측도 할 수 없다.

새해 첫날에 새로운 결심을 하는 사람이 많을 것이다. 나도 그렇다. 뱃살을 줄이고 건강도 위할 겸 운동을 다시 시작하겠다는 다짐을 한 적도 있다. 피아노나 기타를 배우겠다고 (매년 반복해서) 다짐하거나, 아내와 함께할 취미를 찾겠다는 결심도 했었다. 새해 첫날 다짐한 목표에 도달하기 위해서도 처음조건이 중요하다. 처음위치뿐 아니라 처음속도까지 포함한 물리학의 처음조건처럼, 매년의 목표를 달성하기 위해서도 처음속도가 중요한 것은 아닐까.

새해 다짐을 실천하는 첫날에 처음속도를 올리는 방법이 있다. 내일 시작하기로 마음먹은 새 다짐이 있다면 하루 전인 오늘 당장 시작하는 것이다. 하루에 조금이라도 책을 읽겠다고 다짐했다면, 내일부터가 아니라 오늘 당장 시작하자. 다이어트도 내일이 아니라 당장 오늘부터 말이다. 내일은 이미 0이 아닌 처음속도를 갖게 된다.

외부의 영향이 없을 때 현재의 운동상태를 지속하려는 경향을 물리학에서는 관성이라고 부른다. 외부에서 건드리지 않으면 (즉 외부의 힘이 없다면) 가만히 정지해 있는 물체는 계속 그대로 정지해 있고, 일정한 속도로 한 방향을 향해 움직이는 물체는 계속 같은 속도와 방향으로 움직인다. 새로운 습관을 들인다는 것은 결국 관성을 어떻게 만드는가에 달려 있다. 하루, 하루, 그리고 또 하루 다짐을 실천해나가면서 생긴 관성은 습관이 되고, 몸에 밴 습관은 더 큰 관성을 가질 수 있다. 관성이 아주 큰 물체는 웬만한 외부 충격에도 지금까지의 운동상태를 유지한다. 습관도 마찬가지다. 큰 관성을 갖게 된 습관은 하루 이틀쯤은 주변의 영향으로 흔들릴지언정 이전의 상태를 유지할 수 있다. 어쩌다 잠시 외부의 영향을 받아도 그다음 날에 앞으로의 궤적을 약간 보정하면 된다.

아침에 눈을 떠 시계를 보라. 오늘은 남아 있는 내 삶의 처음이다. 내일 돌아보면, 오늘 하루 내가 한 모든 것은 반복할 수도, 바꿀 수도 없는 하루 전의 과거가 된다. 시간의 화살 위에 구체적 행위로 점 찍힌 모든 처음은 소중하다. 되돌릴 수 없어 더욱.

시간에도 처음이 있을까

모든 처음은 시간의 화살 위에 놓인다. 그렇다면 시간의 화살 그 자체도 처음을 가질 수 있을까? 과거를 보나 미래를 보나 시간은 양쪽이 모두 무한대로 멀리 뻗은 직선같이 보이고, 공간도 마찬가지로 모든 방향으로 거리가 무한대인 무한히 큰 빈 그릇처럼 보인다. 오랜 시간 과학의 역사에서도 시간과 공간은 시작과 출발을 생각할 수 없는 무언가로 여겨졌다. 아이작 뉴턴(Isaac Newton)의 고전역학에서 큰 영향을 받은 철학자 이마누엘 칸트(Immanuel Kant)의 시공간 개념이 바로 그렇다. 칸트는 내용이 아니라 순수한 형식으로서의 공간과 시간을 생각했다. 시공간이라는 형식 안에서 우리는 사건이 일어나는 것을 직관해 표현할 수 있을 뿐이어서, 사건은 칸트의 시공간에 영향을 줄 수 없다.

사건과 독립적인 근대의 시공간 개념에 극적인 변화를 만든 이가 바로 알베르트 아인슈타인(Albert Einstein)이다. 시간과 공간이 서로 맞물려 있어, 공간 안에서 다른 속도로 움직이는 관찰자는 제각각 시간을 다르게 본다는 점을 알려준 것이 특수상대성이론이다. 일반상대성이론은 질량이 있는 물체 주변의 시공간이 휘어진다는 사실을 보여주었다. 시공간은 사건과 동떨어진 것이 아니다. 사건이 시공간에, 그리고 시공간이 다시 사건에 영향을 미친다는 이야기다. 우주가 탄생한 빅뱅의 순간에 시공간이 생성되었다는 사실도 일반상대성이론으로 알 수 있게 되었다. 시간은 공간과 함께 빅뱅의 순간에 태어났다. 시간에도 처음이 있다. 시간은 양쪽으로 뻗어나가는 무한직선이 아니다. 명확한 처음을 가져서 미래로만 나아가는 화살이다.

시간의 처음 이전의 시간은 도대체 무엇일까? 흥미로운 질문이지만 많은 물리학자들은 의미 없는 질문이라고 생각한다. 이유가 있다. 예를 들어 오늘부터 출발해 시간을 하루하루 과거로 되돌리는 것을, 지금 있는 곳에서 출발해 정남쪽 방향으로 한 걸음씩 계속 걸어가는 것에 비유해보자. 계속 남쪽으로 걷다 보면 결국 남극점에 닿는다. 그곳이 바로 시간의 처음에 해당한다. 시간의 처음 이전의 시간을 묻는 것은 남극점에 서서 더 남쪽으로 가려면 어디로 걸어야 하는지 묻는 것과 마찬가지다. 남극보다 더 남쪽은 없다. 어느 방향으로 걸음을 옮겨도 우리는 항상 남극에서 멀어져 북쪽으로 가게 된다. 마찬가지로 시간의 처음도 과거를 갖지 않는다. 빅뱅의 순간에 공간과 함께 태어난 시간은 처음 이전의 과거가 없다.

빅뱅과 함께 시작한 시간의 화살은 미래를 향해 한 방향으로 나아간다. 지구 위 우리 인간은 '기원후 몇 년'으로 햇수를 세지만, 저 먼 우주 외계의 지적생명체는 우리가 이야기하는 기원후 몇 년을 결코 이해할 수 없으리라. 기원전과 기원후를 가르는 사건은 이 작은 지구 위에서 인류만이 의미를 공유하는, 인류 고유의 사건일 뿐이다. 그렇다면 우리 우주 어디에서나 모든 존재가 함께 겪은 사건의 기원으로는 빅뱅이 유일하다. 즉 빅뱅의 시점이 우주 곳곳의 지적 존재 모두가 합의할 수 있는 시간의 유일한 기준점일지 모른다. 스스로의 과학을 발전시켜 빅뱅의 시점을 정량적으로 알아내는 능력을 갖추었는지가, 우주시민의 첫 번째 자격 요건으로는 딱 적당해 보인다. 지구 위에서 물리학의 발달로 빅뱅이 138억 년 전에 일어난 사건임을 알아낸 인류는 이제 드디어 공통의 우주달력 제작에 참여할 자격을 얻은 것일 수도 있겠다.

우주 전체가 아닌 좁은 지구 위에서라면 굳이 빅뱅으로 시간의 처음을 생각할 필요는 없다. 우리 호모사피엔스는 시간도 당연히 인간의 기준으로 센다. 지금의 1월 1일을 새해 첫날로 정한 주체가 자연이 아닌 인간이었던 것처럼 말이다.

시간은 흐르지만 아무도 시간의 흐름을 직접 보지 못한다. 시계의 초침이 째깍째깍 움직이는 것을 보든, 아침밥이 소화되어 점심때를 알려주는 배꼽시계로 느끼든 모두 마찬가지다. 흐르는 시간에 표시된 우리의 경험과 사건이 전과 후를 가를 뿐이다. 우리 각자는 삶에서 의미 있는 사건으로 시간을 센다. 나에게 1986년은 대학에 입학한 해고, 1998년은 첫째가 태어난 해, 2005년은 지금 일하는 대학으로 직장을 옮긴 해다. 우리 삶의 많은 처음은 밋밋한 시간의 화살에 놓인, 의미 있는 사건의 색색의 여러 표지석이다. 새로 놓인 표지석으로 시작해 내일의 삶이 다시 새롭게 이어진다.

시작은 반복이 아니다. 아침에 눈을 떠서 맞는 하루가 어제의 지겨운 반복이 아니라 새로운 시작이 될 수 있는 것은, 오늘의 사건에 내가 부여할 의미의 무게 때문이다. 빅뱅에서 시작해 미래로 향하는 시간의 화살 위, 새로운 시작으로 놓일 새로운 예쁜 표지석을 상상한다. 그곳에 적힐 내용은 오늘 내가 만들어낼 내 삶의 의미에 달렸다. 이제 또다시 새로 시작이다.

아인슈타인의 일반상대성이론, 특수상대성이론

뉴턴 고전역학에서 시간과 공간은 서로 영향을 주지 않으며, 물체의 운동과는 독립적인 양이다. 움직이는 사람이나 정지해 있는 사람에게나 1초는 1초고 1미터는 1미터다. 우리가 일상에서 경험하는 사실에 부합한다. 그러나 아인슈타인은 우리의 일상 경험에 부합하는 뉴턴의 시공간 개념이 아주 빠르게 움직이고 있는 관찰자에게는 성립하지 않는다는 것을 보였다.

빠르게 움직이는 물체의 길이는 운동 방향으로 줄어서 더 짧아 보이고, 시간은 더 느리게 간다. 등속으로 움직이는 관찰자가 보는 운동을 다룬 것이 아인슈타인의 특수상대성이론이고, 가속하는 관찰자에게 확장한 것이 일반상대성이론이다. 자동차가 왼쪽으로 급하게 회전하면 우리 몸은 오른쪽으로 힘을 받는 것과 같은 힘이 관성력인데, 아인슈타인의 일반상대론은 중력이 가속하는 관찰자에게 작용하는 관성력과 동등한 힘이라는 것을 알려준다.

흐름

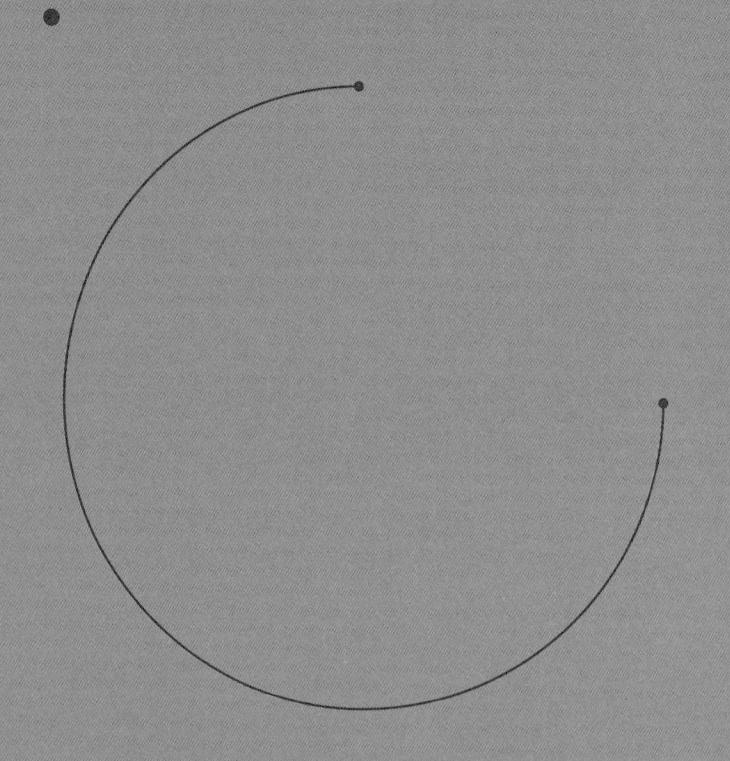

모든 흐름에는 공간과 시간이 서로 얽혀 있다.
공간과 시간의 경쟁이 흐름이다.

강물은 에너지로 흐르고
세월은 엔트로피로 흐른다

나뭇잎으로 강물의 흐름을 가늠하는 법

20~30대 젊은 시절이 바로 엊그제 같은데, 세월이 흘러 내 나이도 벌써 50을 훌쩍 넘었다. 해(歲)와 달(月)이 바뀌는 것을 보고 우리는 세월(歲月)이 흐른다고 한다. 흐르는 것은 시간만이 아니다. 강물도 흐른다. 같은 강물에 두 번 발을 담글 수 없는 것도, 지나간 세월을 돌이켜 20대를 다시 살 수 없는 것도 강물과 시간의 흐름 때문이다. 흐르는 것은 돌이킬 수 없다.

수많은 물방울이 모여 강물이 되고, 물방울의 평균적인 움직임이 강물의 흐름을 결정한다. 작은 바위를 휘돌아 거꾸로 움직이는 물방울도 간혹 보이지만, 우물쭈물하던 이 물방울도 잠시 뒤에는 다른 물방울들의 흐름에 동참해서 아래로 흐른다. 결국 강물을 이루는 모든 물방울의 움직임의 평균은 특정 방향을 가리킨다. 바로 강물이 흐르는 방향이다.

물방울 하나하나의 움직임을 보기는 어려우니 강물의 흐름을 짐작하는 방법으로는 강물 위에 떠 있는 나뭇잎을 보는 것이 제격이다. 왼쪽에 있던 나뭇잎을 잠시 후에 다시 보니 오른쪽으로 움직였다면 강물이 왼쪽에서 오른쪽으로 흐르고 있다는 뜻이다. 오른쪽을 양(陽, +), 왼쪽을 음(陰, -)의 방향으로 정하면, 왼쪽에서 오른쪽으로 움직인 나뭇잎 위치의 변화량 x는 0보다 크고, 거꾸로 왼쪽으로 움직인 나뭇잎은 x가 0보다 작다. 위치의 변화량을 시간의 변화량으로 나누면 속도가 된다. 주어진 시간 t 동안에 나뭇잎의 위치가 x만큼 변했다면, 강물의 속도 v는 t분의 x가 된다. 1초에 오른쪽으로 1미터를 움직인 나뭇잎의 속도는 1m/s이고, 왼쪽으로 1미터 움직인 나뭇잎의 속도는 음의 부호가 붙어 −1m/s가 된다. v가 0보다 크면 오른쪽, 0보다 작으면 왼쪽으로 강물은 도도히 흐른다.

강물이 과연 흐르고 있는지, 흐른다면 그 방향은 어디를 향하는지는 강물 위 나뭇잎의 속도로 쉽게 판단할 수 있다. 이처럼 속도를 계산하려면 공간(x)과 시간(t)에 대한 정보가 필요하다. 강물의 흐름은 둘의 비율이자 경쟁이다. 고속의 셔터 속도로 찰칵 사진을 찍어서 시간을 멈추면 흐름이 없고, 공간상의 한 점에 시선을 고정해서 바라보면 방금 그곳에 있었던 물체는 잠시 뒤에 자리를 옮겨 시야에서 사라진다. 모든 흐름에는 공간과 시간이 서로 얽혀 있다. 공간과 시간의 경쟁이 흐름이다.

시간은 어떻게 흐르는가

시간도 흐른다. 나뭇잎 위치의 변화량 x를 시간의 변화량 t로 나누어 강물의 속도 v를 재는 방법을 시간의 흐름에 대해서도 눈 딱 감고 적용해보자. 공간 안에서 움직이는 모든 것은 제각각 x가 달라 모두 다른 속도를 가진다. 자동차의 속도는 사람이 걷는 속도보다 빠르지만 비행기의 속도보다는 느리다. 그런데 시간의 흐름을 재려면 곧 심각한 문제가 있음을 알게 된다. 나뭇잎의 속도를 재는 방법을 똑같이 따라 하면, 시간의 흐름의 속도는 시간의 변화량을 시간의 변화량으로 나누어서 얻게 되므로 시간이 흐르는 속도는 t분의 t, 즉 1이 된다. 공간 안 흐름을 잴 때의 x는 흐르는 것이 무엇인지에 따라 제각각이지만, 시간의 흐름을 잴 때 x의 자리에 올 것은 시간 자체인 t 하나뿐이다.

그렇다면 시간의 속도가 1이라는 말의 의미는 무엇일까? 시간이 항상 일정한 빠르기로 누구에게나 똑같이 흐른다고 이야기할 수도 있지만, 시간에 대한 시간의 비율로 빠르기를 재는 것이어서 시간의 흐름 자체를 이야기하는 것이 어불성설이라고 말할 수도 있다. 흐름은 비교해야 알 수 있는데, 같은 것을 서로 비교해보았자 비교를 통해 새로 알 수 있는 것은 아무것도 없기 때문이다. 시간도 흐르지만 강물과 다르게 흐른다.

여러분도 한번 기억을 더듬어보라. 단 한 번도 시간 자체가 흐르는 것을 본 적이 없음을 깨닫게 된다. 우리 밖의 무언가의 변화에 일정한 방향성이 있을 때, 우리가 시간이 흐른다고 말할 뿐이다. 7월이 8월이 되는 것을 본 사람은 아무도 없다. 하지가 지나 밤이 늘고 낮은 조금씩 짧아지는 것을 보거나, 장마철이 지나고 무더위가 시작되는 것을 느끼면서, 그리고 달력을 한 장 넘기면서 시간이 흘렀음을 알 수 있을 뿐이다. 우리 몸의 변화의 방향성으로 시간을 재는 배꼽시계도 마찬가지다. 아침 식사 후 시간이 흐르면 배가 고파지는 것을 느끼게 되고, 이를 통해 점심때를 알게 된다. 나는 시간이 흐르지 않는다고 주장하는 것은 아니다. 시간도 강물처럼 흐르지만 둘은 서로 다르게 흐른다.

강물은 도대체 왜 흐르는 것일까? 높은 산에서 시작한 계곡물은 점점 양이 늘고 폭도 늘어 바다에 도달할 때면 큰 강이 된다. 산에서 바다로는 흐르지만, 거꾸로 바다에서 산으로 흐르는 강물은 없다. 물리학에서는 강물이 흐르는 이유를 중력에 관련된 에너지로 설명한다. 손에 들고 있는 동전을 놓으면 바닥으로 떨어지는 것과 정확히 같은 이유다. 중력에 관련된 위치에너지(potential energy)는 바닥에서부터의 높이에 따라 변하는데, 아래에 있을수록 위치에너지가 더 낮다. 강물이 산에서 바다로 흐르고, 동전이 손에서 아래로 떨어지는 이유는 더 낮은 곳에 있을수록 에너지가 더 낮아서다. 공간 안의 모든 흐름은 낮은 곳을 향한다.

시간이 흐르는 이유를 물리학이 아직 제대로 설명하지 못하고 있다는 것이 나의 의견이다. 원인과 결과의 인과관계는 아니지만, 그래도 시간의 흐름에 늘 동반하는 것이 있다. 바로 엔트로피(entropy)다. 우리는 세상에서 엔트로피가 증가하는 것을 보면서, 시간이 흐른다고 말한다. 아침밥 먹고 나서 점심을 건너뛰면, 아침밥이 소화되어 배고픔을 느낀다. 음식물을 구성하고 있던 물질이 조각조각 분해되고 흡수되는 소화의 과정에서, 위장은 비고 엔트로피는 늘어난다. 손목시계와 벽시계가 저장된 에너지로 움직인다면, 배꼽시계는 엔트로피 증가로 움직인다. 외부와 단절되어 저절로 일어나는 시간에 따른 모든 변화의 과정에서, 에너지는 줄어들고 엔트로피는 늘어나는 경향을 보인다. 강물은 에너지로 흐르고, 세월은 엔트로피로 흐른다.

세월이 흐르면 세상도 변한다. 함께 흘러 강물의 흐름을 알려주는 나뭇잎처럼, 세상의 변화를 명확히 드러내는 사건들이 있다. 고민 없이 익숙하게 사용했던 '절름발이', '외눈박이'라는 표현의 나뭇잎이 세상의 강물에 새롭게 떠오르기도 했다. 나란히 함께 흘러서, 있었지만 몰랐던 새롭게 드러난 것들은 죽비가 되어 나를 깨운다. 세월이 흘러 50대에 훌쩍 접어든 내 고민이 깊어진다. 도도히 흐르는 강물 위의 작은 나뭇잎을 바라보며 세상의 흐름을 떠올린다. 저 나뭇잎과 같은 시대를 나는 함께 흐르고 있는지, 저 산 계곡물의 좁은 과거만을 기억하며 제자리에서 우물쭈물 맴도는 꼰대 물방울은 아닌지.

허공

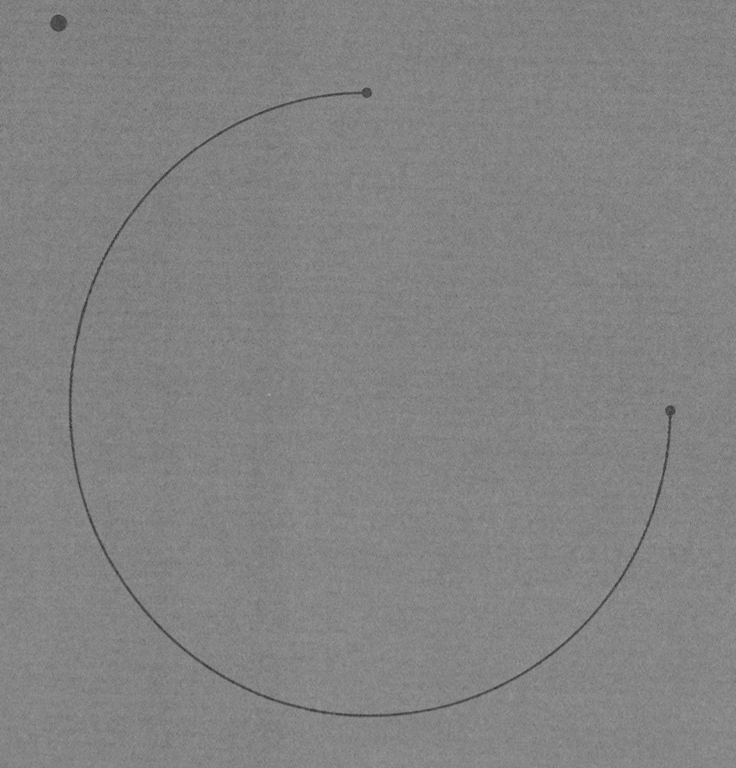

허공으로 가득한 우주의 아름다움을
이성의 힘으로 스스로 깨달은,
우리가 아는 유일한 존재가 우리 자신이다.

원자에서부터 우주까지,
거의 모든 것을 이루는

1977년 미국에서 발사한 보이저 1호는 지금도 저 먼 우주를 향해 나아가고 있다. 1990년 명왕성 정도의 거리를 지날 때, 보이저 1호는 카메라를 돌려서 지구가 담긴 사진을 찍어 보냈다. 사진 속 지구는 정말 작다. 『코스모스』의 저자 칼 세이건(Carl Sagan)은 이 사진에서 얻은 영감과 통찰을 담아 『창백한 푸른 점』을 출판하기도 했다. 눈에 잘 띄지도 않는 저 작은 푸른 점 위에서 때로는 복작복작 싸우고 미워하며, 때로는 서로 돕고 사랑하며 우리 모두는 짧은 삶을 산다.

태양과 지구 사이의 평균거리를 1천문단위(AU)라 한다. 보이저 1호는 인류가 우주로 보낸 모든 것을 통틀어 현재 지구에서 가장 멀리 떨어져 있는데, 약 150천문단위 너머에 있다. 이는 지구에서 명왕성까지의 거리의 세 배가 훌쩍 넘는 거리다. 이렇게 엄청난 거리도 우주의 막막한 규모에 비하면 사실 별것도 아니다. 지구와 가장 가까운 별은 당연히 태양이다. 두 번째로 가까운 별은 지구에서 빛의 속도로 가도 4년 넘게 걸리는 아주 먼 거리에 있다. 보이저 1호가 이 정도의 거리를 비행하려면 수만 년이 걸린다. 밤하늘에 흩뿌려진 수많은 별은 우주의 허공 속에서 정말 드물게 만날 수 있는 소중한 존재다. 우주의 대부분은 물질이 아니다. 허공이다.

원자 내부의 세계

원자는 작다. 정말 작다. 가느다란 머리카락 한 올의 너비에 원자 100만 개를 나란히 늘어놓을 수 있을 만큼 작다. 이렇게 작은 원자에도 내부가 있다. 원자의 크기는 가운데에 놓인 원자핵에서 가장 바깥쪽에 놓인 전자까지의 거리다. 원자핵의 크기도 정말 작다. 수소원자를 예로 들어보자. 수소원자의 중심에 있는 원자핵은 양성자 하나로 이루어져 있는데 그 크기가 수소원자의 10만 분의 1이다. 머리카락 한 올의 너비에 수소원자의 원자핵 1000억 개가 놓이는 셈이다(물론 양의 전하를 띤 원자핵은 서로 밀쳐내기 때문에 물리학적으로 이렇게 나란히 두기는 어려울 것이다. 크기 비교를 위함이니, 이 글을 읽는 물리학자들이여 진정하시라!).

100,000,000,000은 과학의 다른 분야에서도 자주 접할 수 있는 익숙한 숫자다. 은하 하나에 들어 있는 별의 수가 1000억 개 정도고 우주에는 이런 은하가 수천억 개나 있다. 인간의 머릿속 뇌의 신경세포도 1000억 개 정도 된다. 한마디로 머리카락 한 올의

너비에 은하의 별만큼 원자핵을 올려놓을 수 있는 셈이다.

흔히 원자의 구조를 태양계에 비유하기도 한다. 계산해보니 수소의 원자핵이 태양 크기라면, 수소가 가진 단 하나의 전자는 태양에서 명왕성까지의 거리보다 10배 이상 멀리 떨어져 있다고 볼 수 있다. 이처럼 양의 전하를 띤 원자핵과 음의 전하를 띤 전자 사이의 원거리 끌림—상대적 거리로 보면 태양계의 크기를 훨씬 넘어서는—이 원자를 만든다. 거의 반세기 전, 보이저 1호가 지구를 떠나 지금까지 항해한 거리는 원자핵과 전자 간 거리의 3분의 1일 뿐이다. 보이저 1호는 오랜 항해 중 목성과 토성이라도 맘껏 구경했지만, 원자핵과 전자 사이에는 말 그대로 아무것도 없다. 우주의 만물을 구성하는 대부분은 물질이 아니다. 물질 사이의 허공이다. 막막한 우주여행에서 별과 행성이 아주 드물게 마주칠 수 있는 소중한 존재라면, 물질의 내부도 마찬가지다. 원자핵에서 출발한 상상의 보이저호는 아무것도 없는 엄청난 규모의 허공을 가로지른 후에야 전자에 닿을 수 있다.

원자의 구조를 태양계에 비유하는 것이 그럴듯하게 들릴 수도 있지만 둘은 다른 점이 많다. 태양계 행성의 움직임은 고전역학으로 설명할 수 있지만, 원자핵 주위의 전자의 상태를 설명하려면 양자역학이 필요하다. 전자는 행성처럼 한 위치에 있다고 할 수도 없어서, 전자의 궤도를 행성의 궤도에 빗대는 것은 물리학 측면에서 아주 틀린 이야기로 들린다. 게다가 물리학의 표준모형에 따르면, 태양계의 행성과 달리 전자는 놀랍게도 크기가 없다. 말하자면 원자핵을 중심으로, 태양에서 명왕성까지 거리의 10배 이상 떨어진 곳에서 크기 없는 점 하나가 돌고 있는 것이 원자다. 앞서 태양에 비유했던 수소의 원자핵은 세 개의 쿼크(quark)로 이루어지는데, 쿼크 하나도 크기가 없다. 전자와 쿼크뿐 아니라 우주를 구성하는 다른 기본입자들에 대해서도 사실상 크기를 언급할 수 없다. 크기가 있다면 내부가 있고, 내부가 있다면 그 입자는 더 이상 나눌 수 없는 근본적인 입자일 수 없기 때문이다.

크기가 없는 것들이 모여서 허공으로 가득 찬 원자를 만든다. 유클리드기하학에서 '점'은 크기가 없고 위치만 있는 존재라는 점에서 물리학의 기본입자들은 수학의 점을 닮았다. 길이도, 넓이도, 부피도 없지만 어디에 있는지 위치는 말할 수 있는 존재다. 일찍이 근대철학자 르네 데카르트(René Descartes)는 정신과 다른 물질의 근본적인 속성으로 '연장(延長, extension)'을 이야기했다. 그러나 틀렸다. 정신과 물질을 나눈 데카르트 이원론적 구분으로 보면 쿼크와 전자는 엄연한 물질이지만 연장의 속성은 갖지 않는다. 심지어 이 세상에는 연장도, 질량도 없는 물질도 있다. 빛을 구성하는 입자인 빛알(광자, photon)이 바로 그렇다.

지구는 크기뿐 아니라 위치도 보잘것없다. 태양은 우리은하 변방에 놓인 평범한 항성이고, 지구는 그 주위를 도는 특별할 것 하나 없는 행성일 뿐이다. 어마어마한 크기의 우주와 그 안의 한없이 작은 지구를 떠올리면서 인류의 보잘것없음에 실망하는 이가 많다. 이 작은 지구에서 벌어지는 모든 일에 대한 무상함과 더불어, 그토록 작은 지구 위에서 지구보다 훨씬 작은 존재로 살아가는 생의 덧없음을 절감할 수도 있다. 한편으로는 인간도 결국은 크기가 없는 기본입자들의 모임에 불과하다는 허무함에 젖을 수도 있다.

그러나 같은 것을 보고 다르게 생각하는 사람도 많다. 나도 그렇다. 우주의 막막함과 그 안에 놓인 인간 존재의 사소함을 대할 때면 나는 늘 "그럼에도 불구하고"라는 글귀를 떠올린다. 인간은 엄청난 크기의 우주의 허공 속에 놓인 보잘것없지만 정말 소중한 존재다. 크기가 없는 기본입자와 그 사이의 허공으로 구성된 물질이 긴 진화의 과정을 거쳐 이성적인 존재로 거듭난 것이 인간이다. 허공으로 가득한 우주의 아름다움을 이성의 힘으로 스스로 깨달은, 우리가 아는 유일한 존재가 우리 자신이다. 그래서 애틋한 마음을 담아 모두에게 전하고 싶다. 인간은 보잘것없기에 더욱 소중한 존재라고.

파인만이 꼽은 단 하나의 이론

곧 엄청난 재앙이 닥쳐 대부분의 인간이 사라질 운명에 처했다고 상상해보자. 재난 이후에 살아남을 수도 있을 극소수의 후손을 위해 딱 하나의 과학 이론을 한 문장으로 적어 타임캡슐에 넣는다면 어떤 이야기를 남길까? 이 상상의 질문에 대한 물리학자 리처드 파인만(Richard Feynman)의 답이 그의 저서 『파인만의 물리학 강의』에 담겨 있다. 파인만은 세상 모든 것은 원자로 이루어져 있다는 원자론을 후손에 남길 딱 하나의 이론으로 꼽았다.

파인만이 물리학 분야에서 거둔 성과는 정말 눈부시다. 전자와 양전자가 만나면 어떤 일이 생기는지 그림으로 그려보라고 하면 물리학자가 그리는 바로 그 그림이 파인만 다이어그램이고, 물리학 토론을 하다 방금 한 이야기가 '빨간책'에 나온다고만 말해도 모든 물리학자가 그 책이 다름 아닌 『파인만의 물리학 강의』라는 것을 안다. 기존의 양자역학을 경로적분이라는 방법으로 새로 구성한 파인만은 같은 경로적분으로 기존의 통계역학을 재구성하기도 했다.

단 하나의 이론으로 파인만이 원자론을 꼽은 이유는 무엇일까? 물리학자는 일석이조를 훌쩍 넘어 '일석백조'를 꿈꾼다. 하나로 여럿을 설명할 수 있을 때, 우리 눈앞에서 펼쳐지는 자연의 다양한 현상을 극소수의 단순한 이론으로 설명할 수 있을 때, 물리학자는 등골이 오싹한 경이감을 느낀다. 모든 것은 원자로 이루어져 있다는 사실만으로 우리가 직관적으로 이해할 수 있는 것이 정말 많다는 것, 그리고 인류가 원자론의 과학을 발견하기까지 오랜 시간이 걸렸다는 점을 떠올리면, 파인만이 제시한 답에 고개가 끄덕여진다. 그의 빨간책 1권 1장에서 모든 물질은 원자로 구성되어 있다는 원자론을 이야기한 파인만은, 바로 다음 문장에서 원자 사이에 작용하는 힘의 특성을 설명한다. 거리가 멀어질수록 약해지는, 서로를 잡아당기는 인력이 두 원자 사이에 작용한다. 하지만 둘 사이의 거리가 아주 짧아지면 서로를 미는 반발력이 상당히 큰 힘으로 작용한다. 모든 것은 원자로 이루어져 있다는 것, 그리고 원자 사이에는 거리에 따라 변하는 밀고 당기는 힘이 있다는 것만을 가지고도 우리가 이해할 수 있는 자연현상이 많다.

차갑고 딱딱하고 축축하고 뜨겁고, 우리가 직접 경험하는 성질이 제각각이어도, 얼음이나 물이나 수증기나 어쨌든 하나같이 수소원자(H) 둘과 산소원자(O) 하나로 이루어진 수많은 물분자(H_2O)로 구성되어 있다. 용기 안에 들어 있는 많은 물분자를 떠올려보자. 고체, 액체, 기체의 세 가지 중 어떤 상태로 물이 존재할지는 온도가 높아질수록 점점 더 활발해지는 마구잡이 열운동과 분자 사이의 인력의 경쟁으로 정해진다. 온도가 아주 높아지면 마구잡이 열운동이 이긴다. 분자 사이의 인력을 가뿐히 물리치고 여기저기로 빠르고 활발히 움직이게 된다. 액체인 물에서 시작해 온도를 올리면 기체인 수증기가 된다는 것을 쉽게 알 수 있다. 거꾸로 기체상태에서 온도를 낮추면 분자들의 열운동이 줄어들고, 느리게 움직이는 분자는 주변 분자의 인력에 붙잡혀서 그 곁에 머문다. 수증기의 온도를 낮추면 물분자가 응결해 물이 된다는 뜻이다. 물방울은 인력으로 뭉치고 수증기는 마구잡이 열운동으로 퍼진다.

액체상태인 물의 온도를 더 낮추면 무슨 일이 생길까? 온도가 낮아져 점점 느리게 움직이는 분자들은 주변 분자가 잡아당기는 인력을 더 강하게 느끼고, 결국 주변 다른 분자와의 거리가 줄어든다. 온도가 낮아지면 액체의 부피가 줄어드는 이유다. 온도를 더욱 낮춘다고 해서 분자 사이의 거리가 0이 될 수는 없다. 아주 짧은 거리에서는 두 분자 사이의 힘이 인력에서 척력으로 바뀌기 때문이다. 이보다 더 가까워지면 척력이 밀어서 멀어지고, 더 멀어지면 인력이 당겨서 가까워지는 특정 거리가 존재할 수밖에 없다. 온도가 충분히 낮아지면 분자 사이의 인력과 척력이 균형을 이루는 바로 이 특정 거리를 사이에 두고 분자들이 규칙적인 격자구조로 늘어서게 된다. 온도가 낮아지면 물이 얼어 얼음이 되는 이유다. 온도가 결국 분자들의 마구잡이 열운동에 관계된다는 사실과 분자 사이에는 거리에 따라 달라지는 상호작용이 있다는 사실로, 온도를 낮추면 수증기가 물이 되고 더 낮추면 결국 얼음이 된다는 것을 쉽게 설명할 수 있다.

물이 담긴 컵을 바라보자. 잔잔한 물의 표면은 가만히 그대로 제자리에 있어서 아무런 변화가 없는 것처럼 보인다. 하지만 우리 눈에 직접 보이지 않는 미시적인 크기의 세상은 이와 달라서, 분자 수준에서는 활발한 변화가 끊임없이 이어지고 있다. 물 표면의 분자 중에는 어쩌다 다른 분자보다 더 빠른 속력을 가진 것들이 일부 있다. 이 분자들은 속도가 빨라서, 다른 분자가 잡아 끄는 인력을 극복해 물 위의 공기 중으로 뛰쳐나갈 수 있다. 반대의 과정도 물론 있다. 물 위의 공기 중을 떠도는 물분자 중 우연히 느린 속도를 가진 분자가 물의 표면에 닿으면 그곳의 물분자가 잡아 끌어 물로 되돌아가기도 한다. 만약 물컵을 단단히 마개로 막아 외부 공기와의 접촉을 차단하면 어떤 일이 생길까? 열운동으로 물을 박차고 나가는 분자의 수가 어쩌다 가까이 다가와서 물에 붙잡히는 분자의 수가 같아지는 평형상태에 도달한다. 마개로 꼭 막은 병 속의 와인은 시간이 지나도 줄지 않는 이유, 접시에 남았던 물이 결국 증발해 사라지는 이유를 모두 쉽게 이해할 수 있다.

액체상태인 물의 표면 부분에서 밖으로 뛰쳐나가는 분자들은 당연히 다른 분자보다 속력이 빨라 운동에너지가 큰 분자들이다. 시간이 지나면서 큰 운동에너지를 가진 분자들이 수면을 박차고 공기 중으로 흩어지면, 결국 물속에 남은 분자들의 평균 운동에너지는 이전보다 줄어든다. 물이 기화하면서 물의 온도가 낮아지는 이유다. 뜨거운 음식에 후후 입바람을 불며 먹을 때, 뜨거운 여름날의 집 마당에 물을 뿌릴 때, 물리학을 떠올릴 일이다.

우리는 원자들의 모임만은 아니다

학회 참석 차 캐나다에 갔을 때의 일이다. 드넓은 벌판 위 곧게 뻗은 차도 위를 달리며 바라본 차창 밖으로 아스라한 지평선 위의 뭉게구름이 보였다. 파란 하늘 위 뭉게구름의 멋진 옆모습을 보고 궁금한 것이 생겼다. 뭉게구름의 아랫면은 거의 지평선에 평행한 곧은 모습인데 윗부분은 구불구불 불규칙한 모습이었다. 뭉게구름은 왜 아랫면만 판판할까?

이것도 쉽게 설명할 수 있다. 햇볕을 받은 지면 바로 위는 대기의 온도가 높고, 높이 올라갈수록 온도가 낮아진다. 땅 가까이의 온도가 높아 기체상태로 변해서 위로 오르는 물분자는 높이 오를수록 차가운 공기를 만나게 된다. 밤새 온도가 떨어져 아침의 풀잎에 이슬이 맺히는 것과 정확히 같은 이유로, 온도가 낮은 저 높은 곳의 수증기는 액체 물방울로 맺혀 구름이 된다. 지면에서의 높이에 따라 대기의 온도가 일정하게 낮아진다고 가정하면, 당연히 구름의 아랫면은 판판한 모습이 된다. 구름의 아랫면보다 높은 곳에서는 수증기가 응결한 작은 물방울들이 모여 구름을 이루고, 그보다 낮은 곳에서는 응결한 물방울이 기화해 구름을 이루지 못하는, 지면에서의 특정한 높이가 결정되기 때문이다. 이른 아침의 풀잎에 매달린 작은 이슬방울과 자욱한 안개, 그리고 파란 하늘을 떠가는 예쁜 뭉게구름을 보며 물리학이 만든 자연의 경이에 전율한다.

세상 모든 것은 원자와 분자로 이루어진다. 여기저기 마구잡이로 움직이는 원자들이 서로를 잡아 끌고 때로는 밀어내어 세상 모든 것을 만든다. 우리 인간도 예외가 아니다. 결국 우리 모두는 명백히 원자들의 모임이다. 빨간책에서 파인만은 우리는 분명히 원자들의 모임이지만, 원자들의 모임'만'은 아니라고 말한다. 곁에서 잠든 사랑하는 이의 편안한 얼굴을 지그시 바라본다. 그도 나처럼 원자들의 모임이지만, 세상 어디에도 없는 원자들의 특별하고 유일한 짜임이 사랑하는 이를 만든다. 이 세상 모든 것은 물리학의 자연법칙을 위배할 수 없지만, 그렇다고 물리학의 자연법칙만으로 모든 것을 설명할 수 있다는 의미는 아니다. 사소한 원자로 이루어진 우리 모두는 제각각 유일한 자연의 둘도 없는 경이다. 각자의 비교 불가능한 소중함의 근원에는 구별할 수 없는 원자들이 있다. 구름도 저리 예쁜데 사람의 아름다움이야 굳이 보태 무엇하리.

쿼크 원자는 원자핵과 원자핵 주위를 도는 전자로 이루어진다. 원자핵 안에는 중성자와 양성자가 들어 있고, 이들을 구성하는 물리학의 기본입자가 바로 쿼크다. 지금까지 모두 여섯 종류의 쿼크가 발견되었다. 전하량의 부호가 양(+)인 양성자들은 좁은 원자핵 안에서 강한 전기력으로 서로를 강하게 밀어낸다. 그럼에도 불구하고 원자핵이 안정적으로 유지되는 이유는 쿼크들 사이에 작용하는 강한 핵력이 존재하기 때문이다.

소멸

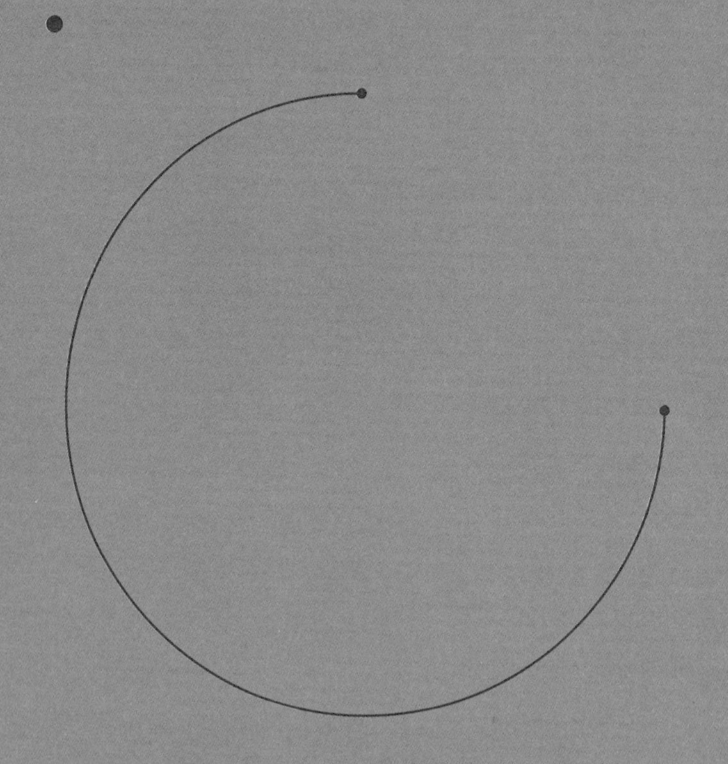

우리는 소멸해서 더욱 소중한 존재다.
지금의 삶은 단 한 번 주어진,
두 번 다시 반복할 수 없는 소중한 삶이다.

10년 전의 나와 10년 후의 나는 같다고 할 수 있을까

우리 모두는 이 세상에 태어나 각자의 삶을 살다가 결국 소멸하는 존재다. 광막한 우주에 비하면 정말 티끌처럼 작은 공간 안에서, 우주의 장구한 나이에 비하면 정말 순간처럼 짧은 시간을 잠깐 머물다가 우리는 세상에서 사라진다. 누군가는 죽음이 존재의 마지막이 아니며 이후에 다른 형태로 이어지는 무언가가 존재한다고 상상할 수도 있다. 하지만 삶을 이어갔던 바로 이곳에서 죽음의 순간에 무언가가 어떤 방식으로든 소멸한다는 점에는 대다수가 동의하리라고 믿는다. 오래전 이미 죽음을 맞은 존재를 일상에서 다시 만난 적은, 적어도 나는 한 번도 없다. 내가 발 디딘 이곳이 아닌 내가 갈 수도 볼 수도 없는 어떤 곳에 사후의 존재들이 모여 있다는 주장도 있다. 나는 그 주장을 거의 믿지 않지만 그렇지 않다고 반증하기는 어려워 보인다. 만일 그 주장이 사실이더라도 '그곳'이 '이곳'은 아니다.

원자는 소멸하지 않는다

우리가 사는 이곳에서 모든 존재는 결국 죽음으로 소멸한다. 그런데 조금만 더 생각해보자. 방금 앞에서 말한 존재의 소멸은 온통 의문투성이다. 내가 죽는 순간 소멸하는 것은 과연 무엇일까? 아니, 죽음 이전에 살아 있던, 내가 말하는 '나'의 존재는 도대체 무엇일까?

내가 살아 있는 동안 내 몸을 이루는 세포는 끊임없이 새로운 세포로 교체된다. 위장의 점막을 이루는 세포는 며칠이면 다른 세포로 바뀌고, 뼈를 이루는 세포도 10년 정도면 교체된다. 10년이면 변하는 것은 강산만이 아니다. 몸도 전부 변한다. 나는 10년 전의 내가 아니다. 사정이 이러하니, 나라는 존재의 소멸을 내 몸을 이루는 개별 세포의 죽음으로 환원해 설명하기는 어려워 보인다. 내가 죽음을 맞기 전부터 이미 수많은 세포들이 내 안에서 죽고 있기 때문이다(지금 이 순간에도!).

내가 삶을 이어가는 도중에는 새로 탄생한 세포가 소멸한 세포를 대체하지만, 죽음을 맞아 소멸한 뒤에는 내 몸 세포들은 죽음만을 거듭한다. 나의 소멸은 내 몸 모든 세포의 소멸로 귀결되는 셈이다. 하지만 내 몸 세포 일부가 소멸한다고 해서 내가 소멸하는 것은 아니다. 10년 전 내 몸을 이루었던 세포들 중 내 몸에 여전히 남아 있는 것은 많지 않지만 그래도 지금의 나는 10년 전의 나다. 나는 세포들의 모임이지만, 세포들의 단순한 모임이 곧 나는 아니다.

우리 몸뿐 아니라 세상의 모든 것은 결국 수많은 원자들로 이루어져 있다. 수소와 헬륨 같은 가벼운 원자들은 빅뱅 이후 우주가 아주 어렸을 때 만들어지고 나서 지금까지 우주 곳곳에 널리 존재한다. 별의 내부에서 일어나는 핵융합반응은 원자번호가 작은 쪽의 가벼운 원소들부터 원자번호가 큰 쪽의 무거운 원소들까지 만들어간다. 물론 모든 원소가 핵융합반응으로만 생성되는 것은 아니다. 예를 들어 원자번호 26번인 철의 원자핵보다 더 무거운 원자핵은 핵융합으로는 만들어질 수 없다. 그렇다면 우리 몸을 구성하는 원자들 중 철보다 더 무거운 원자들은 어떻게 만들어지느냐고? 핵융합이 아니라 초신성의 폭발로 만들어진다. 우리 모두가 별의 먼지라고 하는 이유도 이것이다. 우리는 초신성의 잔해에서 태어난 존재들이다. 우리 모두는 우주에서 왔다.

내가 살아 있는 동안 수많은 원자들이 다양한 유기분자의 형태로 내 몸에 들어와 분해되고 재결합하며 달라진 형태로 내 몸을 이루다가 때가 되면 다시 몸 밖으로 배출된다. 이렇듯 원자들의 모임인 분자는 내 몸 안에서 다른 종류와 형태로 바뀌지만, 정작 분자를 구성하는 원자들은 항상 그대로다. 호흡과정을 떠올려보자. 모든 인간은 호흡의 과정에서 산소를 들이마시고 이산화탄소를 내쉰다. 이때 이산화탄소 분자(CO_2)에 들어 있는 산소원자(O)는 두 개의 산소원자가 연결된 산소분자(O_2)에 있던 바로 그 원자다.

내 몸은 원자로 이루어져 있지만, 내가 죽어도 원자는 죽지 않는다. 아니, 원자는 죽을 수 없는 존재다. 죽음이라는 사건의 전후에 내 몸을 구성하는 원자들은 전혀 변화가 없다. 죽음 이후 시간이 지나면 내 몸을 구성하던 유기물질들은 여러 곤충과 세균이 분해시켜서 여기저기로 흩어질 것이다. 내 몸속의 원자는 위치가 달라졌을 뿐 소멸하는 것이 아니다. 오히려 죽는 것은 원자가 아니라 나다. 내 몸을 구성하던 물질들은 몸속에서 낱낱이 분해된 뒤에 다른 생명체의 몸을 이루는 물질이 될 수도, 우리가 숨쉬는 대기의 일부가 될 수도 있다. 생명체의 몸을 이루는 모든 물질은 결국 순환하고 널리 공유된다. 이렇게 생각하면 나의 몸은 지구라는 행성에서 살아가는 모든 생명체의 공유 자산이라고 할 수도 있겠다. 우리 각자의 삶은 순간이지만, 이 몸을 이루는 원자의 삶은 영생에 가깝다. 각자가 죽음을 맞더라도 아무것도 소멸하지 않는다.

열역학 제1법칙이 죽음에 관해 말해주는 것

내 몸만이 아니다. 우주를 구성하는 것들은 소멸하지 않는다. 단지 형태를 바꿀 뿐이다. 물리학에서는 서로 상호작용하는 모든 것의 집합을 우주라고 정의하고는 한다. 이렇게 정의한 우주는 당연히 그 우주의 바깥과는 완벽히 동떨어져 고립된 상태일 수밖에 없다. 만일 우주 안의 무언가가 우주 밖의 무언가와 서로 영향을 주고받는다면 그건 우주의 경계를 너무 작게 그린 것이다. 우주의 안과 밖이 아무런 영향을 주고받을 수 없을 정도로 경계를 설정할 때 그 경계의 내부가 우주다. 이때 경계의 내부는 외부와 완전히 고립된 고립계(isolated system)가 되고 내부 에너지의 총합은 변할 수 없다. 에너지가 변하려면 경계 밖에서 에너지가 들어오거나 밖으로 에너지가 나가야 하는데, 고립계는 외부와 완벽히 단절된 상태라서 외부의 에너지 출입이 불가능하기 때문이다.

열역학 제1법칙이 바로 이것이다. 계 안쪽의 내부 에너지는 외부에서 열이 유입되면 늘어나고 외부에 역학적인 일을 하면 줄어든다. 열과 일의 형태로 에너지를 외부로 전달할 수 없는 고립계 내부의 에너지는 일정하게 유지될 수밖에 없다. 내가 죽어 내 몸을 구성하는 입자들이 산산이 흩어져도 우주의 전체 에너지는 변하지 않는다. 내 몸을 구성했던 입자들의 에너지가 다른 형태로 바뀔 뿐이다. 에너지는 소멸하지 않고 모습을 바꿀 뿐이다. 죽음으로 내가 소멸해도 아무것도 소멸하지 않는다.

우리는 결국 별의 먼지라는 것, 그리고 내가 죽음으로 소멸해도 나를 구성하는 원자들은 자리만 옮길 뿐 소멸하지 않는다는 것은 엄연한 과학적 사실이다. 우리 몸을 이루는 원자와 세포가 끊임없이 교체되고 있어서 '나'라는 생생한 느낌을 그러한 구성요소로 환원해 설명할 수 없다는 것도 살펴보았다. 죽음의 순간에 소멸하는 것은 '나'라는 의식의 주체이고, 살아 있을 때 생생하게 존재했던 '나'라는 의식은 결국 구성요소들의 특별한 형태의 짜임으로 만들어지는 일종의 창발현상이라고 믿는 과학자가 많다. 자동차의 '빠름'이라는 속성을 차의 부품에서 찾을 수는 없지만 부품이 없으면 자동차의 '빠름'은 생겨날 수 없듯이, '나'라는 의식은 나의 몸을 이루는 물질이 없으면 존재할 수 없지만 그렇다고 해서 내 몸을 이루는 물질에서 '나'라는 의식을 찾을 수는 없는 법이다.

죽음으로 내 몸을 이루는 물질이 소멸하지는 않지만, 죽음으로 바뀐 물질들의 연결 패턴은 '나'라는 의식을 유지할 수 없게 만든다.

인간이란 존재의 유한성과 우리 모두가 이곳에서 결국 맞닥뜨릴 존재의 소멸은 과학자인 나에게 큰 울림으로 다가온다. 우리는 소멸해서 더욱 소중한 존재다. 단순히 인간에게만 해당되는 것은 아니다. 이곳에서 짧은 삶을 살다가 덧없이 사라지는 존재는 하나같이 소중하다. 영생을 믿지 않는 나에게, 지금의 삶은 단 한 번 주어진, 두 번 다시 반복할 수 없는 소중한 삶이다. 이번 생을 망치면 나에게 다음 생은 없다.

○○○

열역학 제1법칙

물리학의 한 분야인 열역학은 여러 입자들로 구성되어 있는 물리계의 거시적인 특성을 다룬다. 많은 입자로 이루어진 물리계의 에너지, 엔트로피, 온도, 압력, 부피 등의 여러 열역학의 양들이 서로 어떤 정량적인 관계를 맺는지를 주로 살피는 분야다. 열역학의 가장 중요한 법칙이 바로 에너지 보존 법칙인 제1법칙과 엔트로피 증가의 법칙인 제2법칙이다. 열역학 제1법칙은 외부로부터 완벽히 단절되어 있는 물리계의 전체 에너지는 항상 일정하게 유지된다는 법칙이다. 열역학 제2법칙은 고립되어 있는 물리계가 시간이 지나며 변화하는 과정에서 엔트로피라는 물리량이 항상 늘어난다는 법칙이다. 고립계인 우주 전체의 에너지는 일정하고, 우주 전체의 엔트로피는 늘 늘어난다.

인간이란 무엇인가

: 영화 〈블레이드 러너〉

SF영화를 보고 함께 이야기를 나누는 토론 모임을 진행한 적이 있다. 당시에 내가 고른 다섯 영화는 〈컨택트〉, 〈매트릭스〉, 〈블레이드 러너〉, 〈인터스텔라〉, 그리고 〈그녀〉이다. 모두 내가 무척 좋아하는 SF영화다. 내가 좋아하는 영화는 공통점이 있다. 답하기보다는 묻는 영화, 나로 하여금 곰곰이 오래 고민에 빠지게 하는 의미 있는 질문을 담은 영화가 나는 참 좋다.

〈블레이드 러너〉는 유명 작가 필립 K. 딕(Philip K. Dick)의 1968년 SF소설 『안드로이드는 전기양을 꿈꾸는가?』를 영화화한 작품이다. 2017년 개봉한 속편 〈블레이드 러너 2049〉도 물론 멋진 영화지만, 나는 1982년 개봉한 첫 영화가 더 좋다. 한국의 여러 저자가 함께 집필한 책 『블레이드 러너 깊이 읽기』도 출판되었다. 만들어진 지 오랜 시간이 지났는데도 영화의 의미를 성찰하는 책이 여전히 출판되고 있다는 사실만으로 〈블레이드 러너〉가 우리에게 미친 영향의 크기를 짐작할 수 있다.

원작 소설에는 블레이드 러너(blade runner)라는 단어가 등장하지 않는다. 탈출한 인간형 로봇 안드로이드(영화에서는 인간복제의 의미를 강조하려 '레플리칸트'라고 부른다)를 잡아 죽이는 사람을 소설에서는 대신 '현상금 사냥꾼(bounty hunter)'이라고 부른다. 영화 제목인 블레이드 러너는 안드로이드를 살해하는 칼(blade)을 놀리는(run) 사람이라는 단순한 의미로 볼 수 있다. 면도칼로 얇게 자르면 없던 경계를 만들어 하나를 둘로 가를 수 있다는 점에서, 인간과 안드로이드 사이에 날카로운 경계를 설정하는 사람, 혹은 그 날카로운 구분의 칼날 위를 아슬아슬 위태롭게 달리는 사람이라는 의미일 수도 있다.

원작 소설과 영화를 같은 잣대로 비교할 수는 없다. 사진 비평가인 김현호가 책 『블레이드 러너 깊이 읽기』에서 "영화는 소설이 몸을 바꾼 것이라기보다는, 차라리 소설의 어떤 부분을 찢고 튀어나오는 존재"라고 했듯이 말이다. 소설에서 찢고 나올 부분을 어쩔 수 없이 취사선택할 수밖에 없는 것이 영화이지만, 그래도 주인공 데카드가 기르는 소설의 '전기양'이 영화에 등장하지 않는 것은 좀 아쉽다. 실제 생명체가 아닌 전기양을 기르던 데카드는, 안드로이드를 살해해(영화의 표현으로는 '은퇴시켜') 받은 현상금 3000달러를 살아 있는 산양 구매 계약금으로 몽땅 써버린다. 영화를 재밌게 본 사람이라면 원작 소설도 읽어보시기를.

영화에서 레플리칸트를 판별하는 식별법이 바로 보이트-캄프 테스트다. 소설에서는 '보그트 테스트'라고 부른다. 인간이라면 누구에게나 감정을 격동시켜 무의식적인 신체 반응을 일으킬 것이 분명한 질문을 하고는, 피부 모세혈관 혈류량의 변화를 뺨에 붙인 미세 전극으로 측정하고, 눈동자 동공의 확장을 눈 주변 미세 근육의 수축 정도로 관찰한다. 무의식적 감정 반응에 큰 변화가 없으면 테스트를 통과하지 못한 셈이다. 인간이 아닌 안드로이드일 가능성이 크다. 많은 이가 영화의 보이트-캄프 테스트를 보면서 유명한 튜링 테스트(Turing test)를 떠올렸으리라. 질문과 답변으로 이어진 대화를 서로 이어가면서, 인간 대화자가 대화의 상대를 인간으로 간주하게 되는지를 살피는 것이 튜링 테스트다. 대화에서 주고받는 말과 글만을 정성적 판단의 근거로 삼는 튜링 테스트를 더 정교하게 정량화한 미래의 버전이 영화의 보이트-캄프 테스트라고 할 수 있다.

영화에서 데카드는 레플리칸트 레이첼에게 '푹 삶은 개(boiled dog)'를 이야기하며 감정 반응을 살핀다. 감정 변화가 측정되지 않는 레이첼을 보면서 데카드는 그녀가 사람이 아닌 레플리칸트라는 확신을 점점 갖게 된다. 이 장면이 무척 재밌었다. 요즘은 아니지만 이 영화가 개봉했던 즈음에는 한국에 개고기 먹는 사람이 지천이었다. 당시의 한국인을 대상으로 했다면, 많은 이가 인간이 아닌 레플리칸트로 판정받았을 수도 있다. 또 소설에는 살아 움직이는 새우 요리도 감정 반응을 야기하는 질문으로 등장한다. 한국인은 살아서 꿈틀대는 새우를 보면 싱싱하다고 입맛을 다시는 이가 많을 것이다. 인간 모두의 당연한 감정 반응이라고 질문자가 믿는 것들이 사회문화적 환경의 지배를 얼마나 강하게 받는지 명확히 보여주는 대목이다. 영화의 보이트-캄프 테스트, 소설의 보그트 테스트가 안드로이드를 높은 확실성으로 구별해내기는 어려워 보인다. 인간과 안드로이드를 명쾌히 딱 잘라 둘로 나누어 구분할 수 있는 마법의 칼날은 과연 있을까.

〈블레이드 러너〉가 나에게 묻는 중요한 질문이 바로 "인간이란 무엇인가?"였다. 수많은 안드로이드가 인간과 함께 살아가는 먼 미래에, 과연 우리는 극도로 발달한 안드로이드와 인간을 구별할 수 있을까? 영화는 반복해 관객에게 묻는다. 실제 현실인간의 기억을 복제했을 뿐이지만, 어려서의 추억이 자신의 진정한 기억이라고 확신하는 레이첼을 보여주며 '추억과 기억'이 인간만의 특징이냐고 묻는다. 죽음의 순간, 눈물을 흘리는 레플리칸트 댄서 조라의 얼굴을 짧게 보여주며 감정이 인간만의 고유한 특성인지 묻는다.

영화의 레플리칸트 댄서 조라는 소설에서는 안드로이드 오페라가수 루바 라후트에 대응한다. 엄청난 예술성을 가진 목소리로 노래하는 루바는 미술관에서 화가 에드바르 뭉크(Edvard Munch)의 그림을 감상하다 데카드에게 체포된다. 인간의 예술적 감각이 정말로 인간 고유의 것인지 묻는 장면이다. 또 레플리칸트 프리스는 영화에서 철학자 데카르트의 "나는 생각한다. 그러므로 나는 존재한다"를 인용하며 자신도 인간과 마찬가지로 실재하는 존재임을 주장한다. 사고와 이성이 정말 인간의 영원한 독점적 전유물인지를 고민하게 하는 대사다.

영화에서 많은 이가 명장면으로 꼽을, 탈출 레플리칸트들의 리더 로이의 독백 "빗속의 눈물(tears in rain)" 앞뒤의 장면은 한술 더 뜬다. 미리 설정된 생존 기간의 막바지에 도달해 점점 굳어가는 손바닥을 못으로 뚫는 장면, 그리고 로이의 죽음 직후 백색 비둘기가 하늘로 높이 날아오르는 장면은 누가 보아도 명백한 종교적 은유이다. 과연 '영혼'도 인간의 전유물인지를 묻는 장면으로 나는 읽었다.

영화가 나에게 묻는다. 인간은 과연 무엇이냐고. 인간처럼 기억하고 사고하며, 인간처럼 예술을 향유하는, 인간이 아닌 존재를 우리가 상상할 수 있다면 인간은 과연 어떤 존재냐고 말이다. 또 영화는 나에게, 인간이 어떤 존재인지를 아직 잘 모르는 우리 인간이 다른 인간을 같은 인간으로 받아들이는 기적은 어떻게 가능하냐고 묻는다. 영화가 나에게 던지는 질문은 계속 이어진다. 당신은 내가 인간임을 어떻게 아냐고, 아니, 스스로 내가 인간임을 확신하는 나의 그 확신의 근거는 도대체 무엇이냐고 말이다.

빈칸

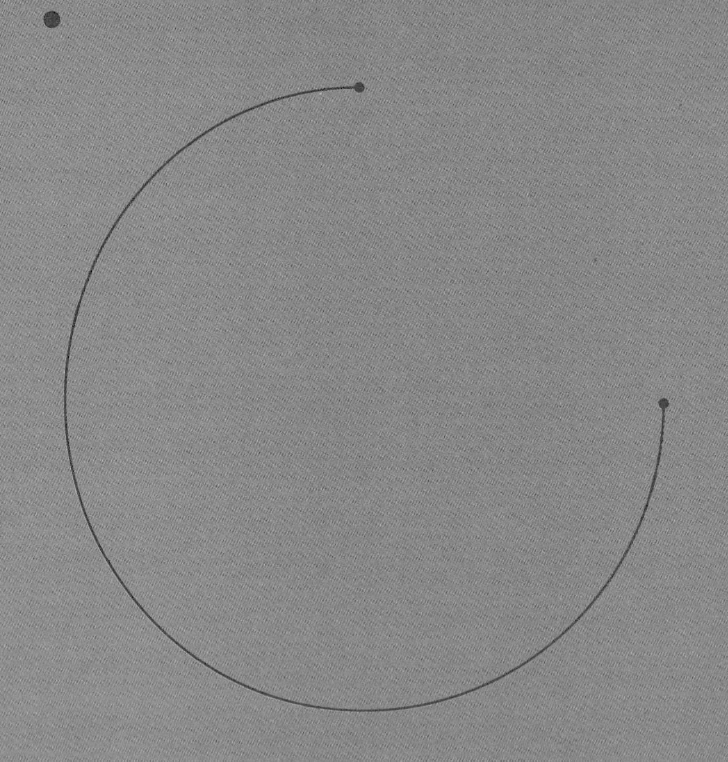

나나, 당신이나, 지구나, 태양이나, 우리은하나
결국 모두는 하나같이 빈칸의 후예다.

생성과 소멸을 거듭하는 진공의 바다

멘델레예프가 남긴 미완의 주기율표

드미트리 멘델레예프(Dmitrii Mendeleev)가 정리한 주기율표는 2019년에 150주년을 맞았다. 이를 기념해 UN은 '멘델레예프 주기율표의 해'를 지정하기도 했다. 1869년 멘델레예프는 당시 알려져 있던 60여 개의 원소를 원자량과 화학적 성질을 이용해서 일목요연하게 표로 정리했다. 그가 만든 주기율표의 진정한 가치는 바로 표 안에 놓인 '빈칸'에 있다. 아직 채워지지 않은 표는 그 빈칸에 더 찾을 무언가가 아직 남아 있음을 알려주지만, '아직 모름'을 인정하지 않는 빈칸 없는 표는, 미완의 표가 완결된 표로 보이는 착시를 만든다.

멘델레예프가 남긴 빈칸은 이후 이 칸에 들어맞는 화학원소의 발견으로 이어져 원자번호 21번 스칸듐(scandium), 31번 갈륨

(gallium), 32번 저마늄(germanium), 43번 테크네튬(technetium)이 발견되었다. 20세기 들어서 양자역학의 발전으로 각 원소의 원자번호는 원자핵에 들어 있는 양성자의 개수이고, 이는 음의 전하를 가진 전자의 개수와 같다는 사실이 알려졌다. 또 원자핵 주위의 전자들이 낮은 에너지상태부터 차곡차곡 놓인다는 점을 주기율표를 통해 쉽게 이해할 수 있게 되었다. 현대의 과학자는 주기율표만 가지고도 많은 원소의 화학적 성질을 쉽게 짐작할 수 있다. 금은 왜 시간이 지나도 광택을 잃지 않는지, 철은 왜 쉽게 녹스는지, 비소는 왜 인간의 몸 안에서 독성을 갖는지 어렵지 않게 설명할 수 있다.

멘델레예프의 주기율표뿐만이 아니다. 채워야 할 무언가가 여전히 남아 있다는 '아직 모름'을 인정하는 태도가 과학 발전의 주된 원동력이다. 거꾸로 빈칸이 없어야 과학이라는 완전히 잘못된 뒤집힌 주장을 하는 사람들이 있다. 과학과 비슷한 점이 없으므로 유사과학도 과분해서 가짜과학이라 불러 마땅한 창조과학의 일부 주장이 그렇다. 진화의 잃어버린 연결고리(missing link)가 발견되지 않았으니 진화론에 오류가 있다는 말도 안 되는 주장을 한다. 진실은 거꾸로다. 제대로 된 과학 안에는 숭숭 구멍 뚫린 빈칸이 도처에 널려 있다. 과학은 함께 힘을 모아 빈칸을 채워나가는 인류 공동의 지난한 노력의 과정이다. 빈칸이 없으면 과학도 없다.

진공의 역설

빈칸의 가치를 공자(孔子)도 『논어』에서 "지지위지지(知之爲知之), 부지위부지(不知爲不知), 시지야(是知也)"로 이야기한다. "아는 것을 안다고 하고, 모르는 것을 모른다고 하는 것", 즉 모른다는 사실을 아는 '부지(不知)의 지(知)'가 바로 진정한 앎의 출발점이라는 뜻이다. 소크라테스(Socrates)의 "나는 내가 아무것도 모른다는 것을 안다"도 역시나 비슷한 말이다. 작가 유발 하라리(Yuval Harari)도 『사피엔스』에서 과학혁명은 결국 "무지의 발견"이라고 이야기한다. 모른다는 사실을 알면 알기 위해 뭐라도 할 수 있지만, 모르는데 안다고 믿으면 더 알기 위한 노력을 멈추게 된다. 움베르토 에코(Umberto Eco)의 소설 『장미의 이름』에도 비슷한 이야기가 있다. 윌리엄 수도사는 제자 아드소에게 "진리를 위해 죽을 수 있는 자를 경계하라"라고 당부한다. 진리 탐구의 가장 큰 장애물은 지금 알고 있는 것이 절대적 진리라는 확신이다. 세계지도 위에 표시된 아직 가보지 못한 대양 너머 미지의 여백은 그곳에 가려는 노력을 추동하기도 했다. 과학에서나 우리 삶에서나 빈칸은 소중하다. 빈칸이 없다면 우리는 앞으로 나아갈 수 없다.

빈칸은 그곳에 아무것도 없다는 무(無)의 인정이다. 현대 양자물리학에서 '무' 혹은 '정말로 비어 있음'을 뜻하는 진공(眞空, vacuum)도 과거 멘델레예프 주기율표의 빈칸처럼 적극적인 역할을 한다. 물리학은 진공이 역설적으로 진공이 아님을 발견했다. 현대물리학의 진공은 넓고 깊은 바다와 비슷하다. 큰 바다를 가득 채운 바닷물을 직접 보지는 못하고, 물장구를 쳐서 수면 위로 튀어 오른 물방울, 그리고 그 물장구가 남긴 바닷물 속의 공기방울만 볼 수 있다고 가정해보자. 수면 위로 올라온 물방울을 입자, 바닷물 안의 공기방울을 반(反)입자로 생각하면 된다. 진공이 이런 바다라면, 아무것도 보이지 않다가 갑자기 입자 하나와 반입자 하나가 짝을 이루어 동시에 그 존재를 드러낼 수 있다는 사실을 이해할 수 있다. 바로 진공요동이다.

양자역학의 진공요동으로 만들어진 입자와 반입자의 쌍은, 튀어 오른 물방울이 다시 바다로 돌아가 공기방울과 만나 사라지듯, 오래지 않아 서로 만나 함께 소멸한다. 결국 아무것도 없는 진공은 모든 것이 멈춰 있는 정적인 존재가 결코 아니다. 짧은 순간의 양자요동으로 말미암아 수많은 입자-반입자가 쌍생성과 쌍소멸을 반복하며, 팥죽 끓듯 하는 동적인 존재가 바로 진공이다. 처음 이론적인 상상으로 제안된 입자-반입자의 쌍생성은 다양한 실험으로 확인되었다. 전자의 반입자인 양전자, 양성자의 반입자인 반양성자로 구성된 반수소를 실제 실험에서 관찰하기도 했다.

현대물리학의 진공, 혹은 '무'는 자발적으로 온갖 것을 생성할 수 있는 엄청난 크기의 바다다. 요즘에는 우주를 탄생시킨 태초의 빅뱅도 바로 이와 같은 진공의 양자요동으로 시작되었다는 주장에 많은 물리학자가 고개를 끄덕이고 있다. 우주가 만약 이처럼 순수한 양자요동으로 시작했다면, 인간의 존재에 어떤 거창한 우주적인 규모의 목적이 있을 리 없다. 어쩌다 보니 우연히 존재하게 되었을 뿐이다. 그렇다면 나나, 당신이나, 지구나, 태양이나, 우리은하나 결국 모두는 하나같이 빈칸의 후예다.

세상에는 눈여겨보지 않으면 보이지 않는 것이 많다. 우리 사회에도 잘 드러나지 않는 이들이 많다. 새벽 첫차를 타고 출근하는 청소 노동자, 새벽의 거리를 청소하는 분들, 이동이 불편해 집 밖에 잘 나올 수 없고 따라서 우리가 출퇴근길에 자주 마주치지 못하는 장애인들도 그렇다. 잘 보이지 않는다고 없는 것은 아니다. 잘 보이지 않는 곳일수록 오히려 더 자세히 보아야 하지 않을까. 있는데 눈에 띄지 않아 남겨져 있던 빈칸은 멘델레예프 주기율표의 빈칸을 닮았다. 과학이나 우리 삶이나, 눈에 잘 띄지 않는 '빈칸'의 존재가 더 소중한 것은 아닐까. 빈칸은 정말로 비어 있는 것이 아니라 아직 보지 못한 것일 뿐 채워져야 하는 것이 아닐까.

○○○

양자요동 양자역학에는 몇 종류의 불확정성원리가 있다. 독일의 물리학자 베르너 하이젠베르크(Werner Heisenberg)가 밝힌 입자의 위치와 운동량의 불확정성원리는 우리가 무한의 정확도로 동시에 위치와 운동량을 측정할 수 없다는 것을 알려준다. 입자의 위치를 우리가 정확히 측정하려 할수록 운동량의 불확정성이 커진다. 어디에 있는지 정확히 재면, 그다음 순간 입자가 훌쩍 먼 곳으로 큰 운동량을 가지고 움직일 수 있다는 뜻이다.

양자역학에는 에너지와 시간의 불확정성원리도 있다. 에너지를 정확히 알게 되면 시간의 불확정성이 커지고, 거꾸로 아주 짧은 시간을 생각하면 에너지의 불확정성이 아주 커져서 에너지의 값이 딱 하나로 정해지지 않고 큰 폭으로 변할 수 있다. 양자요동은 아주 짧은 시간에는 대상의 에너지가 큰 값을 가질 수 있다는, 에너지–시간의 불확정성에 관계된다. 무한히 짧은 시간에는 얼마든지 큰 에너지를 가진 사건도 발생할 수 있다. 엄청나게 짧은 시간의 척도에서는 아무것도 없는 진공에서도 양자요동이 팥죽 끓듯 쉴 새 없이 일어나고 있다.

저자가 한 명이라도 주어는 '우리'

: 과학자들의 재미있는 논문 이야기

30년 가까이 물리학자로 살아오면서 적지 않은 논문을 썼다. 그래도 여전히 매번 무척 어렵다. 분야에 관계없이 모든 논문은 어느 정도 공통된 형식을 따른다. 논문 제목과 저자 목록이 맨 앞에 등장하고, 이어서 '초록(抄錄)'이라고 불리는 논문의 요약 부분이 있다. 논문 제목 바로 다음에 놓여 가장 먼저 눈에 띄는 부분이다. 제목과 함께, 논문 저자가 가장 신경을 많이 쓰는 부분일 수밖에 없다.

다른 연구자의 논문을 살펴볼 때, 나는 먼저 초록을 잠깐 읽는다. 초록이 재밌어 보이면 초록 아래에 이어지는 논문의 본문을 찬찬히 읽기 시작한다. 초록 아래 본문 부분에도 어느 정도 공통된 형식이 있다. 서론과 연구 방법, 그리고 연구 결과를 적고, 후반의 결론 부분에서는 논문을 요약하고 중요한 결과를 다시 강조한다. 노력했지만 여전히 미진한 부분을 솔직하게 적는 곳도 이곳이다. 논문의 맨 마지막에는 연구에 참고하고 인용한 여러 논문의 목록을 붙인다. 초록은 영어로 abstract라고 부르는데, 이 단어에는 논문의 초록이라는 의미 말고도 형용사로 '추상적'이라는 뜻도 있다. 내가 지금까지 본 초록 중 가장 재밌었던 초록은 바로 'abstract' 아래에 적힌 단 하나의 문장이었다.

"Yes, but some parts are reasonably concrete."

"네, 추상적인 것 맞아요. 그런데 논문 일부분은 그래도 어느 정도 구체적이랍니다"라고 번역할 수 있는 이 초록을 읽고 웃음을 터뜨렸다. '논문 초록'이라는 뜻과 '추상적인'이라는 뜻을 모두 가지고 있는 영어 단어 'abstract'로 던진, 논문 저자들의 작은 농담이다. 과학자도 사람이다. 논문으로도 가끔 장난을 한다.

다른 분야는 내가 잘 모르지만, 어쨌든 물리학 분야의 논문에는 영어 수동태 문장이 자주 등장한다. 예를 들어 "어떤 물체도 빛보다 빠를 수 없다는 것이 잘 알려져 있다"라는 의미의 문장은 수동태로 적는 것이 더 자연스럽다. 문장에 담긴 내용이 누구나 동의할 수밖에 없는 객관적인 사실일 때 주로 이렇게 수동태 문장을 쓴다.

능동태 문장의 주어로는 '우리'를 뜻하는 'We'와 특정인이 아닌 '누구나'를 뜻하는 'One'을 논문에 자주 쓴다. 논문을 쓰고 있는 저자의 이름이나 '나'를 뜻하는 'I'를 논문 문장의 주어로 쓰는 일은 거의 없다. 초록의 능동태 문장은 대개 We로 시작한다. 논문의 저자들이 이러이러한 방법으로 이러이러한 결과를 얻었다고 적을 때, 이 문장의 주어로 We를 쓰는 것이 표준이다.

그런데 이때 재미있는 문제가 생긴다. 만약 저자가 단 한 명이라면 어떨까? 사실 1인 저자의 논문도 We로 문장을 적는 것이 물리학 분야 논문의 표준이다. 혼자 쓴 논문에 담긴 문장을 We라는 복수형 주어로 시작하는 것이 나도 무척 어색했던 기억이 있다. 오래전 내가 박사후연구원으로 첫 직장 생활을 시작했던 스웨덴 연구그룹의 페터 민하겐(Petter Minnhagen) 교수도 그랬던 모양이다. 좀 어색해도 학계의 관행을 따라 나처럼 We를 주어로 할 수도 있었지만, 이분은 아무래도 너무 어색해서 다른 재미있는 방법을 찾았다. 바로 논문 저자에 가공의 인물을 한 명 더 적고 논문의 문장을 We로 시작하는 방식이다. 검색해보면 'P. Minnhagen'과 'G. G. Warren', 이렇게 두 명의 저자가 함께 출판한 오래전 논문을 지금도 찾을 수 있다. 두 번째 저자 'G. G. Warren'이 바로 세상에 없는 가공의 인물이다. 가끔 사람들이 'G.'가 어떤 이름의 약자냐고, 그 친구는 지금은 어디서 연구하냐고 물어보기도 했다는 이야기도 재미있게 들었다. 민하겐 교수와 나, 이렇게 둘이 서로 자기가 맞다 우기다가 또 즐겁게 웃기도 하며, 매일 몇 시간을 토론하며 보냈던 몇 년의 시간이 지금도 참 그립다. 잘 몰라도, 아무리 엉뚱한 생각이라도, 서로 마음을 열고 토론하는 것이 연구에도 큰 도움이 된다는 사실을 이분께 배웠다. 과학도 사람의 일이다.

"Matchmaker, matchmaker, make me a match: migration of populations via marriages in the past"라는 재미있는 제목의 논문에 공동저자의 한 명으로 참여했을 때의 일이다. 한국의 족보 데이터를 이용해서 과거 우리 선조의 혼인이 어떤 지리적인 이동 패턴을 보이는지를 살핀 논문이다. 이 논문을 마무리할 때, 제목에 등장하는 모든 주요 영어 단어의 첫 글자를 알파벳 m으로 하자고 다른 저자들에게 제안했던 기억이 난다. "Matchmaker, matchmaker, make me a match: migration and marriages"처럼 말이다. 결국은 그렇게 되지 못했지만 지금 다시 보아도 무척 아쉽다. 제목의 무려 7개 주요 단어 모두가 같은 영어 알파벳으로 시작하는 논문을 출판할 기회가 다시 올 것 같지 않다.

영어로 적으면 이름이 D로 시작하는, 내 연구그룹의 한 대학원생이 있었다. 사람들이 각기 주관적으로 부여한 영화 평점 빅데이터를 이용해 여러 영화의 순위를 합리적으로 추정하는 멋진 방법을 제안한 연구에서, 학생이 자신이 고안한 새로운 방법을 약자로 'DR'이라고 불렀다. 연구 미팅 때 혹시 자기 이름 첫 글자의 D를 따서 붙인 이름이냐고 물어보며 연구그룹 사람들과 함께 왁자지껄 웃었던 적이 있다. 물론 학생은 자신의 이름을 따서 명명한 것이 아니라 Deviation-based ranking을 줄여서 DR이라고 한 것이었지만, 이때부터 시작해서 이 학생과 함께 쓴 논문에는 D가 첫 글자인 영어 단어로 제목을 시작하는 작은 장난을 이어가기도 했다.

종류와 성격에 상관없이, 완성되어 공개된 모든 지적, 예술적 성취의 이해와 해석은 만든 이가 아닌 읽고 보는 이의 몫이다. 저자가 의도한 수수께끼가 있고, 독자가 노력하면 그 해답을 찾을 수 있다는 이야기가 아니다. 저자도 모른다. 자신의 작품의 의미를 속속들이 아는 저자는 어디에도 없으며, 작품의 통일성은 작가의 머릿속이 아닌 개별 독자의 머릿속에서나 각각 추구할 수 있을 뿐이다. 얼마 전 어렵지 않은 철학 입문서에서 읽은, 롤랑 바르트(Roland Barthes)의 '저자의 죽음'의 맥락이다. 저자의 머릿속 어렴풋한 생각이 활자화되어 세상에 공개되는 순간, 저자의 죽음과 독자의 탄생이 동시에 일어난다고 말할 수도 있겠다.

의미는 좀 달라도 과학 논문에서도 비슷한 일이 벌어진다. 물가에서 노는 아이에게는 후다닥 달려가 도움이라도 줄 수 있지만, 일단 세상에 나온 논문에게 저자가 할 수 있는 일은 거의 없다. "내가 해보니 되더라고요"가 논문 저자의 솔직한 심정이더라도, 출판된 과학 논문은 모두 다 하나같이 "한번 해보세요. 누가 해도 될 겁니다"로 읽힌다. 논문을 출판하면 그 안에 담긴 모든 것은 저자의 손을 떠나, 중원의 다른 수많은 무림고수 과학자의 비판과 검증에 투명하게 노출된다. 무림과 달리 숨겨놓고 혼자서만 볼 수 있는 무공의 비급(祕笈)도 없다. 그런 비급이 있었더라도 논문에 공개하는 것이 무림 과학계의 불문율이다.

예술 작품과 다른 점이 더 있다. 과학 논문의 독자는 구체적인 한 명 한 명의 개인이 아닌 불특정 과학자 '누구나(one)'다. 저자가 아닌 그 누구라도 논문에 소개된 연구의 방법과 과정을 따라 하면 똑같은 결과를 얻을 수 있다고 믿을 수 있을 때만 결과를 발표하는 것이 과학계의 관행이기 때문이다. 논문의 출판과 공개로, 저자는 연구 수행의 유일한 주체라는 기존의 지위를 모든 '누구나'에게 양도한다. '저자'는 죽고 과학은 꽃핀다.

성공

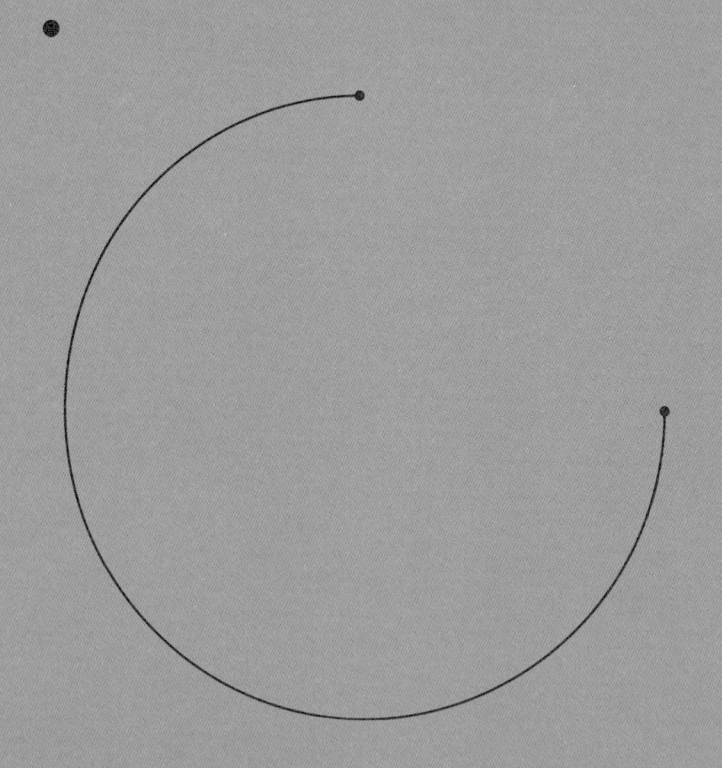

저 멀리 커다란 성취의 산봉우리에는
후회해본 사람들만 갈 수 있다.

가장 높은 고지에 이르는 최적화문제

누구나 젊어서는 성공한 삶을 꿈꾼다. '성공'이 무엇이냐 물으면 사람마다 답은 제각각이다. 돈이 많아야, 지위가 높아야, 훌륭한 작품을 남겨야, 자신의 분야에서 큰 명성을 얻어야 성공이라 할 수도 있고, 사회의 어려운 이에게 얼마나 많은 도움을 주었는지, 또는 가정의 화목이 바로 성공한 삶의 기준이라고 생각할 수도 있다. 기업도 마찬가지다. 높은 수익이 성공의 다른 이름일 수도 있고, 직원의 행복을 기준으로 성공을 측정할 수도 있고, 사회에 얼마나 큰 기여를 했는지가 성공한 기업의 기준일 수도 있다.

현실은 복잡해도 단순하게 줄이고 줄여 뭉뚱그려 바라보는 것이 과학이다. 복잡하면 이해하기 어려우니 어쩔 수 없이 택하게 되는 과학 방법론이다. 한없이 복잡하고 막연해 보이는 성공의 비밀도 과학으로 접근하면 조금은 단순해질 수 있지 않을까?

최적화문제와 국소적 탐색

자, 성공을 결정짓는 요인 중, 예를 들어 x축에는 가진 돈을, y축에는 가정의 화목을 놓고, z축 방향으로는 성공의 정도를 표시해 보자(즉 성공은 $z=f(x,y)$의 꼴로 적을 수 있는 함수다). 사람마다 성공의 기준이 다르니 x축과 y축에 적힌 양도 제각각이고, 함수의 모양도 모두 다를 것이 분명하다. 또 성공을 거두기 위해 필요한 것이 딱 둘뿐일 리도 없으니, 2차원보다 훨씬 높은 차원에서 정의되는 함수가 성공이다. 그런 고차원의 함수라고 해도 수학적 구조는 $z=f(x,y)$와 별반 다르지 않다. '함수'를 보고 어리둥절해진 사람들은 네모난 땅 위에 여러 언덕과 골짜기가 있는 구불구불한 지형을 떠올려보면 좋다. 지형이 제각각 다른 땅을 각자 가질 때, 최대의 성공이란 네모난 테두리로 둘러싸인 지형에서 가장 높은 곳에 도달하는 것이라고 이해하면 쉽다.

이런 유형의 문제를 과학에서는 최적화문제라 한다. 네모난 테두리 안이라는 제한조건하에서 가장 높은 곳이 어디인지 찾는 문제다. '성공'을 예로 들었지만, 이와 같은 최적화문제는 우리 현실에서 수없이 자주 마주치는 문제다. 아침에 출근할 때 집에서 나오는 시간과 교통편을 바꾸어가며 통근 시간을 최소화하는 것도, 벼락치기를 해야 할 때 어떤 과목에 시간을 얼마나 투입해 시험공부를 해야 가장 효과적일지를 고민하는 것도 모두 최적화문제다. 지갑 사정이 제한되어 있는 상황에서 영화를 볼지, 책을 살지, 커피를 마실지, 나의 만족을 극대화할 수 있는 최적의 조합을 생각하는 것도, 주변의 땅값 등을 고려해 고속도로를 어디에 어떻게 건설하는 것이 비용을 가장 많이 절약할 수 있을지 고민하는 것도 최적화문제다. 가격 대비 품질이 우수한, 소위 가성비가 높은 상품을 찾아 구매하는 경우에도 지출 한도라는 제한조건하에서 최대의 만족을 얻는 최적화문제를 푼 셈이다.

성공으로 향하는 과정도 최적화문제를 푸는 일과 다르지 않다. 지금 있는 곳에서 출발해 성공의 최댓값에 다다르는, 경계 안의 가장 높은 고지를 찾아가는 방법을 생각해보는 것이다. 물론 인생에서는 직접 가보지 않으면 그곳이 어떤 곳인지 미리 알 수 없을 때가 많다. 이럴 때 눈을 감고도 고지에 오르는 쉬운 방법이 하나 있다. 동서남북 네 방향으로 각각 딱 한 걸음씩 눈 감고 조심스레 디뎌보고는, 지금 서 있는 곳에서 지대가 높아지는 방향을 골라 한 발짝을 옮기는 것이다. 이 과정을 반복하면 한 걸음, 한 걸음 점점 높은 곳을 향해 눈을 감고도 나아갈 수 있다. 지금 있는 곳에서 바로 옆의 주변만 살피며 걸음을 옮긴다는 점에서 이 방법을 국소적 탐색이라 한다. 최근 인공지능 분야에서 연결망의 가중치를 조금씩 바꾸는 학습의 과정에 이러한 국소적 탐색이 널리 쓰이고 있다. 이세돌을 이긴 알파고(AlphaGo)도 아장아장 한 발짝씩 걷는 이 방법으로 바둑을 배운 셈이다.

인생에서 성공의 지형은 무척 복잡하다. 하늘을 찌를 듯한 산봉우리도, 그보다 낮은 언덕도, 깊은 골짜기도 있다. 국소적 탐색의 방법에는 심각한 단점이 있다. 야트막한 언덕 꼭대기에 한번 오르면 그곳에 영원히 머물게 된다는 문제가 그것이다. 언덕 꼭대기에서는 동서남북 어느 방향으로 발을 디뎌보아도 하나같이 내리막이다. 올라가는 방향이 없으니 단 한 발짝도 움직이지 못하고 꼼짝없이 꼭대기에 붙박이게 되는 것이다. 국소적 탐색으로는 저 멀리 높은 산봉우리로 건너갈 방법을 결코 찾을 수 없다. 현재의 작은 성공에 안주해서 바로 옆의 주변만 살피다가는 어딘가 있을지 모를 성공의 높은 산꼭대기에 도달할 수 없다.

야트막한 언덕에 오래 머물게 되는 국소적 탐색의 문제는 어떻게 해결할 수 있을까? 우선 1미터 안쪽의 주변만 발끝으로 조심스레 탐색하는 것이 아니라, 바람에 몸을 맡기듯 몇 킬로미터 너머로 발을 훌쩍 옮기는 것도 한 방법이다. 이는 우물 안 개구리에서 벗어나 더 큰 세상에서 더 높은 성공의 고지를 찾을 수 있는 방법이지만 큰 위험도 동반한다. 어쩌면 깊은 골짜기에 이르러 오랫동안 헤어 나오지 못하거나, 천길 낭떠러지를 만나 큰 부상을 입을 수도 있다.

다른 해결 방법은 작은 보폭으로 계속 걸어가는 것이다. 한 걸음 디딘 곳이 내리막이더라도 포기하지 않고 희망을 품고 계속 꾸준히 나아가는 방법이다. 한동안 아래로 아래로 내려가겠지만 더 이상 내려갈 수 없는 깊은 골짜기에 빠진 다음에는 반대쪽 경사면을 따라서 더 높은 다른 언덕 꼭대기에 닿을 수 있다. 안락하고 익숙한 작은 성공에서 벗어나 큰 성공을 거두려면 위험을 무릅쓸 용기와 함께 연이은 실패에도 희망의 끈을 놓지 않는 것이 꼭 필요한 이유다.

멀리 떠나보면 엉뚱한 곳에 잘못 왔다고 후회라도 할 수 있지만, 제자리에 머물면 평생 후회조차 할 수 없다. 안 가본 것을 후회하느니 가보고 나서 후회하자. 신중한 탐색 끝에 작은 성취를 일궜다면 이제 더 큰 꿈을 꿔보자. 저 멀리 커다란 성취의 산봉우리에는 후회해본 사람들만 갈 수 있다.

물이 끓기 전 마지막 1도를 기다리는 마음

어떤 성공도 하루아침에 이루어지지 않는다. 길고도 지루한 노력과 기다림의 시간이 지나서야 결국 우리는 성공의 결실을 거둔다. 우리가 매일매일 진행하는 일도 마찬가지다. 내가 몸담고 있는 물리학 분야에서의 연구도 그렇다. 하루하루 진행되는 연구과정을 되돌아보면 막다른 길을 만나 발걸음을 돌린, 끊어진 샛길이 부지기수다. 이렇게 해보고 안 되면 다음에는 저렇게 해보고, 그래도 안 되면 다음에는 다시 갈림길로 돌아와 또 다른 길을 모색한다. 수많은 실패 후 다시 돌아와 보니 몇 달 전 바로 그곳이었던 적도 많다.

그런데 말이다. 막다른 길에 잘못 들어선 그 많은 시행착오의 길에 쌓인 발자국과 땀방울이 결국은 새로운 길을 보여줄 때가 많다. 그 길로 가지 말았어야 한다는 것도 어쨌든 가보지 않으면 알 수 없다. 과학 연구의 성공은 갔다가 돌아온 수많은 실패의 다른 이름이다. 최종 연구 결과를 논문으로 쓸 때 처음 출발한 곳에서 목적지까지 단 한 번에 걸어갔다고 적을 뿐이다. 논문에 활자화되지 못한 샛길의 실패를 모두 모으면 출판된 논문의 수십 배 길이에 이를 것이 분명하다. 수십 년 한 분야에 머물면서 내가 깨달은 것이 있다. 뭐라도 점점 쌓이면 뭐라도 된다는 사실이다. 연구가 결실을 맺어 이제 드디어 내가 이 문제를 이해했다는 깨달음의 순간은 어느 날 불현듯 번개처럼 닥친다. 그제와 다름없던 어제, 어제와 다름없던 오늘 아침, 딱히 더 달라진 것도 없어 보여도 깨달음의 결실은 예고 없이 불현듯 닥칠 때가 많다.

내가 몸담고 있는 통계물리학 분야에 상전이(相轉移, phase transition)라는 개념이 있다. 물이 끓어 수증기가 되듯이 물질의 특성이 급격히 변하는 것이 상전이다. 액체상이 기체상으로 바뀌는 순간은 불현듯 다가온다. 99도까지도 아무 일 없이 액체로 있던 물은 100도에 도달하면 갑자기 끓기 시작한다. 우리가 99도까지 온도를 올리려 공급한 열에너지로 물의 겉모습은 그리 많이 달라지지 않는다. 하지만 마지막 1도를 올려 100도에 도달한 순간 물은 끓기 시작한다. 온도가 조금씩 오르는 길고 지루한 과정 도중에 좌절해서 포기한 사람은 결국 끓는 물을 보지 못한다. 세상의 모든 것도 마찬가지가 아닐까. 힘든 중도의 과정에서 발걸음을 포기한 사람은 결국 달콤한 성공의 결실을 보지 못한다. 우리가 무언가를 새로 배워 숙달하게 되는 것도 마찬가지다. 처음 배우는 아이가 자전거에 한 번 올라타고 자전거를 능숙하게 탈 리 없다. 여러 번 쓰러져본 실패의 경험이 쌓이고, 매번의 실패에도 다시 용감하게 자전거에 올라선 아이가 결국 자전거를 배운다.

오늘도 어제와 딱히 다를 것 없어, 도대체 단 한 걸음도 나아가지 못하고 있다고 느낄 때가 여전히 많다. 이 길이 맞는지, 잘못 들어선 길은 아닌지 어느 누구도 가르쳐주지 않는 캄캄한 오솔길을 걸어갈 때는 불안하기도 하다. 그럴 때마다 나는 수확을 앞두고 금빛 물결이 일렁이는 가을의 논을 가만히 그려본다.

가을은 수확의 계절이다. 봄부터 가을까지 따가운 햇살을 등에 지고 힘들게 일한 농부의 땀방울이 드디어 결실을 맺을 때다. 벼는 농부의 다가오는 발자국 소리를 들으며 자란다는 말이 있다. 농부가 흘린 땀이 결정으로 모여 씨앗이 되는 셈이다. 농부의 노력만 있었던 것은 아니다. 적절한 햇볕, 너무 많지도 적지도 않은 딱 적당한 정도의 비가 논밭을 적셔 씨앗이 된다. 아무것도 심지 않고 가꾸지 않으면 아무것도 거둘 수 없지만, 심고 가꾸어도 자연이 돕지 않으면 또 아무런 결실도 거둘 수 없다. 내가 거둔 모든 성과는 나뿐 아니라 세상 속 모두가 함께 도운 결과다.

처음 씨앗을 뿌려 농경을 시작한 먼 선조를 떠올린다. 소중히 땅에 묻은 씨앗이 싹을 틔우고 자라 결국 큰 결실로 돌아오기까지는 몇 달이 넘는 긴 시간이 필요하다. 산과 들에서 몇 시간만 찾아다녀도 그날 먹을 것을 구할 수 있었던 수렵-채집시기의 선조들에게는 엄청난 시간의 기다림이었음에 분명하다. 봄에 씨뿌려 가을에 거둘 때까지의 긴 시간을 선조들은 도대체 어떻게 버틸 수 있었을까? 오늘 아침에 본 작물은 하루 전 어제 아침에 본 작물과 비교해 딱히 달라진 것도 없어 보이는데 말이다. 우리는 그 답을 알고 있다. 현재의 어린 새싹의 모습에서 미래의 풍성한 결실의 장면을 미리 떠올리고, 기나긴 기다림의 시간 동안 묵묵히 희망의 끈을 놓지 않은 사람들이 바로 우리 선조다. 인간은 현재의 모습에서 미래를 그려볼 수 있는 독특한 존재다. 미래를 상상하지 않는 사람은 현재를 버틸 수 없다.

모든 성공의 결실은 그때까지 쌓인 노력이 만든다. 해와 비가 도움을 준 것처럼, 나 혼자의 노력뿐 아니라 다른 이의 도움도 중요하다. 과거에서 오늘까지 길게 이어진 진전 없어 보이는 과정에서도 희망을 갖자. 불현듯 내게 다가올 미래의 결실을 미리 떠올려 상상하자. 성공의 결실은 갑자기 온다.

경험

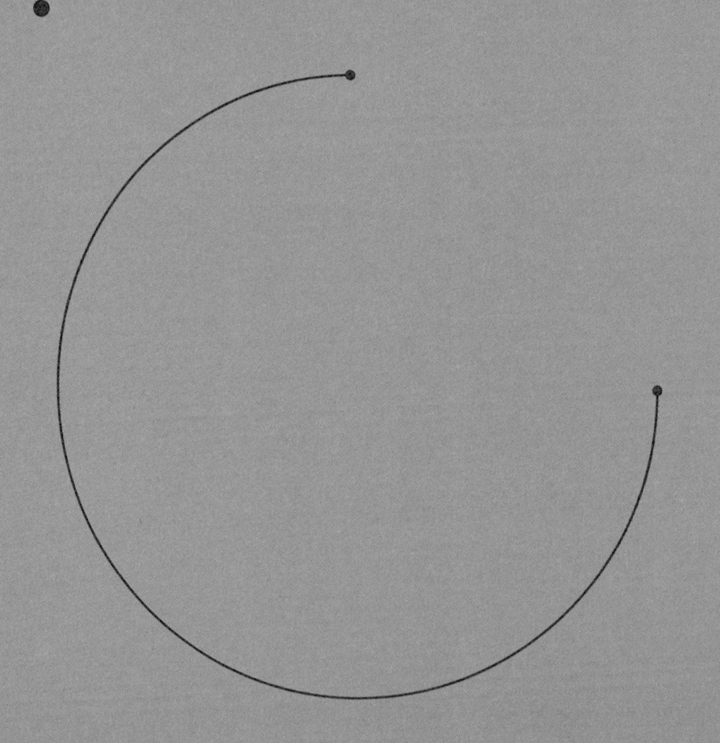

인공지능의 강화학습에도 인간이 설정한 목표가
먼저 인공지능에게 주어진다.
하지만 그 목표를 달성할 수 있는 방법은
인간이 알려주지 않는다.

알파고는 이기는 법을 인간에게 배우지 않았다

듣고 읽어 알기는 어려워도 직접 겪어야 알게 되는 것들이 있다. 내가 겪은 과거의 경험은 머릿속 어딘가에 각인되어 나를 바꾼다. 우리 각자만이 아니다. 많은 사람이 모여 살아가는 사회도 그렇다. 함께 겪은 모두의 경험은 사회를 바꾼다. 1980년 광주, 1987년 6월항쟁, 1997년 외환위기, 2014년 세월호, 2016년 촛불 등이 그렇다. 겪고 나서 마주한 세상은 겪기 전과 달라진다. 여럿이 공유한 시공간의 한 점에서 함께 겪은 경험들이 모여 사회를 빚어낸다. 나나 우리나, 겪고 나면 달라진다.

과학에도 경험이 중요하다. 뉴턴의 운동법칙 $F=ma$의 수식을 외웠다고 해서 고전역학을 속속들이 이해하고 있는 것이 아니다. 이론을 먼저 설명하고 구체적인 상황에 이를 적용해 문제를 직접 풀어보는 경험을 꼭 갖도록 하는 것이 대학교 물리학 수업의 기본이다. 다양한 상황에 이론을 고민하며 적용해보는 경험을 겪고 나서야 물리학 고수가 된다. 모든 학문이 마찬가지다. 긴 고통의 시간을 치열하게 겪고 나면 깨달음의 순간이 불현듯 찾아온다. 알려면 먼저 겪을 일이다.

강화학습과 자전거 배우기의 공통점

요즘 널리 각광받는 인공지능도 그렇다. 사람들이 손으로 직접 쓴 글씨와 숫자 이미지의 빅데이터(big data)가 공개되어 있다. 학교에서 인공지능을 가르칠 때 나도 이 데이터를 이용한다. "이렇게 쓴 것은 1이고 저렇게 쓴 것은 5야" 하고 많은 손글씨를 보여주면서 각 이미지가 어떤 숫자에 대응하는지 인공신경망을 학습시킨다. 수만 장의 이미지 데이터를 이용한 학습과정을 거치고 나면 지금까지 가르친 적 없는 새로운 손글씨 숫자 이미지를 보여주어도 5인지 7인지, 사람처럼 제대로 판별하는 인공지능이 완성된다.

학습데이터와 정답을 함께 알려주는 이런 학습방식을 지도학습(Supervised Learning)이라 한다. 인공신경망이 학습데이터를 처리해서 출력한 정보와 사람이 알려준 정답 정보 사이의 차이를 조금씩 줄여가는 학습방법이다. 우리 인간이 무언가를 새로 배우는 과정도 크게 다르지 않다. 이건 고양이고 저건 강아지라고 다양한 예를 경험하고 나면 아이가 둘을 구별할 수 있는 것처럼 말이다. 이세돌을 이긴 알파고도 첫 학습단계에서 인간 프로기사의 기보에서 배웠다. "아, 바둑판이 이런 모습일 때 인간 바둑고수는 이곳에 바둑알을 놓는구나." 첫 학습단계를 끝낸 알파고가 경험으로 배워 습득한 깨달음이다.

인간 바둑고수와의 지도 대국만으로 알파고가 최고수의 실력을 뛰어넘기는 어렵다. 알파고의 두 번째 학습단계에서는 강화학습(Reinforcement Learning)을 이용했다. 알파고 이후의 더 뛰어난 인공지능 바둑은 지도학습 없이 강화학습만을 이용한다고 한다. 강화학습은 인간이 자전거 타기를 배우는 방법과 닮았다. 자전거 타는 법은 책을 읽어서 배울 수 없고, 유튜브 동영상을 보아도 제대로 배울 수 없다. 자전거를 배우는 가장 좋은 방법은 직접 자전거를 타는 것이다. 이렇게 타면 자전거가 쓰러지고 저렇게 타면 쓰러지지 않는다는 것을 경험으로 겪어, 많이 넘어져보고 나서야 우리는 자전거를 잘 타게 된다.

넘어지지 않으면서 빠르게 타는 것이 목표인 자전거 타기처럼, 인공지능의 강화학습에도 인간이 설정한 목표가 먼저 인공지능에게 주어진다. 하지만 어떻게 그 목표를 달성할 수 있을지의 방법은 인간이 알려주지 않는다. 스스로 이리 해보고 저리 해보며, 인공신경망의 내부상태를 조금씩 바꾸어가며 인간이 설정한 목표에 천천히 도달하는 것이 강화학습이다. 두 번째 단계의 학습에서 알파고는 자기가 자기와 바둑을 둔다. 집을 더 늘려 승률이 높아지도록 하는 방향으로 내부상태를 조금씩 바꾸어간다. 프로그램을 작성한 과학자는 바둑을 잘 두지 못해도, 최고수 기사를 가뿐히 이기는 인공지능 프로그램이 완성된다. 강화학습에도 인공지능 내부의 경험이 큰 역할을 한다.

재미있는 인공지능 강화학습의 예가 많다. 유튜브에서 "Swing-up and balancing"을 입력하면, 길쭉한 막대를 쓰러뜨리지 않고 오래 세우는 법을 스스로 학습하는 인공지능의 영상을 볼 수 있다. 처음에는 막대를 제대로 세우지 못하지만 점점 시간이 지나면 쓰러뜨리지 않고 막대의 균형을 유지하는 멋진 실력을 보여준다. 한번 생각해보라. 막대를 손바닥 위에 거꾸로 세워서 넘어뜨리지 않는 것은 우리도 제법 잘하지만, 그 방법을 다른 사람에게 말과 글로 설명하기는 어렵다. "막대가 왼쪽으로 3.5도 기울면 손을 왼쪽으로 2.3센티미터 옮겨라"와 같은 구체적인 규칙을 적용해서 우리가 막대를 거꾸로 세우는 것이 아니다. 여러 규칙을 나열해 프로그램에 코딩하는 방식으로는 막대를 거꾸로 세우는 인공지능을 만들기 어렵다. 이리저리 해보며 수없이 막대를 넘어뜨리고 나서야 넘어뜨리지 않는 방법을 배운다. 사람이나 요즘 인공지능이나, 반복되는 실패와 좌절을 경험하고 나서야 목표에 도달한다.

진화알고리즘에서 착안한 인공지능 학습법

생명의 진화는 긴 시간을 거쳐서 환경에 적합한 후손이 출현하게 하는, 자연이 발견한 알고리즘이다. 부모 세대는 조금씩 다른 유전자의 변이가 들어 있는 자식 세대의 여러 개체를 만들어내고, 이 중 주어진 환경에서 더 성공적으로 생존한 자식이 이후에 자신과 비슷한 손자 세대의 개체를 만들어내는 과정이 이어진다. 진화의 과정에서 우연히 생긴 유전자의 변이는 후손에게 이어진다는 것이 중요하다. 서로 다른 다양한 변이를 가진 많은 자손 중에 살아남아서 자신의 자손에게 자기가 가진 변이를 물려주는 방식으로 유전의 과정이 이어진다. 여럿을 만들고 그중 성공적인 소수가 자신과 비슷한 후손을 만들어가는 진화의 원리는 생명뿐 아니라 다른 영역에서도 생각할 수 있다.

생명의 진화에서 인간이 배운 재미있는 인공지능 학습방법이 있다. 유전알고리즘(genetic algorithm)이라 불리는 이 방법에서는 다양한 방식으로 행동하는 여러 개체를 모아 군집을 형성한다. 한 세대의 여러 개체 중 주어진 기준으로 보았을 때 가장 성공적인 개체들을 골라내고 이들로 하여금 다음 세대에 더 많은 자손을 남기게끔 한다. 실제 생명의 진화과정과 마찬가지로, 자손을 남길 때 이전 세대와 다른 변이를 갖도록 하거나, 두 부모의 유전자가 서로 섞이도록 하는 유성생식의 방식으로 자손의 유전자를 더 다양하게 한다. 이렇게 구성된 다음 세대의 집단 안에서 다른 개체보다 더 성공적인 개체를 다시 골라 자손을 더 낳도록 하는 과정을 계속 이어간다.

인터넷에서 검색하면 유전 알고리즘을 이용해 인공지능이 그네 타는 법을 점점 깨우쳐가는 과정을 보여주는 흥미로운 동영상을 쉽게 찾아볼 수 있다. 이 인공지능이 마지막에 도달한 그네 타는 방법이 무척 흥미롭다. 좀 힘들어 보이기는 해도 우리가 타는 것과는 다른 방식으로 그네를 탄다. 진화알고리즘은, 변이를 통해 유전자의 탐색 공간을 넓히고 성공적인 자손으로 하여금 더 많은 자손을 낳게 하는 자연의 진화를 따라 한 흥미로운 방법이다.

과거에 겪은 수많은 경험이 쌓여 우리의 현재를 만들고, 앞으로 다가올 겪음의 두름이 우리의 먼 미래를 만든다. 인공지능이 최종 목표에 단박에 도달하지 못해 조금씩 스스로를 바꾸어 목표에 한 걸음씩 다가서듯, 우리도 매번의 쓰라린 경험을 잊지 않고 배워서 조금씩 스스로를 바꾸어갈 일이다. 하지만 요즘 세상의 안타까운 모습은 큰 걱정이다. 21세기 대명천지에 벌어지고 있는 야만적인 전쟁을 보며, 많은 이를 고통으로 내모는 세계 곳곳의 폭압적인 정권들을 보며 분노하기도 한다. 이 작은 지구를 공유하는 같은 생명 종인 호모사피엔스끼리 사는 곳을 기준으로 내 편 네 편으로 갈라서 아웅다웅 갈등하며 자꾸 우리와 저들을 나눈다. 인류의 미래에는 눈 질끈 감고 코앞의 이기적 이익에만 골몰하는 세상에 참담함을 느낄 때도 있다. 그래도 겪고 나면 달라질 것이라 믿으며 희망의 끈을 놓지 말자. 여럿이 눈 부릅떠 보고 겪고 배워서 미래를 함께 바꿀 일이다.

○○○ ———

빅데이터 요즘 많은 관심을 받고 있는 빅데이터는 말 그대로 엄청나게 큰 크기의 데이터라는 뜻이다. 데이터의 양이 많아지면 이를 활용해 우리가 내릴 수 있는 결론의 확실성이 늘어난다.
선거가 끝나면 많은 이가 지켜보는 개표방송을 떠올려보자. 개표가 얼마 진행되지 않은 초기에는 누가 당선자가 될지,

최종 선거 결과를 미리 알기 어렵다. 하지만 개표율이 30퍼센트, 40퍼센트, 50퍼센트로 늘어나면 최종 당선자를 점점 더 확실하게 예측할 수 있게 된다.

이처럼 데이터가 많아지면 더 정확한 통계적 예측이 가능하게 된다. 현대과학기술의 발달로 엄청난 규모의 데이터가 디지털의 형태로 생산되고 수집되고 저장되고 있다. 이러한 빅데이터를 잘 활용하면 우리 일상의 삶에 큰 도움이 될 수도 있다. 하지만, 이런 빅데이터의 공유와 활용을 위해서는 어떻게 하면 개인정보 유출의 위험을 줄일 수 있을지에 대한 방안을 마련하는 것이 꼭 필요하다.

우리 뇌는 어떻게 학습하는가

:배움의 뇌과학

밖에서 들어온 정보로 내 안의 무언가가 바뀌는 것이 배움이다. 몸으로 배우고 가슴으로 배운다는 말도 있지만, 배움은 하나같이 모두 우리 머릿속 뇌의 일이다. 딱딱한 머리뼈 안 말랑말랑한 뇌의 내부 배선을 뇌수술이 아닌 방법으로 바꾸는 것이 배움이다. 모든 배움은 뇌에 흔적을 남겨, 깊이 배워 깨닫고 나면 어제와 다른 사람이 된다. 배움과 깨달음은 비가역(非可逆) 과정이다.

세상과 동떨어져서는 한순간도 살 수 없는 우리는 매일 무언가를 새로 배운다. 보고 배우고, 듣고 배우고, 읽어 배우고, 해보고 배운다. 배웠다고 해서 진정한 앎이 되는 것은 또 아니다. 공자도 말하지 않았는가. "배우고 나서 스스로 생각하지 않으면 밝게 깨달을 수 없다(學而不思則罔)." 공자는 배움에 관해서 멋진 말을 여럿 남겼다. "들어 배운 것은 잊고(聽卽振), 보고 배운 것은 기억(視卽記)하지만, 직접 해보고 배운 것은 깊은 깨달음으로 귀결된다(爲

卽覺)"라는 말도 있다. 지혜를 얻는 세 방법 중, 사색은 가장 고상한 방법이고, 모방은 가장 쉬운 방법이지만 세 번째인 경험이 가장 쓰라린 방법이라는 공자의 이야기도 책에서 읽었다. "배우고 익히는 것은 정말 즐거운 일(學而時習之 不亦說乎)"이지만, 큰 노력과 고통이 함께해야 깊은 깨달음이 된다. 충분한 에너지가 숨은열(latent heat)로 유입되어야 물이 끓어 수증기로 변하는 상전이가 일어난다. 배움이 깨달음으로 변하기 위해서도 보이지 않는 숨은 노력이 필요하다.

배움이 우리 뇌에서 어떻게 일어나는지, 현대의 과학자는 오래전 공자보다 할 수 있는 이야기가 많다. 뇌 안에는 시냅스(synapse)라는 구조를 통해 서로 복잡하게 연결된 1000억 개 정도의 신경세포가 있다. 다른 신경세포에서 시냅스를 거쳐 들어온 전기신호가 충분히 강하면 신경세포는 짧은 시간 양의 전위차를 보이는 발화상태에 이르게 된다. 또 두 신경세포가 함께 반짝 발화하면, 둘을 잇는 시냅스연결의 강도가 강해진다. 신경세포 사이 연결의 상태와 강도가 바뀌는 것이 우리 뇌 안에서 배움이 구현되는 미시적인 방식이다.

맛있는 김치찌개를 보면 시각정보로 신경세포 A가 발화하고, 냄새를 맡으면 신경세포 B가 발화한다고 가정해보자. 시각과 후각정보가 동시에 들어오면 A와 B가 함께 발화하는데, 김치찌개를 보고 냄새 맡는 과정이 여러 번 이어지면 결국 A와 B의 동시발화로 둘 사이 시냅스연결이 점점 강해진다. 이렇게 충분히 학습이 이루어진 다음 김치찌개 냄새로 B가 발화하면, 강화된 시냅스연결로 A도 함께 발화하게 된다. 냄새만 맡아도 우리 뇌가 김치찌개의 모습을 생생히 떠올리는 정보의 연합(association)이 가능해지는 메커니즘이다. 시냅스연결이 충분히 강해지려면 정보자극이 반복될 필요가 있다는 것도 중요하다. 우리는 보고 배우고, 듣고도 배울 수 있지만 보고 듣고, 시각과 청각으로 함께 배우면 훨씬 더 뚜렷이 배우게 된다는 점도 쉽게 이해할 수 있다. 보고 들어 배운 것을 직접 다시 해보고 배우는 과정을 이어가면 훨씬 더 철저히 배울 수 있는 것도 당연하다.

정보가 뇌에 저장되는 기억의 방식도 여럿이다. 친구가 전화로 알려준 다른 친구 전화번호는 10분만 지나도 기억하지 못한다. 바로 단기기억이다. 같은 자릿수여도 부모님 전화번호를 잊지 않는 이유는 단기기억이 장기기억으로 전환되었기 때문이다. 장기기억으로의 전환은 우리 뇌의 안쪽에 있는 해마가 담당한다. 해마가 제 역할을 하지 못하면 단기기억은 장기기억으로 바뀌지 못하고 곧 소실되지만, 뇌의 다른 부분에 오래전 저장된 장기기억은 문제없이 유지될 수 있다. 치매로 고생하는 노인 분들이 어제 일은 오늘 기억 못해도 30년 전 일은 생생히 기억하는 이유다.

단기기억이 장기기억으로 제대로 전환되려면 반복이 중요하다. 중요한 것을 오래 기억하려면 다시 반복하는 것이 좋다는 뜻이다. 또 우리의 감정이 장기기억의 저장에 중요한 역할을 한다는 점도 잘 알려져 있다. 일주일 전 혼자 먹은 맛난 음식은 가물가물해도, 연애할 때 먹은 라면은 수십 년 지나도 기억이 생생한 이유다. 감정은 기억에 색색의 예쁜 표지를 붙이는 역할을 한다.

내용을 말로 설명할 수 있는 서술기억(declarative memory)도, 그럴 수 없는 절차기억(procedural memory)도 있다. 출근길 교통편의 기억은 당연히 서술기억이다. 어디서 버스를 타고 어디서 지하철로 갈아탔는지 말로 설명할 수 있다. 우리가 보통 비유적으로 이야기하는 '몸으로 배우는 것'이 바로 절차기억이다. 어떻게 타는지 백날 읽어도 자전거를 책에서 배워 탈 수는 없다. 몸으로 배우는 절차기억은 직접 해보고 배우는 것 말고는 다른 방법이 없다.

배움에는 왕도가 없지만, 그래도 도움이 될 방법은 있다. 보고, 듣고, 맛보고, 만져보고, 읽고, 해보고 동시에 여러 방법을 함께 이용해 배우고, 다시 배움을 반복하는 것이 좋다. 배울 때의 감정도 중요하다. 의무로 배우지 말고, 즐겁게 배우도록 노력하자. 배우고 익히는 것은 정말 즐거운 일이기도 하지만, 거꾸로 즐겁게 생각해야 우리가 배우고 익힐 수 있는 것일 수도 있다. 배운 것을 실천해보는 것도 정말 중요하다. 힘든 경험이 불쏘시개가 되어 배움을 깨달음으로 바꾼다. 실패의 경험을 두려워하지도 말자. 저 멀리 솟은 깨달음의 고지에는 여러 번 넘어져본 사람만이 갈 수 있다.

예측

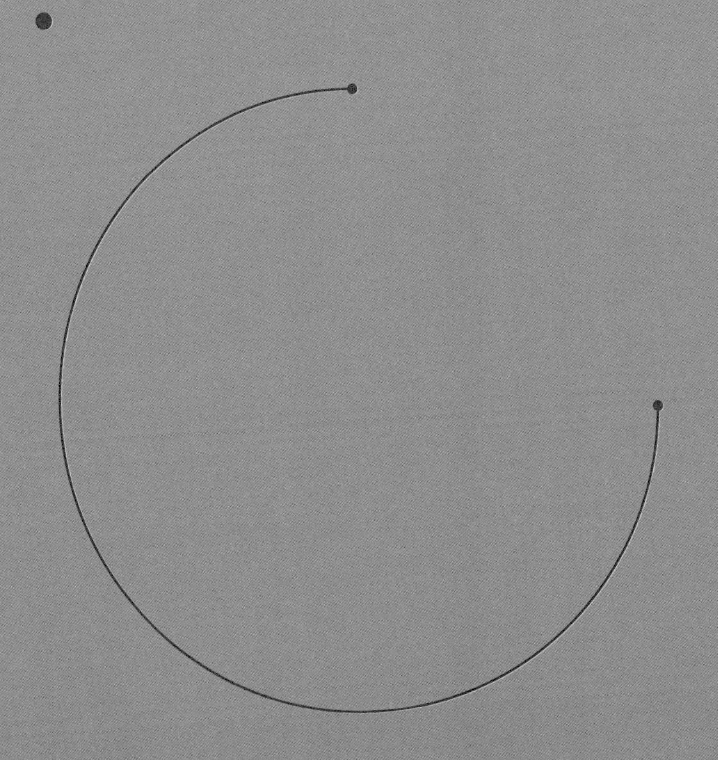

예측이 늘 맞는 것은 아니다.
예측과 현실의 차이는
다음의 예측을 더 정교하게 할 수 있는 자양분이다.

뉴턴이 말했다,
내일도 동쪽에서 해가 뜰 것이라고

뉴턴의 고전역학이 가져온 변화

가만히 손에서 놓은 돌멩이는 아래로 떨어져 바닥에 닿는다. 정말? 지금까지 수많은 사람이 수백만 번 돌멩이가 아래로 떨어지는 것을 관찰했다고 해서, 지금 내가 들고 있는 바로 이 돌멩이도 잠시 뒤 아래로 떨어진다는 것을 우리는 어떻게 확신할 수 있을까? 물론 이 돌멩이는 아래로 떨어진다. 위로 거꾸로 솟는 것을 본다면 정말 내일 아침 해가 서쪽에서 뜰 일이다. 아래로 떨어지는 돌멩이는 동쪽에서 뜨는 아침 해와 마찬가지의 확실성을 가진다. 이러한 확신의 근거는 무엇일까?

뉴턴의 고전역학은 계의 미래를 결정론적으로 기술한다. 고전역학으로 기술되는 자연법칙 자체가 갑자기 변하지 않는 한 돌멩이는 아래로 떨어지고, 내일 아침 해는 동쪽에서 뜬다. 물리학이 찾아낸 자연법칙이 우리가 가진 확신의 근거라 할 수 있겠다. 질문은 계속된다. 만약 물리학의 자연법칙이 확실성을 보장한다면, 근대과학이 태동하기 전의 사람들은 돌멩이가 갑자기 위로 솟을 수도 있다고 생각했다는 말일까? 물론 아니다. 뉴턴의 운동방정식을 중력법칙을 적용해서 푼 것이 아니었다. 직간접적 경험을 모두 모아서, 서쪽에서 뜨는 해를 본 사람은 아무도 없었으니 내일도 마찬가지로 동쪽에서 해가 뜰 것이라고, 증명할 수는 없지만 합리적인 예측을 한 것이다.

경험에 바탕한 통계적 예측을 동역학적인 예측으로 대체한 것이 뉴턴의 고전역학의 성과라 할 수 있다. 내일 아침 해가 여전히 동쪽에서 뜨는 이유를 "지금까지 늘 그랬으니까"라는 경험적인 예측에서 "지구 자전에 관계된 각운동량이 보존되니까"라는 물리학의 자연법칙에 기반한 예측으로 바꿨다. 경험에 기반한 통계적 예측도 물리학에 기반한 동역학적 예측과 마찬가지로 일종의 예측이다. 물론 확실성의 정도에서 차이가 있지만 말이다. 뉴턴의 고전역학은 경험으로 수없이 확인된 예측이라도 틀릴 수 있음을 알려주기도 했다. 초속 11.2킬로미터보다 빠른 속도의 돌멩이는 지구를 벗어나 땅으로 떨어지지 않는다. 또 아무리 물리학을 이용해 예측했다 해도 항상 그 예측이 실현되는 것은 아니다. 떨어지는 돌멩이를 옆 친구가 도중에 손으로 받아낸다면 돌멩이는 땅에 닿지 않는다. 모든 예측에는 가정이 있다. 예측 시점에서 이용한 지금까지의 정보가 앞으로도 같은 방식으로 유지된다는 가정이다.

현재의 예측과 빅데이터

손에서 놓은 돌멩이의 운동이나, 내일 아침 해가 뜨는 방향은 미래에 대한 예측이다. 다른 예측도 있다. 현재의 상황은 이미 하나로 정해져 있지만, 우리가 아직 관찰하지 않아서 이 현재가 알려지지 않았을 때의 예측이다. 내가 자주 하는 간단한 실험이 있다. 여러분도 한번 따라 해보시길.

1. 한 장소에 모여 있는 사람의 숫자를 센다.
2. 전체의 약 10퍼센트 정도가 내 질문에 손을 들 것이라고 예측해 그 숫자를 모인 사람들에게 알려준다. 예를 들어 100명이 모여 있다면 10명 정도가 손을 들 것이라고 말한다.
3. 혈액형이 AB형인 사람은 손을 들어달라고 부탁한다.

이미 그 장소에 모인 사람의 혈액형은 미래가 아닌 현재의 정보다. 이미 정해져 있지만 아직 측정하지 않아서 모를 뿐이다. 이런 방식의 예측을 현재의 예측(prediction of the present)이라 할 수 있겠다. 많은 경우 현재의 예측은 통계적인 예측의 형태를 띠는데, 데이터의 크기가 커질수록 예측이 점점 더 정확해진다. 한국에서 AB형은 약 10퍼센트다. 5명 중 AB형이 몇 명인지는 예측하기 어려워도 5만 명이라면 AB형의 상대적 비율을 상당히 정확히 예측할 수 있다. 요즘 빅데이터라는 단어가 각광을 받는 이유다.

물론 통계적 예측의 단점도 있다. 전체를 구성하는 부분을 예측하지 못한다. 앞의 간단한 실험에서 몇 명이 자신의 혈액형이 AB형이라고 손을 들지 개략적인 통계적 예측은 할 수 있지만, 정확히 누가 손을 들지는 아무 예측도 하지 못한다.

여러 연구가 생후 몇 개월밖에 되지 않은 아이들도 말로 표현하지 못해도 기본적인 물리학의 몇 가지 원리를 이해해 미래를 예측한다는 것을 보여주었다. 예를 들어 손에서 놓았는데 아래로 떨어지지 않는 물체를 화면으로 보여주면, 아기들은 이상하게 생각해서 아래로 자연스레 떨어지는 물체보다 더 오래 쳐다본다는 실험 결과가 있다. 몇 개월밖에 안 된 아기들도 어떤 의미에서는 물리학자다. 통계학자이기도 하다. 지금까지의 경험적인 관찰 결과를 모아서, 어떤 물리현상은 가능하고 어떤 것은 불가능한지를 나름 예측한다. 어린아이뿐 아니다. 모든 인간은 항상 미래를 예측한다. 여러 신경과학자가 사람의 뇌를 '예측기계'라 부르는 이유다.

시시각각 변하는 주변 환경의 정보를 모아서, 인간은 가까운 미래에 무슨 일이 벌어질지 쉴 새 없이 예측하고, 현실의 결과와 비교해 끊임없이 수정해간다. 우리가 늘 경험하듯이 예측이 늘 맞는 것은 아니다. 예측과 현실의 차이는 다음의 예측을 더 정교하게 할 수 있는 자양분이다. 현재의 인공신경회로망도 마찬가지의 방법을 따른다. 입력층에 넣어준 정보는 정보처리과정을 거쳐서 일종의 예측의 형태로 출력된다. 예측치와 현실의 정답의 차이를 줄이는 방향으로 학습이 이루어지는 것이 바로 인공지능의 지도 학습방법이다. 사람이나 인공지능이나 정확한 예측만 가치 있는 것이 아니다. 예측하지 않으면 배울 수 없고, 배우지 못하면 미래도 없다.

2부

적어도 지구 위에 고립계는 없다

: 관계의 물리학

열림

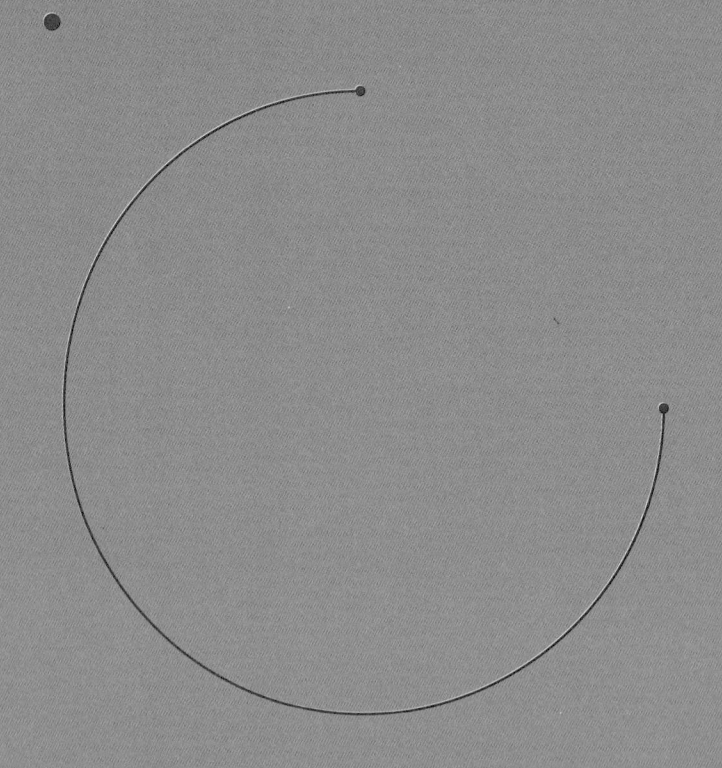

우리는 섬이 아니다. 연결된 서로의 환경이다.

생명, 그리고 인간관계의 필요조건

안과 밖을 나누는 경계

열린 문으로 찬바람이 들어온다. 빈틈없이 문을 꼭 닫아야 안으로 들어오는 찬바람을 막을 수 있다. 물리학에서도 열림과 닫힘, 안과 밖이 중요하다. 자연현상을 설명할 때 물리학에서 가장 먼저 하는 일은 안과 밖을 나누는 경계를 긋는 것이다. 경계의 안을 계 또는 시스템(system)이라 하고, 그 밖은 환경(environment) 또는 주위라 한다. 어디까지를 계로 하고 어디서부터를 계를 둘러싼 환경으로 할지에 따라 문제의 성격이 달라지고, 물리학의 적용 방식도 달라진다. 갈릴레오 갈릴레이(Galileo Galilei)가 설명한 자유낙하운동에서 물체의 속도는 시간에 비례해 늘어난다. 이 경우 물체 주변의 공기는 계가 아닌 환경이다. 주변 공기까지 포함한 계를 생각하면 속도 계산을 달리해야 하고, 지구의 자전도 넣으면 계산은 또 달라진다.

“모든 것은 가능한 단순해야 한다. 하지만 더 단순하면 안 된다.” 아인슈타인이 한 말이다. 여기서 ‘모든 것’을 자연현상을 설명하는 이론 또는 모형으로 생각하면, 결국 아인슈타인의 말은, 계와 환경 사이의 경계(境界) 긋기에 대한 조언이다. 너무 넓은 영역을 둘러싸도록 경계를 설정하면 문제의 이해나 해결이 어려워진다. 마치 우리은하의 모든 원자와 이들 사이의 상호작용을 고려한 역학 문제를 풀어서 1미터 높이에서 떨어뜨린 돌멩이의 자유낙하를 설명하려는 시도처럼 말이다. 경계를 너무 작게 그리면 문제는 정말 쉬워지지만 현실과 동떨어진 말도 안 되는 결과를 얻게 된다. 마치 중력조차도 계의 밖에 있어서 떨어지려야 떨어질 수 없는 돌멩이처럼 말이다. 아인슈타인의 말은 단순성을 추구하더라도 현실에 대한 설명력을 잃을 정도로 과도한 단순화가 되지 않도록 주의하라는, 바로 치우친 경계 긋기에 대한 경계(警戒)다.

우주 전체를 계로 하면 바깥은 없다. 우주는 서로 영향을 주고받을 수 있는 모든 것의 집합이기 때문이다. 이렇게 정해진 우주의 경계 너머의 존재는 우주 안의 어떤 것에도 아무 영향을 줄 수 없다. 우주 안쪽의 존재에 영향을 주는 무언가가 밖에 있다면, 우주의 경계를 잘못 설정한 것일 뿐이다. 더 멀리 더 멀리 경계를 확장해 우주 밖 존재가 아무 영향을 줄 수 없도록 경계를 정하고 나면, 그 안의 모든 것이 우주다. 따라서 우주가 하나라면, 밖에 무엇이 있는지 묻는 질문은 과학적으로 무의미하다. 거기에 무엇이 있어도 우리에게 아무 영향을 줄 수 없기 때문이다(요즘 다중우주론이 주목을 받고 있다. 우리 우주 외에도 다른 우주가 무수히 존재할 수 있다는 제안이다. 다중우주에 대한 책으로 『맥스 테그마크의 유니버스』를 권한다. 우주가 여럿이라면 우리 우주 밖에 무엇이 있는지는 의미 있는 질문일 수 있다). 우주가 하나라면 우주 전체는 외부로 통하는 문이 꽉 닫혀 무엇도 경계를 넘나들 수 없는 닫힌계이고, 외부와 완벽히 차단된 고립계다(에너지, 물질 등 그 무엇도 출입할 수 없는 계를 고립계, 물질은 통과할 수 없지만 에너지 전달은 가능한 계를 닫힌계라 한다).

닫힌계, 고립계, 그리고 열린계

우리의 몸은 닫힌계일까, 고립계일까, 아니면 열린계일까. 우리는 음식을 먹고 그 안의 에너지를 써서 매일의 삶을 이어간다. 아침에 들은 소식을 점심 때 친구에게 알려준다. 우리 몸은 당연히 열린계다. 열린계로는 에너지, 물질, 정보가 밖에서 들어올 수 있고, 일련의 변환과정을 거쳐 밖으로 나간다. 당신이 밥 먹고 화장실 갈 때, 친구와 이야기를 나눌 때 늘 벌어지는 일이다. 또 아이들의 키가 자라고, 새로운 것을 배워 앎을 늘리는 것이 가능한 이유이기도 하다. 키와 함께 자란 아이 몸속의 뼈는 밖에서 들어온 원자들이 질서정연하게 다시 배열된 것이고, 이 과정에서 엔트로피는 감소한다. 우리가 매일 살아 있는 이유는 내부의 엔트로피를 끊임없이 낮추기 때문이다. 에르빈 슈뢰딩거(Erwin Schrödinger)는 『생명이란 무엇인가』에서 생명은 밖에서 끊임없이 안으로 유입되는 음의 엔트로피로 말미암아 가능한 자연현상이라 말한다. 내가 고립계라면 나는 단 한순간도 살 수 없다. 열림은 생명의 필요조건이다.

계와 환경을 나누는 경계는 임의적이다. 경계의 안과 밖의 구분도 모호하다. 우주를 둘로 나누어 왼쪽을 계라 하고 오른쪽을 환경이라 할지, 거꾸로 오른쪽을 계라 하고 왼쪽을 환경이라 할지는 관심을 어느 쪽에 두는지에 따라 달라질 뿐이다. 홍길동이 아버지를 아버지라 부르지 못한 것은 조선시대의 낡은 구습 때문이지만, 둘로 나누고 그중 어느 하나를 계라고 부르지 못할 이유는 자연에 없다. 날아오는 야구공을 야구방망이를 휘둘러 맞출 때, 야구방망이에게 야구공은 경계의 밖이고, 야구공에게는 야구방망이가 그 밖이다. 방망이에 맞은 야구공이 어떻게 움직일지 알고 싶은지, 야구공에 맞은 방망이가 어떻게 움직일지 알고 싶은지에 따라, 계와 환경을 얼마든지 거꾸로 설정할 수 있다.

물리학뿐만이 아니다. 우리 집의 귀여운 강아지 콩이는 내게는 환경에 속하지만, 콩이라는 이름의 열린계에서 나는 콩이의 환경의 한 부분을 이룬다. 자연의 눈앞에 둘 중 누가 계이고 누가 환경인지는 보이지 않는다. 아니, 자연은 경계를 알지 못한다. 예외 없이 하나하나가 제각각 열린계인 지구 위 모든 생명은 서로 영향을 주고받으며 다른 생명의 환경이 된다. 우리는 섬이 아니다. 연결된 서로의 환경이다.

마음에도 문이 있다. 열린 이의 마음은 밖의 정보를 받아들여 자신의 내부상태를 바꾸고, 꽉 막힌 닫힌 이의 마음에는 밖을 향한 문이 없다. 젊어서 열린 마음으로 무언가를 배웠더라도, 나이

들어 밖의 변화에 눈 감아서 마음의 문을 닫으면 “나 때는 말이지”를 반복하는 꽉 막힌 꼰대가 된다. 꼰대 고립계의 엔트로피 증가에 맞서는 방법은 딱 하나다. 새로운 정보를 받아들이는 열린 마음이다. 닫힌 문으로 안의 공기가 탁해졌다면, 문을 활짝 열어젖힐 일이다.

○○○ ———

열린계, 닫힌계, 고립계

물리학에서는 이해하고자 하는 대상을 계 혹은 시스템이라고 부르고, 계를 제외한 외부의 모든 것은 환경이라고 한다. 계(시스템) 중에는 외부와 완벽히 고립되어 있는 고립계도 있다. 외부의 환경으로부터 고립계로는 그 어떤 것도 전달되어 들어올 수 없다. 외부의 입자가 고립계와 환경 사이의 경계를 넘어 유입될 수도 없고, 어떤 형태로도 외부의 에너지가 고립계의 내부로 전달될 수도 없다. 닫힌계는 외부 환경으로부터 계의 내부로 입자가 유입될 수 없지만, 에너지의 출입은 가능한 계다. 열린계는 말 그대로 열려 있어서 에너지와 입자 모두가 넘나들 수 있는 계다.

우주 전체는 고립계고, 우리가 일상에서 마주하는 대부분의 계는 열린계가 많다. 아주 잘 단열시킨 보온병처럼, 긴 시간에서 보면 당연히 열린계이지만, 몇 분 정도의 짧은 시간에는 고립계로 어림할 수 있는 경우도 많다.

거리

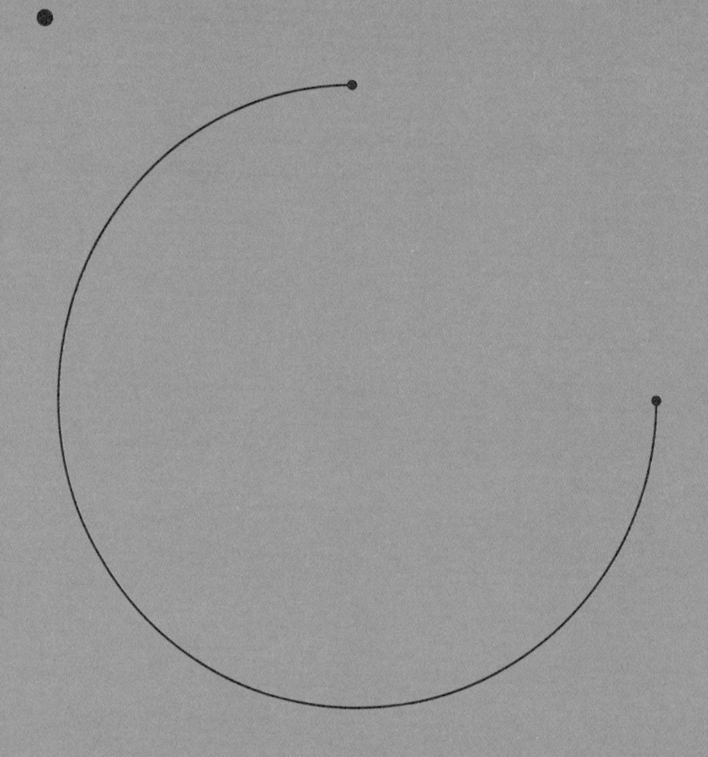

로빈슨 크루소가 무인도에 가기 전에도
그 섬은 고립계가 아니었다.
진정한 고립계라면 그곳에 갈 수도, 그속을 볼 수도 없다.
우리 사는 지구 위에 고립계는 없다.

사람과 사람 사이의 물리량

심리적 거리와 물리적 거리의 상관관계

우리는 친한 사람을 가까운 사이라 한다. 친한 친구였다가 오래 보지 못해 관계가 예전만 못해지면, 사이가 멀어졌다고 말한다. 다른 이와의 심리적 거리를 물리적 거리로 표현한다. 단지 비유만은 아니다. 마음이 가까운 사람은 물리적으로 가까운 거리에 함께 해도 불편하지 않다. 데이트하는 젊은 남녀 사이의 물리적 거리만으로도 둘이 얼마나 깊이 사랑에 빠졌는지를 직관적으로 측정할 수 있고, 직장 회식 자리에서 두 사람 사이의 거리는 둘의 직장 내 관계를 반영할 수도 있다. 마음의 거리는 공간에 투영되어 물리적 거리로 드러난다.

두 사람 사이의 심리적 거리와 물리적 거리는 단순한 상관관계 그 이상이다. 친해지면 딱 붙어 앉듯이, 심리적으로 가까운 사람이 물리적으로도 가깝게 위치할 때가 많지만, 그 반대의 과정도 있다. 오랜 진화의 과정을 거쳐 천천히 변해온 우리의 뇌가 심리적 거리와 물리적 거리의 인과관계의 방향성을 현대의 논리학자처럼 엄밀히 고민하지 않기 때문에 생기는 일이다. 마음이 가까워서 가까이 앉기도 하지만, 가까이 앉으면 마음도 가까워진다는 이야기다.

텔레비전 화면에 클로즈업된 유명 연예인의 얼굴을 예로 들어보자. 직접 만나 이야기해본 적 없는 사람의 얼굴을 이처럼 가까이서 보는 시각적 경험은 호모사피엔스의 오랜 역사에서 극히 최근에 등장한 일이다. 수만 년 동안 이처럼 가까이서 볼 수 있는 사람은 오직 가족과 친한 친구였을 뿐인 인간의 뇌는, 화면을 가득 채운 연예인을 심리적으로도 가까운 사람으로 해석한다. 연예인들이 많은 사람의 사랑을 받는 이유다. 교제를 시작한 남녀가 점점 더 사랑에 빠지는 과정에서 함께하는 데이트의 형식이 지구 어디서나 비슷한 것도 마찬가지다. 나란히 옆자리에 앉아 영화를 보는 것은 데이트이지만, 같은 영화를 둘이 각각 따로 집에서 보는 것은 데이트가 아니다. 우리는 가까워지면 가까워지고, 멀어지면 멀어진다.

지구에서 완벽한 고립이 존재할 수 있을까

한자로 '계(系)'라 적는 '시스템'은 물리학에서 아주 중요한 개념이다. 물리학을 적용해 이해하려는 대상이 계라면, 환경은 계를 둘러싼 모든 것을 일컫는다. 계라고 모두 같지 않다. 외부의 환경과 완벽히 격리되어 물질과 에너지, 어떤 것도 환경과 계 사이의 경계를 넘나들 수 없을 때, 물리학은 이런 계를 고립계라 한다. 대니얼 디포(Daniel Defoe)의 소설 주인공인 로빈슨 크루소는 고립된 섬에서 오랜 시간을 살았다. 고립된 섬은 고립계일까? 답은 '아니오'다. 섬이 진정한 고립계라면 로빈슨 크루소는 그곳에 갈 수 없다. 고립계로는 어떤 물질입자도 출입이 불가능하기 때문이다. 무인도에 쏟아지는 햇빛, 불어오는 바람, 해변에 밀려오는 파도, 이런 모든 주변 환경과의 연결이 없다면 섬의 생태가 유지될 수도 없다. 로빈슨 크루소가 무인도에 가기 전에도 그 섬은 고립계가 아니었다. 진정한 고립계라면 그곳에 갈 수도, 그곳을 볼 수도 없다. 우리 사는 지구 위에 고립계는 없다.

외부와 격리되어 고립된 사람은 큰 고통을 겪는다. 죄를 지어 감옥에 갇힌 죄수가 그 안에서 또 문제를 일으켜 독방에 갇히는 장면이 영화에 자주 나온다. 이미 감옥에 수용되어 세상에서 고립된 죄수에 대한 징벌이 독방이라는 형태의, 감옥 안의 고립된 감옥이라는 점이 흥미롭다. '고립'이 인간에게 얼마나 큰 고통이 되는지 짐작할 수 있다. 고립과 격리가 처벌이 되는 이유는 사람의 본성에 반하기 때문이다. 사람뿐 아니라 모든 생명이 그렇다. 생명체는 고립계가 아닌 열린계다. 모든 생명은 다른 모든 생명을 포함한 주변의 환경과 끊임없이 물질과 에너지 그리고 정보를 교환하며 생명을 유지한다. 우리 모두는 어울려야 살 수 있는 존재다.

전 세계로 코로나19가 확산될 때, 많은 나라에서 사람들 사이의 거리두기를 강조했다. 당시에 '사회적 거리두기'를 '물리적 거리두기'로 바꾸어 부르자는 이야기에 나도 공감한다. 전염병의 전파를 막는 것은 마음의 거리가 아니라 사람들 사이의 물리적 거리다. 호모사피엔스의 수만 년 역사에서 마음의 거리는 곧 물리적 거리였다. 멀리 떨어져 살면서 마음의 거리를 가깝게 유지하는 일은 불가능에 가까웠다. 하지만 우리가 살아가는 현재의 세상은 다르다. 현대의 과학기술이 어느 정도 도움을 줄 수 있다. 직접 만나지 않고 물리적 거리는 멀게 유지해 전염의 확산을 막으면서도, 사회적 거리, 마음의 거리는 가깝게 유지하는 것을 돕는 다양한 기술이 있다. 물론 과학기술의 이런 도움이 직접 얼굴을 마주하고 소통하는, 인간에게 익숙한 연결 방식을 완전히 동등하게 대체할 수는 없다. 우리는 여전히 가까이서 체온을 느끼며 직접 만나 소통하기를 원하는 영장류다. 사회적 거리는 가깝게 유지하면서 물리적 거리두기를 해야 했던 상황이 많은 이에게 고통인 이유 중 하나다.

한자 '사이 간(間)'이 들어가는 물리학 용어로 시간(時間)과 공간(空間)이 있다. '사이'가 정의되려면 양 끝에 놓인 무언가가 필요하다. 물질과 에너지와 영향을 주고받는 현대물리학의 시공간 개념이 떠올라 흥미롭다는 생각을 한 적도 있다. 그런데 말이다. 인간(人間)에도 간(間)이 있다. 사람은 사람의 사이에서 정의되는 존재라는 의미일 수도 있겠다. 수많은 '사이'의 연결이 모여 세상이 된다. 코로나19 이후의 세상은 수많은 '사이'의 거리의 재조정과 함께 온다. 그 세상이 보여줄 모습도 결국 '사이'들의 거리와 연결의 문제다.

가족이라는 사이

관계의 거리를 논할 때 결코 빼놓을 수 없는 존재가 가족이다. 가족을 한자로 적으면 家族이다. 두 한자의 근원을 각각 찾아보니 재미있다. 家는 지붕 아래에 돼지가 함께 있는 모습이라고 한다. 오래전 농경이 시작해 발달하면서 돼지가 가축화된 후, 돼지를 집에서 함께 길렀던 역사가 담긴 글자라고 한다. 요즘에 다시 이 한자를 만든다면, 어쩌면 돼지가 아니라 강아지나 고양이가 지붕 아래에 놓일지도 모르겠다. 族도 재밌다. 깃발이 나부끼는 것을 의미하는 한자(㫃)에 화살(矢)을 뜻하는 한자가 함께 들어 있는 모습이라고 한다. 오래전 다른 씨족과 싸울 때, 같은 깃발 아래 모여 힘을 합해 싸우는 사람들이 떠오른다. 다른 동물과도 어울려 한 지붕 아래에서 함께 살다가, 싸움이 일어나면 모두 힘을 합하는 사람들이 전통적인 가족의 의미라고 할 수 있다.

한국어에는 가족과 비슷한 뜻으로 쓰이는 식구(食口)라는 말도 있다. 함께 밥 먹는 이들이 바로 내 식구다. 아침에 만나면 "좋은 아침!"이 아니라 "밥 먹었니?"라 말하고, 한솥밥을 먹는 사이로 가족을 이야기하는 한국 사람들은 일이 힘들면 밥심으로 버틴다. 이웃과의 마음의 거리도 그 집 밥 먹는 수저가 몇 벌 있는지 얼마나 아는지로 측정한다. 가족이나 식구나, 둘 모두 혈연관계의 의미가 없다는 점도 재밌다. 한 지붕 아래(宀)에서 함께 매일 밥 먹는(食) 사이가 가족이다.

세상에서 가족의 규모가 가장 큰 나라로는 한국이 1등이다. 성씨를 영어로 family name이라고 하니, 한국의 김 씨 가족은 가족 구성원의 숫자가 1000만 명이고, 범위를 좁혀 내 성씨 본관 김해 김씨를 보아도 400만 명이 넘는다. 외국에서 살던 시절, 한 체코 출신 동료에게 한국에는 정말 김 씨가 많다는 이야기를 해준 적이 있다. 나중에 이 동료가 다른 물리학자와 한국인 물리학자가 쓴 어떤 논문에 대해 이야기를 나누다가 혹시 그 논문 저자가 Kim이 아니냐고 물었더니, 상대편 물리학자가 어떻게 네가 논문 저자 Kim을 아냐고 깜짝 놀라 물어보았다는 재미있는 일화를 들은 기억이 있다. 남산에서 돌을 던져 누군가의 머리에 맞았다면 그 사람은 김 서방이라는 이야기가 있을 정도니, 당연히 그냥 눈 감고 Kim이라고 예측해도 높은 확률로 논문 쓴 한국인 물리학자의 성씨를 맞출 수 있다. 전 세계에서 한국만 이렇다. 2000년 통계 조사에 따르면 5000만 인구가 딱 300개 정도의 성씨만을 가져서, 종이 한 장에 그 나라에 있는 성씨를 모두 적을 수 있는 나라는 한국이 유일하다.

물리학의 두 가족, 페르미온과 보손

한국어로 가족이라고 번역하기는 좀 무엇해도 과학에도 family가 자주 등장한다. 물리학에서는 우주를 구성하는 가장 근본적인 입자들을 크게 두 개의 가족으로 나눈다. 페르미온(fermion)과 보손(boson)이다. 페르미온은 우주의 온갖 물질을 구성하고 보손은 페르미온 사이의 상호작용을 매개하는 입자다. 페르미온 가족의 식구로는 여섯 종류의 쿼크와 여섯 종류의 렙톤(lepton)이 있고, 보손 가족 식구수도 몇 년 전 새로 발견된 힉스입자를 포함해 또 여섯이다. 페르미온과 보손의 두 가족은 다른 깃발 아래 끼리끼리 모여서 서로 싸우기는커녕 다른 가족을 도와 만물의 존재를 가능케 한다. 상호작용을 매개하는 보손이 없다면 나와 당신을 이루는 물질도 존재할 수 없고, 보손만 있다면 함께 모일 존재 자체가 없다. 나나 당신이나 세상 모든 만물은 페르미온과 보손, 두 가족이 서로 도와 만든다.

물리학의 기본입자 가족은 분명한 과학적 근거가 있지만, 현실 가족의 경계는 유동적이다. 예전 한 기업 광고에 등장해서 유명한 '또 하나의 가족'이라는 문구도 떠오른다. 나와 같이 한솥밥을 함께 나누는 식구가 아니어도 가족의 범위는 얼마든지 확장 가능한 것일 수 있다. 혈연관계의 의미가 담기지 않은 한자 家族을 생각해도 마찬가지다. 한 부모가 낳아 핏줄로 연결되었다고 가족이 되는 것이 아니라, 함께한 시간이 쌓여 가족이 되는 것은 아닐까. 인류역사에서도 공동체의 반경은 끊임없이 확장되어왔다. 씨족 사회가 부족 사회가 되어, 결국은 민족을 이루었고, 현대의 국가는 더 이상 민족에 기반하지도 않는다. 어쩌면 현대의 가족도 마찬가지일 수 있다. 오래전 작은 집의 지붕(宀) 아래 모인 식구로 이루어진 것이 전통적인 가족이라면, 이제 그 지붕은 매일 얼굴을 마주하며 직장 동료와 함께 일하는 건물의 옥상일 수도 있다. 집에서 아침을 함께하는 사람도, 출근한 직장에서 점심을 함께하는 동료도 모두 하나같이 한 지붕 아래 내 가족이다.

지붕이 꼭 물질적일 필요도 없다. 어쩌면 함께한 시간과 공유한 경험이 현대의 확장 가족의 지붕일 수 있다. 또 가족마다 다른 깃발(㫃) 아래에 모여 무기(矢)를 들고 다른 가족과 싸우는 모습은 먼 과거의 일일 뿐이다. 공통의 경험으로 확장된 넓은 지붕 아래에 모인 존재가 모두 가족이라면, 지구 전체의 지붕 아래 모인 모든 생명이 한 가족일 수도 있겠다. 난 지구 가족의 깃발은 딱 하나라고 믿는다. 모든 생명은 운명공동체다. 지구 가족이 둘러앉은 큰 솥도 딱 하나다. 지구 위 모든 생명은 한 가족, 한 식구다.

인연

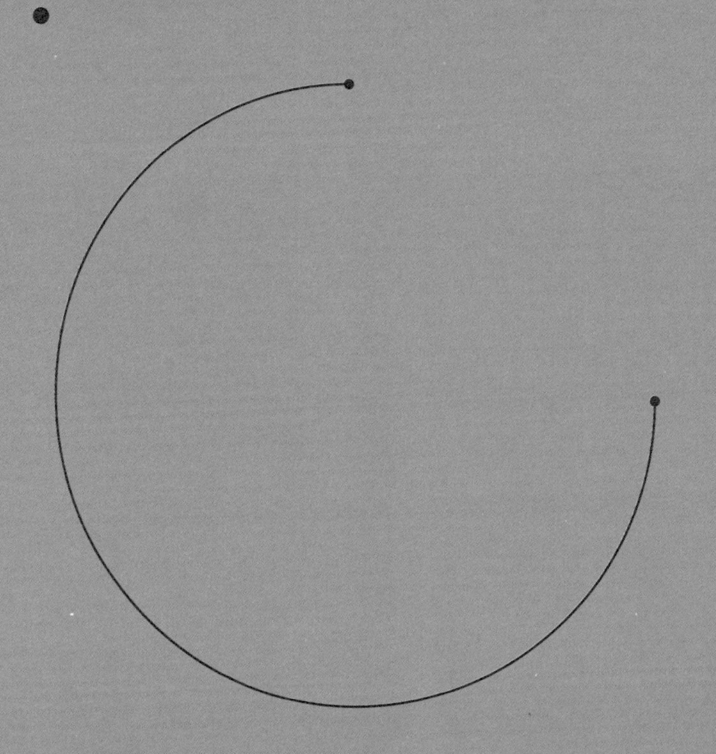

우리 각자는 결국 원자들의 엄청난 우연의 모음이고,
이렇게 천문학적 우연이 만들어낸 두 사람이
천문학적 우연으로 만나 사랑에 빠진다.

천문학적 규모의 우연에 이름을 붙이는 일

손톱에 배어 있는 고등어와 목성의 숨결

"광막한 공간과 영겁의 시간 속에서, 행성 하나와 찰나의 순간을 앤과 공유할 수 있었음은 나에게는 커다란 기쁨이었다." 내 인생 책, 칼 세이건의 『코스모스』에 나오는 아름다운 헌사다. 칼 세이건과 앤 드루얀(Ann Druyan)뿐이겠는가. 우리 모두 마찬가지다. 우주의 공간적 규모에 비하면 정말 티끌처럼 작은 행성 지구에서, 우주의 나이에 비하면 찰나의 순간을 살다 사라지는 두 사람이 만나 서로 사랑에 빠진다. 수많은 우연이 겹치고 겹쳐야 가능한, 일어날 확률이 거의 0인 사건이다. 두 사람의 사랑 이야기뿐이겠는가. 옷깃만 스쳐도 모든 인연은 천문학적 규모의 우연이다. 인연의 소중함은 우연의 확률에 반비례한다.

내 몸을 이루는 원자들을 떠올려본다. 그러고는 이 모든 원자가 내 몸을 이루는 과정이 담긴 상상의 동영상을 머릿속에서 거꾸로 돌려본다. 내 손톱을 이루는 한 원자는 시간이 거꾸로 흐르는 상상의 동영상에서 얼마 전 내가 먹은 고등어에 들어 있었고, 동영상을 거꾸로 더 돌리면 바닷속에 있다. 동영상의 시간이 너무 더디게 진행되어 고속으로 돌려보니, 지구가 형성되기 전 우주공간을 떠돌던 암석 안에 이 원자가 있다. 시간을 더 과거로 돌리니 태양계를 이루는 많은 물질을 만들어낸 초신성 폭발이 보이고, 이 원자는 폭발 전의 커다란 항성 안에서 보인다. 이 장면에서 멈추고 다시 원래의 시간 방향으로 동영상을 재생해보자. 항성 안에서 바로 옆에 나란히 있던 두 원자 중 하나는 지구로 와 바닷속 고등어를 거쳐 내 손톱이 되고, 이웃 원자는 이제 저 멀리 목성에 있다. 목성의 대기는 내 손톱의 형제자매다.

우주 곳곳을 돌아다니다 태양의 중력에 어쩌다 묶여서 함께 뭉친 원자들이 모여 지구가 되고, 지구 여기저기 흩어져 있던 원자가 어쩌다 모여 내가 되었다. 내가 죽고 나면 이들 원자는 또 곳곳으로 흩어진다. 지금 내 몸을 이루는 원자들의 모임에서 시작해 시선을 과거로 돌려도 미래로 돌려도, 원자들은 공간에 널리 흩어진다. 나는 우연으로 모인 많은 것이 다시 흩어지기 전 잠시 머무는 시공간의 한 점이다.

당신의 몸을 이루는 원자 하나가 내 몸을 이루는 원자와 자리를 서로 바꾸어도 나는 나고 당신은 당신이다. 원자는 어디에 있든 정확히 같기 때문이다. 내 몸을 이루는 물질을 성분 원소로 나누어볼 수 있다. 하지만 화학용품을 파는 상점에서 여러 물질을 구입해 적당한 양의 물에 넣고 휘휘 저어도 원자가 모여서 내가 되지는 않는다. 내 몸을 이루는 원자는 전혀 특별하지 않다. 딱 하나 특별한 점이 있다면 내 몸을 이루고 있다는 것뿐이다. 우리 각자의 소중함의 물질적 근원은, 원자들의 대체 가능한 사소함이다.

우리 각자는 결국 원자들의 엄청난 우연의 모음이고, 이렇게 천문학적 우연이 만들어낸 두 사람이 천문학적 우연으로 만나 사랑에 빠진다. 시공간의 두 티끌이 각기 공간에 흩어지기 전 잠깐 머무는 하나의 점에서 반짝 일어난 조우는 결국 인연이 된다. 나에게는 부모님이 두 분 있으니, 조부모는 네 분이다. 조부모님 네 분의 부모님은 모두 여덟 분이니, 고조부 때의 조상은 모두 열여섯 분이다. 나에서 시작해 한 세대를 거슬러 오를 때마다 선조의 수가 두 배씩 늘어난다. 이렇게 과거를 향해 분기하는 가지에 놓인 선조 중 한 사람이라도 배우자를 달리했다면, 지금 이곳에 있는 나는 내가 아니다. 나는 우연으로 만들어졌지만 각각의 우연은 인연이 되어 나로 이어진 셈이다. 나와 아내의 조우에서 미래로도 분기가 시작된다. 아래를 보면 분기하는 뿌리가, 위를 보면 분기하는 가지가 보인다. 과거의 분기와 미래의 분기가 만나는 한 점에 내가 있다. 미래로 분기하는 가지를 시작한 것은 우연이지만, 현실의 옷을 입은 우연은 인연이 된다. 인연으로 만들어진 분기점에서 미래의 울창한 가지가 시작된다.

로또 1등에 당첨될 확률

한국에서 로또는 45개의 숫자 중 여섯 개를 맞추면 1등이다. 45개의 숫자에서 여섯 개를 고르는 가짓수는 약 800만이다. 아무렇게나 고른 번호로 로또에 우연히 1등에 당첨될 확률은 이 숫자의 역수여서 약 800만분의 1이다. 로또 1등에 당첨되려면 로또를 800만 번 사면 된다. 1장에 1000원이니, 80억 원으로 800만 장을 구매하면 1등에 한 번 정도 당첨될 것을 기대할 수 있다. 하지만 1등 당첨금을 20억 원으로 계산하면 로또 구매는 당연히 손해 보는 장사다. 물론 당첨일을 두근두근 기다리며, 당첨금으로 무얼 할지 미리 고민하는 심리적 즐거움의 환산 가치는 빼고 말이다. 1등 당첨 번호에 무슨 비결이 있을 리는 전혀 없다. 하지만 1등이 많이 나오는 로또 판매처에서는 1등이 또 나올 가능성이 크다. 로또 명당이라고 믿어서 그곳에서 로또 사는 사람이 많으니까. 로또 명당은 없다. 로또가 많이 팔려서 1등이 나오고, 그러면 다음에는 로또가 더 많이 팔리는 어쩌다 운이 좋은 판매처가 있을 뿐이다.

1, 2, 3, 4, 5, 6으로 여섯 숫자를 고르나 21, 6, 42, 1, 9, 8로 여섯 숫자를 고르나 1등 당첨 확률은 정확히 같다. 하지만 정말 1, 2, 3, 4, 5, 6으로 당첨 번호가 나온다면 아마도 온갖 음모론과 조작설이 난무할 것을 쉽게 예상할 수 있다. 이어진 숫자에서 패턴을 보는 것은 인간이 가진 흥미로운 사고방식이다. 참고로 21, 6, 42, 1, 9, 8은 원주율 π의 소수점 아래 991번째부터 1000번째에 오는 숫자로 내가 만들었다. 1, 2, 3, 4, 5, 6이 특별하다면 21, 6, 42, 1,

9, 8도 특별하다. 어쩌다 우연히 고른 숫자로 1등에 당첨되면, 이후의 인생은 무척 달라질 수 있다. 시공간의 많은 사건은 우연으로 만들어지지만 일단 현실이 된 후의 삶은 그렇게 발생한 우연이 큰 영향을 미친다.

우연 중에는 기쁜 것도 슬픈 것도 아쉬운 것도 있다. 우리 인간은 어떤 일이라도 그 일을 만든 원인과 행위자가 있다고 짐작하는 생각의 기제가 뇌에 장착된 존재다. 기쁜 우연에 조상님께 감사할 이유도, 나쁜 우연에 못자리를 탓할 것도 없다. 그래도 우리에게는 여러 우연의 중첩으로 출현한 인연이 소중하다. 수많은 우연이 모여 인연이 되지만, 한순간 인연에서 시작하는 앞날은 우연이 아니다.

지구인을 연결하는 7단계 그물망

"우리 만남은 우연이 아니야. 그것은 우리의 바램이었어. 잊기엔 너무한 나의 운명이었기에……", 가수 노사연이 부른 노래 〈만남〉의 가사다. 우연한 어떤 만남은 시간이 지나 돌이켜보면 운명처럼 보이고는 한다. 돼지꿈 꾸었다고 로또에 당첨되는 것은 아니지만, 로또에 당첨된 모두는 돌이켜보면 특별한 무언가를 떠올릴 수 있는 것도 마찬가지다. 우연적 만남이 운명적 만남으로 우리 마음속에서 탈바꿈하는 것은 시간의 마술이다. 모든 만남의 순간에 만남은 우연이지만, 만남 이후의 시간에 우리가 부여한 의미가 우연을 인연으로 바꾼다. 현재의 시점에서 돌이켜본 과거의 우연 중 일부에, 내가 붙인 의미 있는 멋진 표지의 이름이 인연이다. 모든 인연은 우연으로 시작하지만 그렇다고 모든 우연이 인연이 되는 것도 물론 아니다. 인연은 지금 이곳에서 되돌아 다시 발견한 우연이다.

세상을 살아가는 우리 모두는 서로 연결되어 있다. 거미줄처럼 서로 연결된 사회 연결망의 모습을 상상한다. 연결망의 점 하나하나는 세상의 모든 존재이고, 둘 사이를 잇는 선은 둘의 관계를 의미한다. 둘씩 짝을 지어 선으로 이어진 수많은 점으로 이루어진 세상의 연결망을 넓은 평면에 펼쳐보자. 그리고 나를 뜻하는 한 점을 골라 손가락으로 콕 집어 위로 살짝 들어 올려보자. 넓게 펼쳐진 그물에서 그물코 하나를 집어 위로 올리듯이 말이다. 그물 한 칸 높이만큼 올리면 내 바로 아래에는 나와 가장 가까운 사람들이 위로 딸려 올라온다. 높이를 한 칸 더 올리면, 이제 그 아래 나와 가장 가까운 사람들의 가장 가까운 사람들이 그 뒤를 따른다. 한 칸 한 칸 나를 위로 올리면 무슨 일이 생길까? N번 위로 올리면, 결국 나와 N단계로 연결된 사람들이 모두 올라온다. 결국 세상 모두가 한 덩어리를 이루어 위로 번쩍 올라온다.

세상 모든 이가 그물코를 이루는 그물은 정말 넓다. 얼마나 높이 올려야 넓은 그물 전체를 들어 올릴 수 있을까? 기독교의 『성경』에 등장하는 사람 낚는 어부 베드로 이야기도 떠오른다. 베드로가 펼쳐야 할 세상 모든 이를 담을 그 넓은 그물을 상상해보자. 얼마나 높이 들어야 모두를 낚을 수 있을까? 그물이 넓다고 들어

올려야 할 높이도 높아야 할까? 미국의 3억 인구가 평균 6단계면 사회연결망으로 모두 서로 연결된다는 연구 결과가 있다. 26을 여섯 번 곱하면 3억 정도가 되니, 한 사람을 상상의 그물망에서 집어 위로 한 칸 올릴 때마다, 평균 26명의 사람이 더 연결되는 셈이다. 그물코를 처음 한 번 들어 올리면 평균 26명이 딸려 올라오고, 한 번 더 들어 올리면, 26명 각자에게 연결된 26명씩, 모두 26×26=676명이 그물이 놓인 평면을 벗어나 위로 들어 올려진다. 이렇게 모두 여섯 번만 들어 올리면 3억 정도가 된다. 그리고 3억에 26을 한 번 더 곱하면 현재 전 세계 인구인 78억이다. 미국인 모두가 6단계에 연결되면, 미국 밖 전 세계 인구는 평균 7단계면 연결된다. 세상은 정말 넓지만, 좁기도 하다. 우리 한 사람 한 사람은 다른 모두와 놀라울 정도로 서로 가깝게 연결되어 있다.

우리 모두가 7단계면 서로 연결된다고 해서, 모든 연결이 만남이 되지는 않는다. 우리의 삶에서 옷깃을 스치는 사람의 숫자는 78억 인구 중 일부이고, 또 이렇게 적은 수의 만남 중 극히 일부가 돌이켜보는 과거의 인연이 된다. 우연이 인연이 된 만남 중 어느 하나라도 연결을 멈추는 순간, 나는 그와의 연결로 이어진 수많은 인연을 함께 잃는 셈이다. 어쩌면 그래서 모든 인연은 더 소중한 것일지 모른다.

세상을 연결하는 그물망에는 꼭 인간만 있는 것도 아니다. 나는 내 아이의 아버지이기도 하지만, 우리 집 강아지 콩이의 보호자이기도 하다. 나는 하나의 자아로, 세상 그물의 한 그물코로 나를 인식하지만, 사실 내 몸 하나도 얽히고설킨 수많은 그물코로 이루어져 있다. 내 몸을 이루는 수많은 세포, 그리고 어떨 때는 서로 돕고 어떨 때는 서로 나쁜 영향을 주고받으며 살아가는 수많은 세균도 내 몸을 이루는 그물의 그물코다. 내 몸이라는 그물망은 꼭 생명만 참여하는 것도 아니다. 내가 숨쉬는 공기, 내가 먹는 음식들 이 모두가 나라는 그물망과 연결된, 나의 밖 그물망의 그물코다.

세상을 연결하는 그물망을 확대해나가면, 결국 우리가 깨닫게 되는 것이 있다. 바로 우리 모든 존재가 우주 안의 다른 모든 존재와 서로 연결되어 있다는 깨달음이다. 지구라는 작은 행성으로 규모를 좁혀보아도 마찬가지다. 나의 삶은 지구 위 모든 이의 삶에 의존하고, 우리 모두의 삶은 지구 위 모든 것과도 연결되어 있다. 결국 우주 전체를 구성하는 그물코 하나인 나는, 나를 제외한 모든 그물코가 없다면 단 한순간도 살아갈 수 없다. 내가 관계의 총합이라면, 우주에서 나를 뺀 모든 것도 결국은 나다. 지금까지의 모든 만남이 바로 지금의 나고, 앞으로 이어질 내 삶의 모든 만남이 미래의 나다. 모두 마찬가지다. 나도 그리고 당신도.

사과

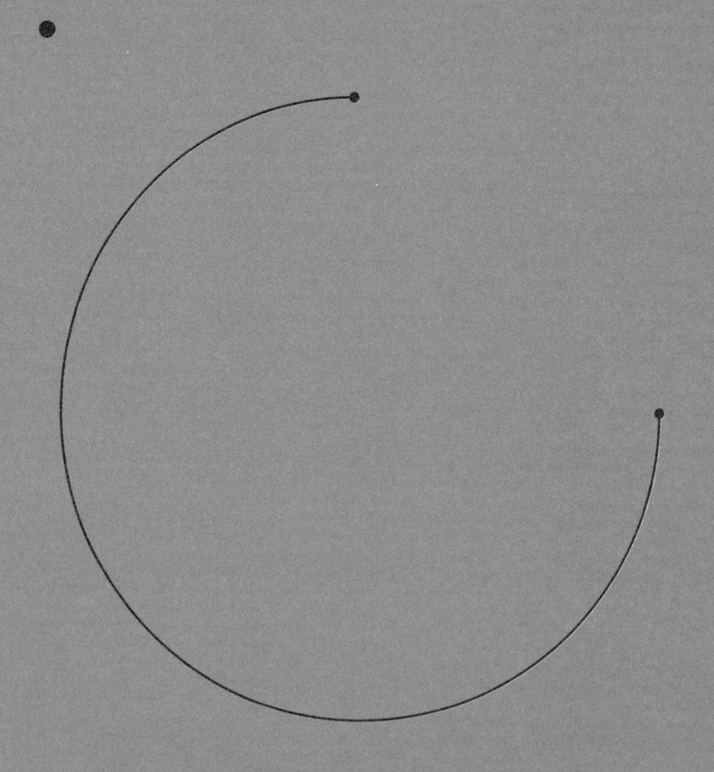

떨어진 사과 한 알이 지구라는 큰 몸을 움직이지는 못한다.
그래도 지구는 몸이 부서진 것처럼 아플 수 있다.

중력이라는 이름의 상호작용

지구가 사과를 당기듯 사과도 지구를 당긴다

사과는 아래로 떨어진다. 지구의 중력이 아래쪽으로 사과를 잡아당기기 때문이다. 물리학에서 두 물체 사이에 작용하는 힘은 작용-반작용의 법칙을 따른다. 지구가 사과를 아래로 당길 때, 사과도 지구를 잡아당긴다. 그런데 왜 지구가 안 떨어지고 사과가 떨어질까?

이 간단한 물리학 질문에 지구가 사과를 당기는 힘이 사과가 지구를 당기는 힘보다 더 커서 그렇다고 답하는 사람이 많다. 사실은 다르다. 뉴턴의 작용-반작용의 법칙에 따라 사과가 지구를 당기는 힘은 지구가 사과를 당기는 힘과 정확히 같다. 물론 방향은 반대다. 지구가 사과를 아래로 당길 때, 사과는 지구를 위로 당긴다. 똑같은 크기의 힘이 사과와 지구 각각에 작용한다. 그런데 왜 사과는 아래로 떨어지는데 지구는 위로 움직이지 않을까?

이쯤 되면 유명한 뉴턴의 운동법칙 $F=ma$가 등장할 때다. 힘(F)이 같아도 물체의 가속도(a)는 물체의 질량(m)이 달라지면 변한다. $F=ma$를 $a=F/m$로 바꾸어 적으면, 물체의 가속도는 질량에 반비례한다. 앞의 질문에는 "물론 지구도 사과를 향해 위로 떨어진다. 단지 지구가 사과보다 질량이 어마어마하게 더 커서, 아주 조금만 떨어질 뿐이다"가 답이다. 같은 크기의 힘이 작용해도 지구의 질량이 사과의 질량보다 훨씬 커서, 지구의 가속도는 사과의 가속도에 비해 무시할 수 있을 정도로 작기 때문이다.

지구가 사과를 향해 움직인 거리는 아무리 정교한 실험장치를 이용하더라도 측정할 수 없을 정도로 작다. 지구와 달 사이에도 상호작용이 있다. 뉴턴은 지구를 향해 떨어지는 사과의 운동과 지구 주위를 도는 달의 운동이, 똑같은 형태의 상호작용으로 설명될 수 있음을 깨닫는 과정에서 중력을 발견했다. 지구, 사과, 달뿐이 아니다. 모든 것은 다른 모든 것과 상호작용하고 있다. 우리가 어디서나 존재한다는 뜻으로 앞에 보편을 붙여서 '보편'중력, 혹은 '만유'인력으로 부르는 이유다. 사회를 구성해 함께 살아가는 우리도 마찬가지가 아닐까. 우리는 다른 모든 이와 상호작용한다. 사과와 지구 사이의 상호작용의 이름이 중력이라면, 내가 다른 이와 맺고 있는 상호작용의 이름은 연결이다. 우리 각자는 다른 모든 이와 연결되어 있다. 우리 하나하나는 고립무원의 섬이 아니다. 함께 사는 세상에 섬은 없다.

전체를 만드는 것은 부분만이 아니다

사람이 아닌 동물 중에도 1+1=2를 아는 종이 많다. 물론 1+1이라고 적어주면 종이 위에 펜으로 2라는 숫자를 적을 수 있다는 뜻은 아니다. 소리나 빛의 자극을 주고, 자극을 준 횟수만큼 레버를 누르면 먹이를 먹을 수 있도록 고안한 실험에서, 실험용 쥐도 작은 수의 덧셈을 할 수 있다는 사실이 알려졌다. 심지어 물고기와 개미도 어느 정도 덧셈을 할 수 있다고 한다. 낫 놓고 기역자도 모르는 말 못하는 동물도 1+1=2는 안다. 낫을 보면 기역을 떠올리는 사람은 물론 대부분의 동물보다 더 높은 차원의 지성을 가지고 있다. '1'을 보면서 세상에 존재하는 그 많은 다양한 '하나'를 떠올릴 수 있다. 사과 하나, 배 하나, 감 하나가 사람에게는 모두가 '1'이다.

개별적인 존재자에서 벗어난 추상적 기호 '1'의 의미를 아는 지적 존재에게 '1+1=2'를 종이에 적어 보여주자. '+'가 무엇인지, '2'가 무엇인지는 알려주지 않고 말이다. '+'가 무슨 뜻인지 모른다면, 등호 '='가 무슨 뜻인지 설명해도 '2'가 무엇인지 깨우칠 리 절대로 없다. 모여서 이루어진 전체('2')에 대한 이해는 전체를 구성하는 요소인 하나('1')를 이해한다고 해서 가능한 것이 아니다. '+'에 해당하는 구성요소 사이의 상호작용의 의미도 알아야 한다.

전체는 부분으로 이루어지지만 전체를 만들어내는 것은 부분만이 아니다. 연결되지 않은 모래알은 모래 더미에 불과하지만 이들이 연결되어 벽돌이 되고, 벽돌이 연결되어 건물이 된다. 이처럼 연결된 것들은 연결되지 않은 것들과 다르다. 우리도 어엿한 한 부분으로 들어 있는 우주는, 상호작용을 통해 서로 연결되어 영향을 주고받는 모든 것의 전체집합이다. 물리학의 표준모형은 우주를 구성하는 근본입자들, 그리고 이들 사이의 상호작용에 대한 현재의 이해를 담고 있다. 우주는 하나하나의 근본입자들로 이루어져 있지만, 우주를 우주로 만드는 것은 이들의 상호작용이다. 사람 사는 세상도 마찬가지가 아닐까. 세상은 우리 한 사람 한 사람으로 이루어지지만, 세상을 세상으로 만드는 것은 서로의 소통과 연결이다.

어쩌면 당신과 나 사이의 상호작용에도 작용-반작용의 법칙이 적용되는 것은 아닐까. 당신의 존재가 나에게 미치는 연결의 힘은 나의 존재가 당신에게 미치는 연결의 힘과 같은 크기일 수도 있겠다. 같은 중력이 작용해도 지구는 꿈쩍 않고 사과만 민감하게 반응해 움직인다. 당신이 나에게 스치듯이 말한 한마디는 짜릿한 기쁨이 될 수도, 가슴에 꽂히는 비수가 될 수도, 혹은 쇠귀에 들리는 경이 될 수도 있다. 같은 말이라도 내 마음을 움직이는 정도가 다른 이유는, 결국 당신의 말의 경중이 아니라 내 마음의 질량에 달린 것이 아닐까. 가르치는 자와 배우는 자, 쓰는 자와 읽는 자 사이에도 상호작용이 있다. 같은 내용을 배우고 같은 글을 읽어도, 마음을 열어 들으려고 하는 사람만 배우고 읽어 이해할 수 있다.

옷깃만 스쳐도 인연이지만, 그렇다고 옷깃을 스친 둘이 똑같이 반응하는 것은 아니다. 스쳐가는 산들바람에 흔들리는 잎새, 그

연약한 잎새의 작은 떨림이 괴로워 잠 못 드는 시인처럼. 나에게 전달되는 상호작용의 의미는, 흔들릴 수 있는 마음만 알 수 있는 것은 아닐까. 떨어진 사과 한 알이 지구라는 큰 몸을 움직이지는 못한다. 그래도 지구는 몸이 부서진 것처럼 아플 수 있다. 소통도 이해도 결국 준비되어 떨릴 수 있는 이의 몫이다. 세상이 조금이라도 더 살 만한 곳이 되기 위해서는, 세상 구석의 작은 목소리에 귀 기울일 수 있는 여럿의 마음이 모여 연결되어야 한다. 무엇에도 흔들리지 않는 태산 같은 이는 소통과 이해를 멈춘 사람이다.

나는 소망한다. 오래전 다른 상황에서 습득한 생각을 달라진 현재에 맞추어서 다시 바로잡는 마음은 깃털같이 가볍기를, 상황이 바뀌어도 지켜야 할 소중한 신념의 관성은 태산같이 무겁기를. 태산같이 무거운 가치 있는 신념은 하루아침에 이루어지지 않는다. 늦게 단 쇠가 늦게 식듯이, 조금씩 조금씩 치열하게 고민해서 천천히 모두가 함께 쌓아올려 공유한 신념이 더 오래 굳건히 유지된다. 관심 갖지 않으면 쉽게 들리지 않는 사회의 여린 목소리에는 모두의 마음이 깃털같이 가볍게 호응하기를, 그렇게 모인 마음이 겹겹이 쌓여 이룬 소중한 신념은 태산같이 무겁기를. 수많은 가벼운 티끌도 모이고 연대해 태산이 된다. 어떤 황당한 혐오와 차별에도 우리 모두가 가진 마음은 흔들리지 않는 태산이 되고 얼마든지 품는 바다가 되길.

○○○

작용-반작용 법칙 뉴턴의 고전역학에 등장해 뉴턴의 제3법칙이라고 불리는 것이 작용-반작용법칙이다. 두 물체 A와 B가 있을 때 B가 A에 작용하는 힘 F_{BA}와 거꾸로 A가 B에 작용하는 힘 F_{AB}를 비교하면 두 힘이 크기가 같고 방향이 반대($F_{BA}=-F_{AB}$)라는 것이 작용-반작용법칙이다. 내가 손바닥으로 벽을 밀면 벽도 내 손바닥을 같은 크기의 힘으로 되민다는 것, 지구가 사과를 중력으로 잡아 끌면, 같은 크기의 힘으로 사과도 지구를 반대방향으로 잡아 끈다는 것도 작용-반작용법칙의 결과다.

앞에서 끌어주고 뒤에서 밀어주고

: 동행의 작용-반작용법칙

'함께'라는 단어를 참 좋아한다. 혼자서는 함께할 수 없다. 함께하려면 적어도 두 명이 필요하다. 여럿이 함께 걸을 수도 있지만, 함께 걷는 것을 뜻하는 동행(同行)이라는 단어를 들으면 먼 길을 걸어가는 두 사람이 눈앞에 먼저 떠오른다. 어깨를 나란히 해 도란도란 이야기를 나누며 사이좋게 걸어가는 모습, 앞서거니 뒤서거니 산길을 함께 동행하는 모습.

물리학에 상호작용이라는 말이 있다. 이것도 마찬가지다. 입자 하나는 상호작용하지 못한다. 최소한 두 입자가 필요하다. 전체를 구성하는 입자가 무엇인지 잘 알아도 입자들 사이의 상호작용을 모르면, 도대체 무슨 일이 일어날지 알 수 없다. 짝지은 모든 둘 사이의 상호작용이 전체의 모습을 만든다. 자전축이 기울어진 지구는 태양 주위를 돈다. 지구의 공전이 빚어내는 계절변화도 결국 해와 지구, 둘 사이 상호작용의 결과다. 지구 내부가 어떻게 구성되어 있는지 우리가 아무리 속속들이 알아도 겨울이 지나 봄이 되는 이유를 지구 하나로는 설명할 수 없다. 계절이 바뀌어 피는 한 송이 봄꽃도, 결국 지구와 태양이 함께 힘써 만든 합작품이다. 함께 상호작용해 동행하는 모든 것이 모여 우리 눈앞에 펼쳐진 경이로운 세상이 된다.

물리학에서 두 입자의 상호작용은 작용-반작용의 법칙을 따른다. 지구가 태양을 잡아당기는 중력은 태양이 지구를 잡아당기는 중력과 크기가 정확히 같다. 상호작용의 크기가 같아도 무거운 쪽이 덜 움직인다. 지구 주위를 태양이 돌지 않고, 태양 주위를 지구가 도는 이유다. 상호작용에 반응해서 움직이는 것은 주로 가벼운 쪽이다. 동행하는 두 사람 사이 상호작용에도 어쩌면 작용-반작용의 법칙이 성립할 수도 있겠다. 내가 그에게, 그가 나에게 서로가 서로에게 미치는 영향이 같은 크기여도 더 큰 변화가 생기는 쪽이 있다. 내가 그에게 배워 더 많이 변하는 이유는, 나의 동행이 가진 삶의 무게와 생각의 깊이 때문이다.

봄이 다가올 무렵이면 한국에서 겨울을 난 철새가 무리를 지어 북쪽으로 날아가는 모습을 자주 보고는 한다. 영어 알파벳 V자의 뾰족한 한가운데의 새가 선두에서 무리를 이끈다. 새들이 굳이 이런 대형으로 나는 이유가 있다. 앞선 새의 날갯짓이 만든 공기의 흐름을 이용하면 뒤따르는 새는 더 적은 에너지로 날 수 있다. 한 팀에 세 명씩 무리를 지어 함께 달리며 두 팀이 경쟁하는 스피드스케이팅 팀 추월종목의 모습도 떠오른다. 다른 선수를 이끄는 맨 앞 선수는 더 큰 공기저항을 받아서 더 힘들다. 선두 바로 뒤,

딱 붙어 달리는 선수는 공기저항을 덜 받아 체력 소모가 적다. 스케이팅 팀 추월이나, 무리지어 나는 철새나, 앞선 이는 앞선 이의 몫이 있다. 앞에서 불어오는 맞바람을 몸으로 막아내 따라오는 이를 돕는다. 새나 스케이트 선수나, 앞선 이가 지치면 다음에는 다른 이가 앞으로 나선다. 누군가 앞서면 모두가 앞으로 나아가지만, 아무도 앞서지 않으면 아무 데도 갈 수 없다.

우리 삶의 동행에서도 앞선 이는 뒤에 오는 사람을 끌어준다. 초등학교 졸업식 때 모두가 부르는 슬픈 가락의 노래에도 "앞에서 끌어주고 뒤에서 밀며"라는 구절이 있다. 오르막길에서 밧줄의 양쪽 끝을 각각 잡고 앞에서 뒷사람을 끌어당겨보라. 앞사람 속도가 줄어든다. 하지만 "나도 힘들어" 하며 끌어주지 않으면, 다음 고개를 넘을 때 후회할 수 있다. 힘든 나를 뒤에서 밀어줄 이가 이제는 없다. 앞서거니 뒤서거니 동행하는 둘이 역할을 바꿀 때도 많다. 내가 앞에서 끌어준 누군가는 자신 뒤의 누군가를 이어서 끌어줄 수도 있다. 앞서거니 뒤서거니 모두 함께 걸어가려면 서로의 도움이 필요하다.

함께 걷는 이가 둘에서 셋이 되면, 셋 안에는 반드시 내가 본받을 사람이 있다. 바로 『논어』에 나오는 공자의 삼인행 필유아사언(三人行 必有我師焉) 이야기다. 이 세상에는 나보다 나은 사람이 절반, 나보다 못한 사람이 절반이라 가정해 간단한 확률 계산을 해보자. 셋이 함께 걷는 상황에서 나를 뺀 둘 모두가 나보다 못한 사람이어서 본받을 것이 없을 확률을 구해볼 수 있다. 한 사람이 나보다 못할 확률이 2분의 1이니, 둘 모두 나보다 못할 확률은

4분의 1이다. 둘 중 적어도 한 명이 나보다 나을 확률은 1에서 둘 모두 나보다 못할 확률을 빼면 되니, 그 값은 4분의 3 혹은 75퍼센트다. 그런데 왜 공자는 확률 100퍼센트일 때 쓰는 표현인 '반드시'라고 했을까? "셋이 함께 걸을 때, 그중 내 스승으로 삼을 만한 이가 발견될 확률은 75퍼센트이다"가 더 맞는 말일까? 나는 아니라고 생각한다. 공자와 같이 내가 본받을 만한 사람이 100퍼센트의 확률로 반드시 존재한다고 확신한다. 이유가 있다. 어떤 이는 나보다 책을 더 많이 읽었을 수도, 이야기를 더 논리적으로 할 수도, 대인 관계가 나보다 더 원만할 수도 있다. 우리 삶에서 가능한 모든 다양한 측면을 떠올리면 심지어 "이인행(二人行) 필유아사언"도 맞다. 둘이 동행해도 상대는 반드시 내 스승이다. 나를 끌어줄 사람, 그리고 나를 밀어줄 사람이다. 내가 끌고 밀어줄 사람이다.

온도

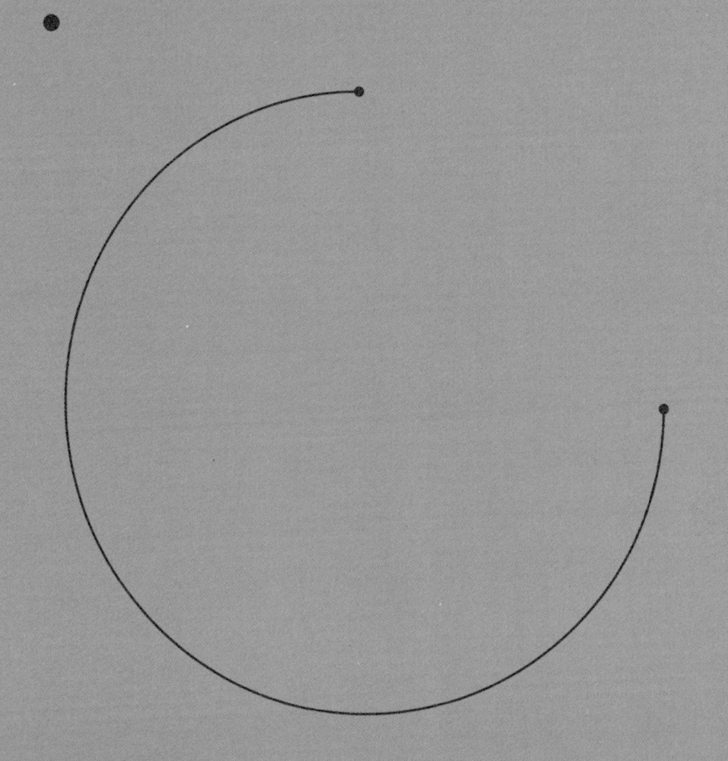

아내의 찬 손에 내 가슴을 내어주면,
내 몸의 온도는 별로 변하지 않으면서도
아내의 언 손을 녹일 수 있다.
열용량이 큰 쪽이 양보하는 것이 맞다.

아내의 언 손을 녹이는 것

뜨거움과 차가움이 만날 때

추운 겨울날 집에 돌아오면 아내는 찬 손을 내 러닝셔츠 안에 쏙 넣는 것을 좋아한다. 매번 이를 악물고 참지만, 정말 차다. 우리 몸의 피부에는 온도와 압력, 그리고 통증을 감지해내는 냉점, 온점, 압점, 통점 등 외부 정보를 감각하는 감각점이 분포한다. 내 피부의 온도와 다른 무언가가 닿으면 감각점에 분포한 감각신경세포의 발화가 시작된다. 이렇게 발생한 신경세포 안팎의 전위차는 길게 이어진 축삭(axon)을 따라 전달되어 결국 뇌에 모여서 차갑고 뜨거운 생생한 감각을 일으킨다. 하지만 온도계로 잴 수 있는 객관적인 수치를 냉점과 온점이 알아내는 것은 아니다.

어린 시절 겨울날 하루 종일 놀다 꽁꽁 언 손으로 집에 돌아오면, 밥 먹기 전에 빨리 손 씻으라는 돌아가신 어머니의 그리운

재촉이 시작되고는 했다. 대야에 담긴 차가운 물에 손을 넣었던 기억이 생생하다. 아침에 세수할 때는 그렇게 차가웠던 물이 이때는 따뜻하게 느껴진다. 물체의 객관적인 온도가 아닌 피부와 물체 사이의 상대적인 온도 차이에, 몸의 냉점과 온점이 반응하기 때문이다. 차갑고 뜨거운 그 생생한 감각이 어떤 것인지 우리는 느낌으로 너무나 잘 알고 있다. 하지만 차가운 물체와 뜨거운 물체가 도대체 무엇이 어떤 면에서 다른지 과학이 이해한 것은 19세기 중반 이후의 일이다.

닿았을 때 괴로운 것을 보면, 러닝셔츠 안 내 피부는 아내의 찬 손과 분명히 무언가가 다르다. 버티다 보면 시간이 지나, 아내의 손이 더 이상 차게 느껴지지 않는 평화의 순간이 찾아온다. 둘 사이에 처음에는 달랐다가 같게 변한 무언가가 있다고 할 수 있다. 뜨거운 물체와 차가운 물체를 나란히 딱 붙여놓고 기다리면, 결국 둘은 함께 열평형상태에 도달한다. 처음에 뜨거웠던 물체는 조금씩 차가워지고, 차가웠던 물체가 조금씩 뜨거워지는 과정이 이어지다가 더 이상의 변화가 일어나지 않게 된다. 별로 따뜻하지 않다고 투덜대며 아내가 손을 빼는 상태다. 열평형상태에 도달한 두 물체에서 같은 값이 되는 양이 바로 온도다. 온도로 재면, 뜨겁고 차가운 물체의 차이는 숫자로 비교할 수 있다. 그럼 온도는 무엇일까?

온도가 무엇인지 정확히 몰라도 잴 수는 있다. 얼음을 물에 넣고 기다리면, 결국 열평형상태가 된다. 길쭉한 투명 유리관 안에 빨간 색소를 더한 알코올을 넣고 세로로 세워 얼음물에 담그자.

빨간 알코올의 윗면 위치에 눈금을 긋고 '0도'라 쓰자. 다음에는 같은 유리관을 끓는 물에 넣고 이때의 알코올 윗면 위치에 눈금을 긋고 '100도'라 쓰자. 둘 사이를 100등분 하면, 주변에서 쉽게 볼 수 있는 온도계가 된다. 뜨거워지면 알코올의 부피가 커지는, 액체의 열팽창을 이용한 간단한 장치다. 이제 온도를 잴 수 있게 되었지만, 뜨거운 물체와 차가운 물체가 도대체 무엇이 다른지 이해하는 것은 다른 문제다. 둘의 차이는 무엇일까?

처음 과학자들은 뜨거운 물체가 차가운 물체보다 어떤 원소를 더 가지고 있음에 분명하다고 믿었다. 상당히 그럴듯한 설명이다. 둘을 접촉시키면 뜨거운 물체에서 이 상상의 원소가 차가운 물체로 옮겨가고, 결국 양쪽에서 이 원소의 양이 같아지게 되는 것을 열평형상태로 생각했다. 이 원소의 이름이 바로 칼로릭[Caloric, 열소(熱素)]이다. 지금도 음식물의 열량을 잴 때 널리 쓰는 단위인 칼로리(kcal)의 어원이다. 칼로릭이 도대체 어떤 원소인지 이해하려는 노력이 이어지다가 결국 과학자들은 그런 원소는 없다는 결론을 얻는다.

칼로릭이 없다는 사실을 밝힌 유명한 관찰은 대포를 깎다가 이루어졌다. 커다란 금속 덩어리를 먼저 대포의 겉모양으로 주조하고는, 그 안을 한쪽이 막힌 원기둥 모양으로 깎아내어 대포를 만드는 과정에서, 절삭기계와의 마찰로 끊임없이 열이 발생한다는 사실이 알려졌다. 물속에서 대포를 깎다 보면 심지어는 물이 끓기도 한다. 절삭을 계속 이어가도 끊임없이 열이 발생한다는 것은 기존의 칼로릭 이론으로는 설명할 수 없었다. 대포가 가진 칼로릭이 모두 배출된 다음에는 대포에서 외부로 열에너지가 방출될 수 없기 때문이다. 결국 과학자들은 온도가 분자들의 운동에너지의 평균값에 해당한다는 것을 알아낸다. 분자들의 마구잡이 운동이 활발히 벌어지는 물체가 온도가 높아서 뜨겁다. 운동에너지는 속력의 제곱에 비례하는 양이어서 결코 0보다 작을 수는 없다는 점을 생각하면, 고전역학을 따르는 모든 분자들의 운동이 멈추는 낮은 온도가 존재하게 된다. 바로 절대영도다.

1도를 올리기 위해 필요한 열에너지, 열용량

격렬한 운동을 하는 분자가 얌전히 느릿느릿 운동하는 분자를 만나면, 두 분자 사이에 충돌이 일어난다. 빠르게 움직이던 분자의 속력은 줄고, 느리게 움직이던 분자의 속력은 커진다. 이 과정에서 뜨거운 물체에서 차가운 물체로 열에너지가 전달된다. 결국 시간이 지나면 양쪽 분자들의 평균 운동에너지가 같아진다. 평형상태의 온도는 뜨거운 물체와 차가운 물체의 처음 온도 사이의 정확한 가운데일 필요는 없다. 미지근한 물이 담긴 컵에 작은 얼음 조각을 하나 넣으면, 얼음이 녹은 후에도 물이 별로 시원해지지 않는 것을 보면 알 수 있다.

온도를 1도 올리기 위해 공급해야 하는 열에너지가 물리학의 열용량이다. 물질의 양이 많아 질량이 크면 열용량도 더 크다. 라면 하나 끓일 물은 금방 끓고, 곰국 끓이려 큰 통에 담은 물은 한참

기다려야 끓기 시작하는 이유다. 거꾸로 물이 식을 때도 마찬가지다. 질량이 큰 많은 양의 물은 열용량이 커서 식을 때까지 더 오랜 시간이 걸린다. 지금도 유적이 남아 있는 조선시대 석빙고의 원리도 쉽게 이해할 수 있다. 겨울에 얼음을 크게 쌓아두면 열용량이 커서 전체의 온도가 천천히 변한다. 외부 공기와의 접촉을 가능한 차단하고 넓은 공간에 많은 얼음을 쌓아두면 여름까지 겨울 얼음이 녹지 않게 할 수 있다. 지난겨울 쌓은 얼음이 올해 여름 전에 녹았다면 내년에는 더 크게 얼음을 쌓으면 될 일이다. '쉽게 단 쇠가 쉽게 식는다'라는 속담도 마찬가지 이야기다. 열용량이 작은 자그마한 쇳덩이가 더 쉽게 달아오르고, 식는 것도 더 빠르다. 질량이 커 열용량도 큰 커다란 쇳덩이는 달아오르는 것도, 식는 것도 느리다. 물과 땅을 비교하면 물의 열용량이 훨씬 크다. 커다란 바다의 수온은 햇볕 쨍쨍한 낮에도 많이 오르지 않고 추운 밤이 와도 별로 떨어지지 않는다. 큰 바다에 면한 지역에서 밤낮 기온의 일교차가 작은 것도, 사막 지역의 일교차가 무척 큰 이유도 열용량으로 이해할 수 있다.

질량이 작다고 좋은 것도 아니고, 열용량이 크다고 좋은 것도 아니다. 석빙고 안 얼음을 여름까지 녹지 않게 하려면 열용량을 크게 하는 것이 유리하지만, 시원한 물을 빨리 마시려면 얼음을 잘게 쪼개 조각 하나하나의 열용량을 줄이는 것이 더 좋다. 물리학의 다른 용어와 마찬가지로 관성, 질량, 열용량도 가치중립적이다. 상황이 바뀌면 우리가 바라는 바도 달라진다.

'쉽게 단 쇠가 쉽게 식는다'라는 속담은 적은 노력으로 빨리 마친 결과는 오래 지속되지 못한다는 것을 쇳덩이의 열용량에 빗댄 것이다. 마찬가지로 물리학의 관성과 질량에 빗대어 우리 삶을 생각해볼 수도 있겠다. 과거와 많이 달라진 지금, 오래전의 생각을 바꾸지 않고 계속 유지하는 고집은 바람직하지 않다. 바람의 방향이 바뀌면 그에 따라서 휘는 가벼운 갈대같이, 유연하게 생각을 바꾸는 것이 좋을 때도 많다. 하지만 아무리 상황이 바뀌어도 우리 모두가 결코 포기할 수 없는 소중한 가치를 흔들림 없이 유지하는 신념의 관성은 꼭 필요하다.

질량이 커서 열용량이 큰 쪽의 온도는 조금 변한다. 아내의 찬 손에 내 가슴을 내어주면, 내 몸의 온도는 별로 변하지 않으면서도 아내의 언 손을 녹일 수 있다. 열용량이 큰 쪽이 양보하는 것이 맞다. 우리 모두가 함께 살아가는 사회도 마찬가지다. 사회의 온기는 더 가진 이가 적게 가진 이에게 전하는 사회의 운동에너지가 아닐까. 조금만 더 참자. 아내의 찬 손에 놀란 내 가슴에도 결국 평화의 순간은 오리라.

○○○ ───

열평형상태 물리학에는 여러 평형상태가 등장한다. 역학적인 평형상태는 가만히 두어도 물체가 움직이지 않아 물체의 위치와 방향이 변하지 않는 상태고, 열역학적 평형상태는 계(시스템)의 온도, 압력, 부피, 에너지 등의 여러 열역학적인 양이 시간이 지나도 더 이상 변하지 않는 상태다. 역학에서나 열역학에서나,

물리학의 평형상태는 시간이 지나도 계가 더 이상 변하지 않는 상태를 뜻한다.
각각 열역학적 평형상태에 있는 두 시스템을 접촉시키는 상황을 생각하면, 시간이 지나면 전체가 평형상태를 향해 다가선다. 온도가 높아 뜨거운 물체와 온도가 낮아 차가운 물체를 접촉시키면, 뜨거웠던 물체의 온도는 내려가고 차가웠던 물체의 온도는 올라가서, 결국 두 물체는 같은 온도를 갖는 열평형상태에 도달한다. 열평형상태는, 계에 들어오고 나가는 열이 없어서 계의 모든 부분에서 온도가 일정하게 유지되어 변하지 않는 상태다.

뾰족

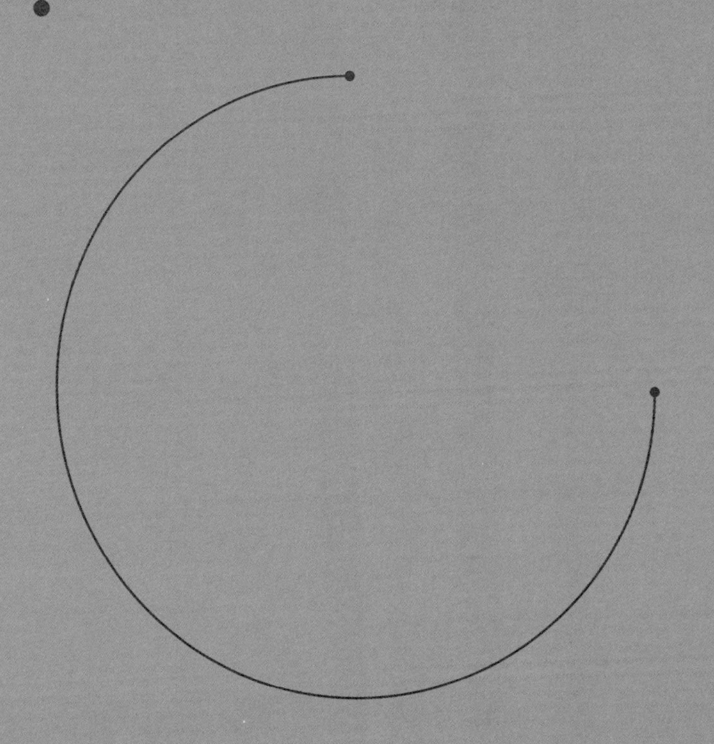

우리를 성찰로 이끌지 않는 '뾰족'은 '삐죽'이다.
세상을 보는 시선은 깊고 뾰족하지만,
다른 이의 마음에 닿는 나의 말은 뾰족하지 않기를.

큼과 작음의 비율

아내는 나보다 가볍고, 바늘은 뾰족하다

저 멀리 뾰족한 고층 빌딩이 하늘을 찌를 듯 솟은 모습이 보인다. 아무리 뾰족하게 보여도 건물 꼭대기는 가로세로 1미터보다 넓어 보인다. 서툰 바느질로 뾰족한 바늘에 손가락을 찔려 따끔한 통증을 느낀 적도 있다. 바늘 끝은 크게 잡아도 가로세로 1밀리미터 안에 들어간다. 가로세로 1미터보다 넓은 고층 빌딩 꼭대기에는 단면이 가로세로 1밀리미터보다 작은 바늘을 무려 100만 개 이상 꽉 채워 세울 수 있다. 끝부분 단면적이 100만 배 이상 차이가 나는데, 우리는 왜 둘 모두 뾰족하다고 할까? 물리학자의 고민이 이어진다. 과연 뾰족하다는 것은 무슨 뜻일까?

물리학에서 주어 하나만을 가지고 "크다, 작다, 무겁다, 가볍다"와 같은 이야기를 하면, 주변 물리학자들이 난리가 난다. 과학적으로 성립할 수 없는 이야기라서 그렇다. 예를 들어 "지구는 크다"는 어불성설이다. 지구는 달보다 크지만, 해보다는 작기 때문이다. 내 몸무게는 아내보다 무겁지만, 덩치가 큰 사람과 비교하면 거꾸로 가볍다고 해야 한다. "크고 작음", "무겁고 가벼움"과 같은 표현은 비교 대상을 명시해야 과학적 진술이 된다. 지구는 달보다 크고 아내는 나보다 가볍다.

뾰족하다는 말은 어떨까? 왜 우리는 고층 빌딩과 바늘 모두를 비교 대상 없이 주어 하나만을 가지고 뾰족하다고 할 수 있을까? 뾰족하다는 말은 단면적이 작다는 뜻이 아니다. 만약 그렇다면, "지구가 크다"가 과학적 진술이 아닌 것과 정확히 같은 이유로, 주어 하나만을 가지고 "바늘이 뾰족하다"와 같이 말할 수 없다. 어느 날 한자 '뾰족할 첨(尖)'을 보고 무릎을 치며 감탄했던 기억이 있다. 우리가 큰(大) 것 위에 작은(小) 것이 있을 때 대상이 뾰족하다고 표현한다는 것을 이 한자가 알려준다. 뾰족은 큼과 작음의 비율이다. 바늘을 손가락으로 집어 들고 저 멀리 있는 고층 빌딩과 함께 보자. 우리가 뾰족하다고 할 때 무엇이 작고(小), 무엇이 큰(大)지는 명확하다. 바늘과 빌딩을 서로 비교한 것이 아니다. 바늘 하나가 지닌 두 개의 길이를 서로 비교한 것이다. 반지름 a인 원을 밑면으로 한, 높이가 b인 원기둥을 떠올려보라. 우리는 a가 b보다 무척 작을 때 뾰족하다고 한다. 뾰족한 모든 것은 작은 것과 큰 것의 비(a/b=小/大)가 1보다 아주 작은 물체이다. '뾰족'에 이미 비교의 의미가 들어 있어서, 우리는 주어 하나만으로도 말이 되는 문장을 적을 수 있다. 아내는 나보다 가볍고, 바늘은 뾰족하다.

압정, 하이힐, 작두의 과학

안내할 내용이 적힌 종이를 게시판에 고정할 때 압정을 쓴다. 뾰족한 쪽을 게시판에 대고 반대쪽의 넓은 면을 엄지손가락으로 누르면 압정이 박힌다. 뉴턴의 제3법칙인 작용-반작용의 법칙에 따르면, 내가 압정을 누르는 힘은 압정이 내 손가락을 반대로 미는 힘과 크기가 같다. 또 내가 압정을 누르는 힘은 압정의 뾰족한 쪽과 게시판에도 거의 같은 크기로 전달된다. 즉 압정의 뾰족한 쪽이 게시판을 누르는 힘은, 압정이 내 엄지손가락을 반대 방향으로 누르는 힘과 같다. 같은 크기의 힘인데도 왜 내 엄지손가락은 끄떡없고, 압정의 뾰족한 쪽이 게시판을 뚫고 들어갈까?

물리학의 압력을 이용해 쉽게 설명할 수 있다. 같은 힘으로 눌러도 접촉면적이 작으면 압력은 커진다. 뾰족한 끝이 게시판을 누르는 힘과 압정의 넓은 면이 내 엄지손가락을 누르는 힘은 크기가 같지만 접촉면의 면적 차이가 크다. 압정을 누르는 내 엄지손가락이 멀쩡한 이유다. 혹시 의심이 생긴 독자라면, 압정이 아닌 바늘을 엄지손가락으로 눌러 안내문을 게시판에 고정한다고 생각해보자.

여성들의 하이힐에 보도블록이 깨질 수도 있다. 여성의 몸무게가 무겁기 때문이 아니라, 하이힐이 뾰족해 보도블록에 닿는 면적이 작아서 그렇다. 남성들이 모두 하이힐을 신는다면 아마도 보도블록은 남아나지 못할 수도 있다. 뾰족한 대못 여럿이 촘촘히 거꾸로 박힌 널빤지 위에 맨발로 올라선 차력사를 놀라운 눈으로 바라본 어린 시절 기억도 난다. 요즘 다시 이런 분을 보게 되면, 끝이 뾰족한 대못 딱 하나만 박힌 널빤지 위에 한번 올라서볼 수 있는지 물어볼 생각이다. 물론 이분이 내 말을 들어줄 리는 없다. 아주 날카롭게 날이 선 작두일 리도 없지만, 무속인도 발바닥의 길이 방향을 작두날의 방향으로 해서 작두를 타는 것이 낫다. 작두날과 수직인 방향으로 타면 발바닥과의 접촉면적이 줄어 더 위험하기 때문이다. 오랜 수련을 한 차력사, 신내림 받은 무속인, 모두 다 물리학을 이용한다.

단면적이 아주 작아도 뾰족하지 않은 것들이 있다. 소(小)와 대(大)의 크기가 비슷해서, 둘의 비인 '대분의 소'의 값이 1에 가까울 때 그렇다. 뾰족한 압정 끝과 비슷한 크기의 작은 모래알이 한 예다. 이런 작은 물체는 맨발로 밟아도 상처를 입지 않는다. 발바닥 피부에 약간의 유격이 있어서, 작은 모래알을 밟은 발바닥은 부드럽게 모래알을 감싸는 방식으로 조금 변형될 뿐이다. 아픔을 느끼지도 상처를 입지도 않는다. 밖의 '뾰족'에는 나의 부드러움이 상책이다.

우리가 미처 보지 못한 세상의 깊은 속내를 송곳처럼 찔러 드러내는 분들이 있다. 통렬한 아픔 뒤에는 깊은 성찰이 이어진다. 나는 이런 분들의 뾰족한 말을 들으면 감탄과 함께 존경의 마음이 생긴다. 하지만 아픔과 불쾌감만을 주는 말도 있다. 우리를 성찰로 이끌지 않는 '뾰족'은 '삐죽'이다. 세상을 보는 시선은 깊고 뾰족하지만, 다른 이의 마음에 닿는 나의 말은 뾰족하지 않기를 바란다. 다른 이의 '삐죽'에 닿는 내 마음은 부드러운 '뭉툭'이기를. 삐딱한 세상을 보는 내 시선은 '뾰족'이어도 '삐죽'은 아니기를.

무게

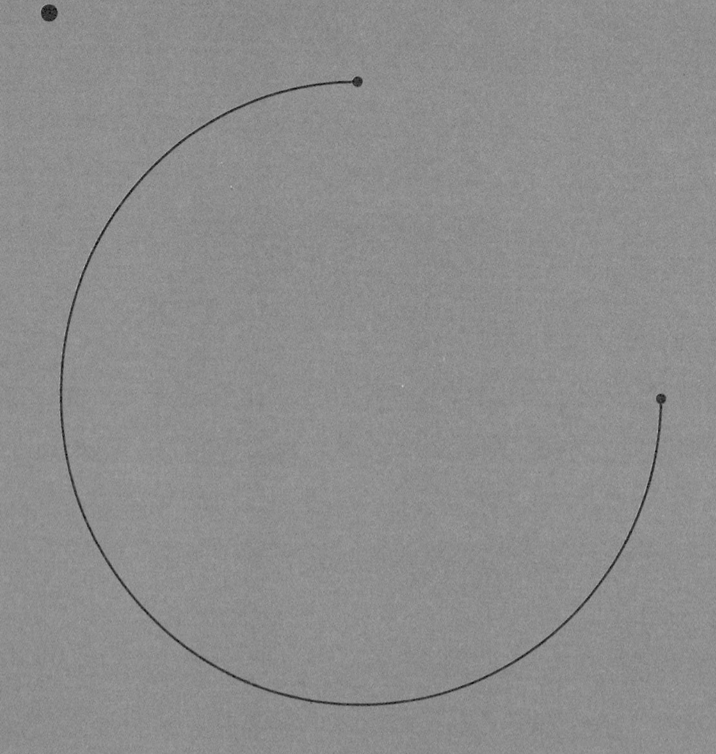

무게는 질량뿐 아니라
물체가 놓인 곳에서의 중력장의 크기가 결정한다.
한 사람의 존재의 무게가 하루아침에
갑자기 무거워질 수 있는 이유다.

존재의 무게를 좌우하는 중력장

태양이 원거리에서 지구를 움직일 수 있는 이유

질량이 있는 모든 것은 아래로 떨어진다. 지구중력장에서 질량에 비례하는 크기의 힘을 받는다. 이 힘이 바로 무게다. 질량과 무게는 물리학에서는 명확히 의미를 나누어서 쓰지만, 우리 일상에서는 꼭 그렇지는 않다. 무게는 질량에 중력가속도를 곱한 것이어서 "내 몸무게는 60킬로그램"이라고 이야기하는 것은 잘못이다. "내 몸무게는 60킬로그램중", 또는 "내 몸의 질량은 60킬로그램"이라고 하는 것이 맞다. 우리가 계속 지구 위에서 살아가는 한, 무게와 질량 사이의 비례상수인 중력가속도는 어디서나 거의 일정하므로 오해의 소지는 별로 없다. 오류를 교정해서 불러야 한다고 우길 생각도 없다. 과학의 정량적인 표현은 아니지만 우리가 무게에 빗대어 이야기하는 것이 많다. 어떤 이의 입은 무겁다 하고, 팍팍

하고 힘든 일상을 삶의 무게라고 말한다. 한 작가는 존재의 가벼움이 참을 수 없다고도 했다.

뉴턴이 처음 보편중력법칙을 발견했을 때의 이야기다. 태양이 지구에 힘을 미쳐 지구가 공전한다고 하니, 당시 사람들은 이 이론이 논리적이지 않다고 느꼈다. 태양과 지구 사이에 아무런 직접적인 접촉이 없는데 어떻게 힘이 전달될 수 있을까? 의구심이 드는 것이 당연했다. 눈앞 책상 위에 놓인 볼펜 한 자루를 손이나 막대나 콧바람 없이, 어떠한 직접적인 접촉 없이 밀거나 끌 수는 없다. 오로지 접촉을 통한 힘의 전달만이 물체를 움직일 수 있다는 것은 당시에 너무나 당연한 상식이었다. 무협영화에 나오는 무술고수의 장풍도, 현실에서는 손바닥을 밀어 일으킨 바람으로 성냥불 정도는 끌 수도 있겠지만, 공기가 없는 진공상태라면 어림도 없다.

접촉하지 않고도 어떻게 태양이 지구에 힘을 미칠 수 있을까? 이런 유형의 질문은 답하지 않겠다는 것이 뉴턴의 생각이었다. 접촉하지 않고도 작용하는 힘을 설명하기 위해 상상의 나래를 펼쳐 이런저런 가설을 도입하지 않겠다는 획기적인 선언이다. 일단 이런 힘이 있음을 인정하고, 이 힘으로 지구가 어떤 운동을 하게 될지를 이해하는 데 집중하자는 제안이다. 이전의 자연철학자와 달리, 말할 수 있는 것만 말하겠다는 뉴턴의 연구 방식은 결국 엄청난 성공을 거두었다.

태양과 지구 사이의 엄청난 먼 거리를 건너뛰어 작용하는 중력상호작용에 대한 제대로 된 설명은 상대론의 도래를 기다려야 했다. 여러분도 생각해보라. 태양과 지구 사이에 작용하는 중력으로 지구가 돌고 있다. 만약 어떤 이유로 태양이 갑자기 사라지면 어떤 일이 생길까? 뉴턴의 보편중력법칙은 지구에 작용하는 중력이 그 순간 0이 되어야 한다고 이야기하는 셈이다. 한편 어떤 정보도 빛보다 빨리 전달될 수 없음을 이야기하는 아인슈타인의 상대론은, 태양의 순간적 소멸과 그에 따른 지구궤도의 변화는 동시에 일어날 수 없는 일이라고 알려준다. 자연은 아인슈타인의 손을 들어준다. 태양의 존재는 우주공간 곳곳에 중력장을 만든다. 태양이 갑자기 소멸하면, 이에 따른 중력장의 변화는 파동의 형태로 빛의 속도로 전달되어 지구의 위치에 도달한다. 지구가 태양과 직접 순간적으로 원거리 상호작용을 하는 것이 아니다. 멀리서 태양이 현재 위치에 만들어놓은 중력장을 지구가 느낄 뿐이다.

중력장이 변하면 무게도 변한다

무게는 질량에 중력장을 곱한 것이어서 장소가 지구에서 달로 바뀌어 중력장이 변하면 무게도 변한다. 지구에서 10킬로그램 질량을 들 수 있다면, 달에 가면 무려 60킬로그램 질량의 물체를 번쩍 위로 들어 올릴 수 있다. 달 표면에서의 중력장은 지구의 6분의 1에 불과하기 때문이다. 조심할 것이 있다. 물체가 현재의 운동상태를 지속하려는 경향인 관성의 크기는 무게가 아닌 질량이 결정한다. 질량이 큰 물체가 가만히 정지해 있으면 밀어도 잘 움직이지 않고, 막상 움직이기 시작하면 멈추기도 어렵다. 정지해 있다 움직이거나, 움직이다 멈추거나, 물체의 운동상태가 변한다. 질량이 큰 물체의 운동상태를 바꾸려면 큰 힘이 필요하다. 질량이 커서 처음 움직이기 어려운 것이 나중에 멈추기도 어렵고, 쉽게 움직이는 것이 쉽게 멈춘다. 질량이 바로 관성의 척도다. 질량이 클수록 관성이 크고, 운동상태의 변화에 더 강하게 저항한다.

60킬로그램 질량의 물체는 달에서도 여전히 질량이 60킬로그램이다. 관성의 크기는 지구와 달은 물론 우주 어디에서나 같다. 달에서 60킬로그램 질량의 물체를 위로 쉽게 들어 올릴 수 있다 해도, 들고 가다 방향을 휙 바꾸면 큰 관성으로 말미암아 그 물체를 손으로 계속 잡고 있기는 어려울 것이다.

중력의 장(場)은 눈에 보이지 않는다. 하지만 질량이 있는 물체를 중력장이 존재하는 한 장소에 가만히 놓고 물체의 움직임을 추적하면 중력장을 측정할 수 있다. 배명훈의 소설 『타워』에는 가상 국가에 존재하는 권력의 장을 한 상품의 움직임으로 추적하는 이야기가 나온다. 재미있고 기발한 소설이니 꼭 읽어보시길. 물리학에서 중력장을 측정하기 위해 이용하는 물체의 질량은 작을수록 좋다. 질량이 크면 물체의 존재 자체가 주변의 중력장을 변화시킬 수 있기 때문이다. 복잡한 관계의 연쇄가 만들어내는 인간 존재의 사회적 장도 마찬가지가 아닐까. 우리는 가장 연약한 존재에 대한 세심하고 애정 어린 시선을 통해서만 한국 사회의 진면목을 볼 수 있는 것은 아닐까. 가장 소득이 적은 사람, 가장 차별을 받는 사람, 문화적으로 가장 소외된 사람이, 사회의 진실을 보여준다. 눈에 띄지 않는 모습이 우리의 참모습이다.

무게는 질량이 아니다. 무게는 질량뿐 아니라 물체가 놓인 곳에서의 중력장의 크기가 결정한다. 질량은 물체가 어디에 있든 변하지 않는 물체의 고유한 속성이다. 내가 어제와 다름없는 동일한 사람이어도 어제보다 마음이 가볍거나 무거울 수 있는 이유는 내가 존재하는 사회적 상황의 장이 바뀌어서다. 한 사람의 존재의 무게가 하루아침에 갑자기 무거워질 수 있는 것도 이와 마찬가지다. 사람마다 타고난 고유한 능력은 별로 다르지 않다. 내 키의 두 배인 사람은 없고, 나보다 100미터를 두 배 빨리 달리면 세계 신기록이다. 하지만 어떤 이는 사회적 장의 변화로 엄청난 존재의 무게를 갑자기 갖게 된다. 무거운 별이 주변의 중력장을 변화시키듯, 부여받은 무거운 책무로 무거워진 사회적 존재는 다시 방향을 돌려서 이 사회의 장을 바꿀 수 있다. 자신에게 부여된 책무를 외면하지 않고 정면으로 맞선 이들이 시대와 사회를 바꿔왔다. 책무는 자신이 아닌 시대와 사회가 만든 장에서 비롯한다.

○○○

중력장 질량이 있는 모든 물체는 공간에 중력장을 만든다. 예를 들어 태양은 행성이 있든 없든 공간 전체의 모든 곳에 중력장을 만들어내고 각각의 행성은 자신이 현재 위치해 있는 곳의 중력장의 영향을 받는다.

뉴턴이 제시한 보편중력의 법칙은 태양이 멀리 떨어진 행성에 즉각적인 힘을 미치는 형태로 주어지지만, 중력장의 개념을 생각하면 행성은 태양과 즉각적으로 상호작용하는 것이 아니라 태양이 만들어낸 중력장에 반응한다고 해석할 수 있게 된다. 현대물리학에서는 두 물체 사이에 즉각적으로 먼 거리를 건너 힘이 작용하는 것이 아니라 이처럼 물체가 다른 물체가 만든 장에 영향을 받는다고 설명한다.

중력장뿐 아니라 전기장, 자기장도 마찬가지다. 질량과 전하는 공간 전체에 장을 만들고, 모든 물체는 자기가 있는 곳의 장에 반응해 운동한다. 아인슈타인의 중력이론은 중력장을 공간의 휨으로 설명한다. 질량이 있는 모든 물체는 공간 전체의 곡률을 변화시키고, 모든 물체는 자신이 있는 곳의 공간의 국소적인 곡률을 따라 움직인다.

꼰대

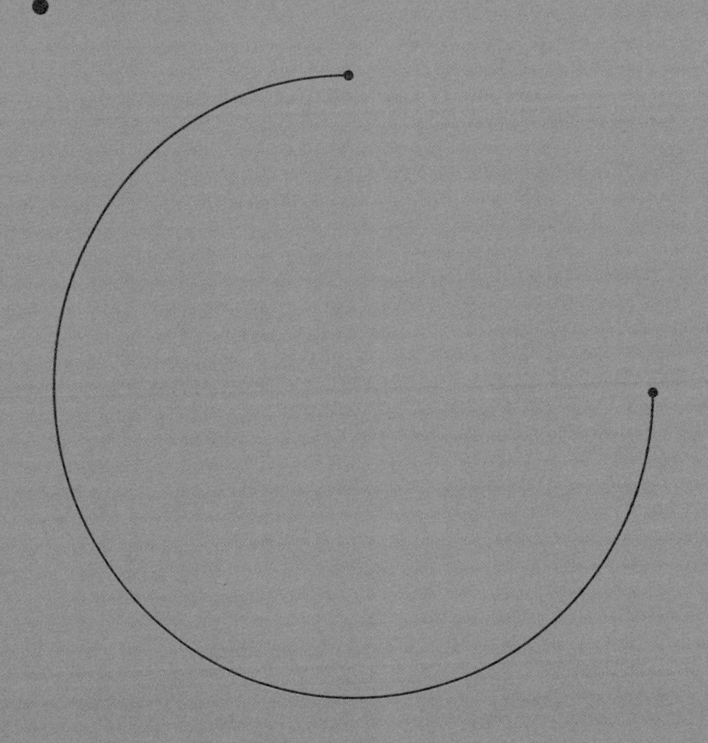

꼰대란 무엇일까.
시공간 위치가 원점으로부터 (t, x)로 떨어진 지금 이곳의 상황을
원점에서 형성된 기준으로 판단하려는 것이 아닐까.

지금 이곳의 좌표

상관함수로 알아보는 꼰대 테스트

세상에는 두 종류 꼰대가 있다. 자기가 꼰대인 것을 아는 꼰대와, 자기가 꼰대인 것도 모르는 꼰대. 예외는 없다. 물론 두 번째 유형의 꼰대가 더 문제다. 함께 간 멋진 중국음식점에서 "오늘 저녁은 내가 쏜다. 아무거나 다 시켜! 난 짜장면!"하고 외쳐 모두가 눈살을 찌푸리는 직장 상사와 비슷하다고나 할까. 이제 훌쩍 50대 중반에 들어선 나도 당연히 꼰대다. 주변을 둘러보면 대학교수 중에 특히 꼰대가 많다.

꼰대에도 중증과 경증이 있다면 대학교수는 분명한 중증 꼰대다. 이유가 있다. 자기가 아무리 엉뚱한 이야기를 해도 그 말이 틀렸다고 이야기하는 사람을 만나기 어려운 자리에 있을 때가 많아서다. 강의실 풍경을 떠올려보라. 특히 이공계의 대부분 수업에서 정보는 교수로부터 학생에게로 단 한 방향으로만 흐른다. 화이트보드에 쉴 새 없이 이어지는 어려운 수식을 눈으로 보고, 수식보다 딱히 더 쉬울 것도 없는 설명을 귀로 들으며, 동시에 손으로 노트에 필기해야 하는 학생은, 수업 내용을 찬찬히 돌이켜 의심해 볼 시간이 없다. 어떤 이야기를 해도 눈앞에서 고개를 끄덕이는 (사실은 끄덕이는 척하는) 학생들을 오랜 기간 마주하다 보면, 언제부터인가 교수는 자기가 맞는 말만 한다고 확신하게 된다. 심지어는 모든 학생이 고개를 끄덕이니 자기가 강의를 정말 잘한다고 믿는 교수도 많다. 나도 그렇다. 강의를 들은 학생을 직접 만나 물어보면 모두 다 내 수업이 좋았다고 고개를 끄덕이니 말이다. 교수가 되고 잠깐 시간이 흐르면, 이제 꼰대라는 최종적이고 안정적인 고정점(stable fixed point)에 도달하는 한 방향 내리막길이 시작된다. 교수의 꼰대화는 결국 시간문제다. 빨리 꼰대가 되는 교수, 조금 시간이 더 걸려 꼰대가 되는 교수가 있을 뿐이다.

모든 회의가 그런 것은 아니지만, 교수들이 주로 참여하는 회의는 과거 유명 코미디 프로그램의 코너였던 〈봉숭아 학당〉과 상당히 비슷하다. 모두 자기 이야기만 한다. 논의하는 안건에서 처음 자기가 가졌던 생각을 도중에 바꾸는 사람은 없다. 회의가 시작할 때 자기 의견이 옳다고 생각한 교수는, 회의가 끝나면 자기 의견이 정말로 옳다고 생각한다. 회의에 참석한 모든 이가 하나같이 말이다. 사정이 이렇다 보니, 많은 회의에서 대부분의 합의는 "오늘 회의 중에 결정할 수 없으니, 이 문제를 논의하는 위원회를 만든다"의 형식이다.

한국 사회에서는 꼰대일수록 사회적 지위가 더 높다. 신기하고 흥미로운 일이다. 법원의 판사나, 병원의 의사나, 대학의 교수처럼 마주하는 양쪽 사이에 정보 비대칭성이 큰 직업일수록, 한쪽에서 하는 이야기를 상대가 반박하거나 토 달기 어려운 직업일수록 더 좋은 직업으로 여겨진다. 대화 상대가 가만히 속으로 삭이며 내 틀린 말을 참고 들어줄 뿐인데, 내가 옳은 말을 해서 상대가 고개를 끄덕인다고 생각한다. 판사나 의사나 교수나, 상대방이 자기 말을 거스르기 어려운 환경에 오래 머물면, 자기가 옳은 말만 한다고 믿는 꼰대가 된다. 내가 항상 옳다는 확신을 장착한 꼰대 중에서는 스스로의 영토를 넓은 시공간으로 무한 확장하는 이도 등장한다. 자기는 언제나 어디서나 그리고 어느 영역에서나 항상 옳다고 믿는 꼰대 대마왕. 아무도 부탁하지 않았는데 스스로 사회 모든 분야의 해결사를 자임한다.

물리학에 두 양 사이에 얼마나 강한 상관관계가 있는지 측정하는 방법이 있다. 상관함수(correlation function)라 불린다. 시간과 공간의 좌표축상에서 두 위치 사이의 간격이 점점 멀어질 때, 어떻게 상관함수가 줄어드는지 측정해보면, 시간 t와 거리 x가 늘어나면서 상관함수는 지수함수의 꼴을 따라 0으로 접근하는 경우가 많다. 주식시장에서 거래되는 주식의 가격 오르내림의 상관함수를 시간의 함수로 측정하면 몇 분만 지나도 급격히 0으로 줄어든다. 선거 때 우리 동네에서 사람들이 지지하는 정당은 바로 옆 동네 사람들이 지지하는 정당과 같을 때가 많다. 하지만, 우리 동네에서 10킬로미터, 20킬로미터, 50킬로미터, 100킬로미터 점점 거리가 멀어지면 멀리 떨어진 도시에서 사람들이 지지하는 정당은 다를 수 있다. 점점 거리가 멀어지면 멀어질수록 두 지역의 특정 정당 득표율의 상관관계는 점점 줄어든다. 각 지역의 정당 득표율의 상관함수를 재본 적이 있다. 한국 선거에서 후보 득표율은 두 지역 사이가 100킬로미터 정도 되면 거리 상관함수가 거의 0으로 줄어든다.

꼰대란 무엇인지도 물리학의 상관함수로 생각해볼 수 있다. 판단 기준이 형성된 시간과 공간상의 위치를 원점 (0,0)으로 정의하자. 시공간 위치가 원점으로부터 (t,x)로 떨어진 지금 이곳의 상황을 (0,0)에서 형성된 기준으로 판단하려 하는 것이 꼰대다. 원점과 (t,x)사이의 거리가 멀수록 상관관계가 줄어든다. 엉뚱하게 판단하면서도 스스로 옳다고 믿는 중증 꼰대가 된다.

시간 꼰대와 공간 꼰대

꼰대 중에는 같은 분야 안에서 오래전 형성된 가치관과 판단 기준을 현재의 상황에 적용하는 시간 꼰대도 있고, 한 분야에서 가진 자신의 전문성을 다른 분야에 적용하는 공간 꼰대도 있다. 시간 꼰대는 요즘 우리가 자주 이야기하는 "나 때는 말이야(Latte is horse)"의 이른바 라떼 꼰대다. 수십 년 전 학력고사의 경험으로 지금의 학생부종합전형 수시입시제도를 비판하거나, 오래전 고도성장기의 대학생 시절 경험을 가지고 7급 공무원을 준비하는 요즘 대학생은 꿈이 없다고 비판하는 식이다.

시간 꼰대는 주변에서 훨씬 흔히 만날 수 있지만, 사실 더 위험한 것은 분야를 넘나드는 공간 꼰대다. 이들은 본인의 전문지식 범위를 한참 넘어선 영역에서도 스스로 전문가라고 믿는다. 공학으로 박사학위를 받았다고 건강전문가가 아니고, 물리학교수라고 진화론전문가가 아니다. 이들 공간 꼰대는 자신의 전문분야를 넘어서도 자기가 옳은 말을 한다고 믿는다. 유사과학을 이야기하는 사람 중에서 특히 교수가 자주 눈에 띄는 이유는 분명하다. 교수들은 하나같이 꼰대라 그렇다.

꼰대 대마왕은 시공간의 모든 좌표축을 아우르는 진정한 꼰대다. 한참 전 과거라서 t가 아주 크고, 완전히 동떨어진 분야라 x도 아주 커서, 상관관계가 이미 0인데도 불구하고 자기가 옳다고 믿는 꼰대다. 스스로 전문가임을 주장하는 사람의 이야기를 들을 때는 먼저 그 사람의 발언 속에 숨어 있는 t와 x를 유심히 가늠해보아야 한다. 1980년대 미국에서 공학을 공부하며 접했던 좁은 한인 사회에서의 경험으로 현재의 한국 사회를 판단하는 사람을 보면 "그건 그때 거기 이야기죠"라고 하자.

현재 주어진 어떤 영역의 문제를 생각하려면 우리는 어쩔 수 없이 평가와 비교의 대상이 필요하다. 시간과 공간의 스케일이 다를 수는 있지만, 모든 이가 정도의 차이만 있을 뿐이다. 명심하시라. 결국 우리 모두는 어쩔 수 없는 꼰대다. 끊임없이 미래를 향해 움직이는 현재를, 바로 지금 새롭게 형성한 가치관으로 판단할 수 있는 사람은 아무도 없다. 그래도 중증 꼰대가 되는 것만큼은 피할 수 있다. 과거, 저곳의 기준과 현재, 이곳 사이의 상관관계를 늘리기 위해 끊임없이 노력할 일이다. 시간이 지나 세상이 변하면 내 생각의 기준 시점을 시간축을 따라 옮기고, 널리 읽고 두루 만나서 판단 기준이 정의되는 공간을 넓히려는 노력이 필요하다. 어느 날 세상에서 벌어지는 일을 전혀 이해하지 못하거나, 나처럼 생각하는 사람들이 소수뿐인 것을 알게 되면, 그때는 스스로 판단을 멈출 일이다. "내 생각이 맞는 것 같은데, 왜 요즘 젊은 사람들은 나와 다를까?"라고 생각한 적이 많은가? 맞다. 세상이 아니라 당신이 문제다. 당신이 꼰대다.

○○○ ———

상관함수 둘 사이의 관계를 재는 함수가 상관함수다. 시간 t의 간격으로 어떤 양을 측정하고 둘 사이의 상관관계를 잰 것이 자기상관함수라고도 부르는 시간 상관함수이고, 거리 x의 간격으로 어떤 양을 측정하고 둘 사이의 상관관계를 잰 것이 거리 상관함수다.

까마귀 날자 배 떨어지듯이, 혹은 내가 왼손으로는 첫 번째 주사위를 던지고 오른손으로는 두 번째 주사위를 던지듯이, 둘 사이에 아무런 상관관계가 없는 사건의 경우에 두 사건이 함께 일어날 확률은 각각의 사건이 일어날 확률을 곱한 것과 같다. 상관함수의 정의도 이와 비슷해서 어떤 측정량 $A(t)$의 시간 상관함수는 평균을 뜻하는 꺽쇠 괄호 $\langle\ \rangle$를 써서 $C(t) = \langle A(t) \cdot A(0) \rangle - \langle A(t) \rangle \cdot \langle A(0) \rangle$로 정의한다.

두 사건 사이의 시간 t가 아주 큰 경우에는 둘은 서로 독립적이 되어서 둘을 곱해서 평균한 것이 각각의 평균을 곱한 것과 같아지고, 따라서 시간 상관함수 $C(t)$는 t가 점점 늘어날 때 0을 향해 줄어들게 된다. 어떤 측정량 $A(x)$의 거리 상관함수는 $C(x) = \langle A(x) \cdot A(0) \rangle - \langle A(x) \rangle \cdot \langle A(0) \rangle$로 정의할 수 있고, $C(x)$은 x가 점점 늘어날 때 0을 향해 줄어든다.

앞의 이야기를 일반화해서 거리와 시간에 대한 상관함수를 어떤 측정량 $A(x,t)$에 대해 정의하면, $C(x,t) = \langle A(x,t) \cdot A(0,0) \rangle - \langle A(x,t) \rangle \cdot \langle A(0,0) \rangle$로 적을 수 있다. 이 상관함수는 시공간 좌표 (x,t)와 원점 $(0,0)$ 사이에 얼마나 강한 상관관계가 있는지를 표현한다.

좋은 리더란 어떤 것일까

: 계층구조의 효율성에 관한 리더십 연구

살다 보면 놀라운 사람을 만날 때가 가끔 있다. 능력이 정말 뛰어나 어떤 일도 척척 해내는 사람을 보면 무척 부럽고, 처음 만난 사람과도 아무런 거리낌 없이 잘 어울릴 수 있는 붙임성 좋은 사람을 보아도 부럽다. 하지만 부럽다고 내가 꼭 그 사람을 본받고 싶은 것은 또 아니다. 한 조직을 이끄는 리더로는 많은 이가 부러워하는 사람이 아니라 다들 본받고 싶은 사람이 더 낫다. 뛰어난 사람보다는 잠깐 이야기만 나누어도 마음이 따뜻해지는 사람, 말하기보다 듣는 것을 잘하는 사람이 나는 참 좋다. 더 좋은 리더십은 앞에서 내 손을 꼭 잡고 나를 힘 있게 끌어주는 역할이 아니라, 앞에서 묵묵히 걸어가는 모습일지 모른다. 내 등 뒤에서 나를 밀어주는 보이지 않는 리더보다는, 믿음이 가는 뒷모습으로 뒤따르는 이들이 앞으로 걸어갈 방향을 묵묵히 보여주는 본받고 싶은 리더가 더 낫다.

이전에 리더십에 대한 연구로도 읽힐 수 있는 논문을 물리학 학술지에 출판한 적이 있다. 연구 동기는 무척 단순했다. 당시 출판된 한 논문에서 완벽한 계층구조를 따라 위 계층에서 아래 계층을 향해 한쪽 방향으로만 정보가 흐르는 구조가 가진 장점을 밝혔다. 이런 한 방향 계층구조에서는 모든 구성원이 짧은 시간 안에 하나의 일치된 의견으로 합의하게 된다는 결과가 실린 논문이었다. 논문에서 다룬 계층구조를 보면서 초등학교 시절 기억이 떠올랐다.

매번 방학이 코앞에 닥치면 담임선생님이 '비상연락망'이라는 것을 만들어서 학생들에게 알려주었다. 선생님이 반 친구 모두에게 전달할 급한 소식이 있을 때, 누가 누구누구에게 연락하라는 정보 전달의 연결망을 구성한 것이 비상연락망이다. 담임선생님이 처음의 한 친구에게 소식을 전하면 이제 비상연락망 작동이 시작된다. 이 친구는 자기가 연락하는 것으로 이미 비상연락망에 배정되어 있던 두 친구에게 소식을 알리고, 이렇게 소식을 들은 두 친구는 또 각자 자기가 연락해야 하는 두 친구에게 소식을 전하는 방식이다.

담임선생님께 소식을 직접 들은 친구는 한 명이지만, 이 친구가 소식을 전달한 친구는 두 명이 되고, 이 두 명 각각은 또 각자 두 명의 친구에게 소식을 전하게 된다. 단계가 늘어나면 소식을 들은 학생의 전체 숫자는, 1, 1+2, 1+2+4, 1+2+4+8,……의 방식으로 빠르게 늘어난다. 간단히 그 결과를 수학의 등비급수로 계산해볼 수 있다. M번의 단계를 거친 후 소식을 전달받은 학생의 전체 숫자는 2^M-1명이 된다. 각자가 딱 두 명에게만 소식을 전해도, 100만 명에 이르는 사람들이 딱 20단계면 모두 다 소식을 듣게 된다. 위의 계층에서 아래의 계층으로만 정보가 전달되는 완벽한 계층구조가 가진 놀라운 효율성이다.

당시 계층구조의 효율성을 다룬 이 논문을 읽고는 의심이 들었다. 계층구조의 최상층에 있는 사람이 가진 소식이 의미 있고 중요한 정보라면 모를까, 만약 잘못된 정보라면 어떨까? 계층구조는 그 속성상 다른 사람들의 의견을 반영해서 자신의 의견을 바로잡는 것이 불가능한 구조다. 앞의 비상연락망의 예에서도 선생님이 알린 소식을 첫 번째 친구가 엉뚱하게 오해해 다른 친구에게 전달하면, 한 반의 학생 전체에게 빠른 속도로 엉뚱한 소식이 전달된다. 만약 집단 안에서 활발한 토론을 거쳐 두 의견 중 더 나은 의견으로 모두가 합의해야 하는 상황이라면, 우리가 꼭 피해야 하는 구조가 바로 상명하복의 계층구조다.

바로 이 문제에 착안해서 연구를 진행했다. 계층구조의 문제를 극복하기 위해서 계층을 넘나드는 의사소통의 채널을 연결망에 추가하면서, 의사소통 채널이 점점 늘어날 때 전체 조직이 두 의견 중 더 나은 의견으로 과연 합의할 수 있는지를 살펴보았다. 조직의 최상층이 가진 엉뚱한 의견을 사람들이 활발한 의사소통으로 극복할 수 있는지 살펴보기 위해 최상층에 있는 바로 그 1인은 아무리 의사소통 채널이 늘어나도 자신의 의견을 고집하도록 했다. 간단한 모형을 이용한 연구였지만, 상당히 흥미로운 결과를 얻을 수 있었다. 계층을 넘나드는 의사소통 채널이 충분히 늘어나면, 사람들 다수가 최상층의 의견과 다른 더 나은 의견으로 합의할 수 있음을 볼 수 있었다. 조직의 리더가 엉뚱한 생각을 하더라도, 사람들 사이의 활발한 의사소통으로 조직 전체가 더 나은 의견에 합의할 수 있다는 의미다. 흥미로운 결과는 더 있었다. 이렇게 활발한 의사소통을 하는 조직은 더 나은 결정을 할 수 있지만, 최종 결정에 이르기까지의 시간은 무척 오래 걸린다는 점도 알 수 있었다.

연구를 진행하면서, 조직의 리더로서 어떤 사람이 더 나을지에 대한 생각도 하게 되었다. 먼저 다른 이의 목소리에 귀를 기울이고, 자신의 생각과 비교해서 얼마든지 자신의 생각을 바꿀 수 있는 리더가 좋다. 하루에도 여러 번 의견을 이리저리 조변석개(朝變夕改)로 바꾸는 리더가 더 바람직하다는 뜻이 아니다. 자신의 의견을 정할 때, 다른 사람의 목소리에도 귀를 기울이는 귀가 얇은 리더, 여럿의 의견을 참고해서 합리적으로 결정한 본인의 의견은 소신껏 다른 이들에게 확신을 가지고 전달하는 믿음직한 리더가 바람직하다. 더 나은 의견을 들으면 자신의 고집을 얼마든지 버릴 수 있는 경청하는 리더십, 다른 사람들 사이의 활발한 의사소통을 허락하는 리더십이 조직을 성공으로 이끈다.

3부

모든 변화는 상전이처럼 온다

: 보이지 않는 힘들의 세계

자석

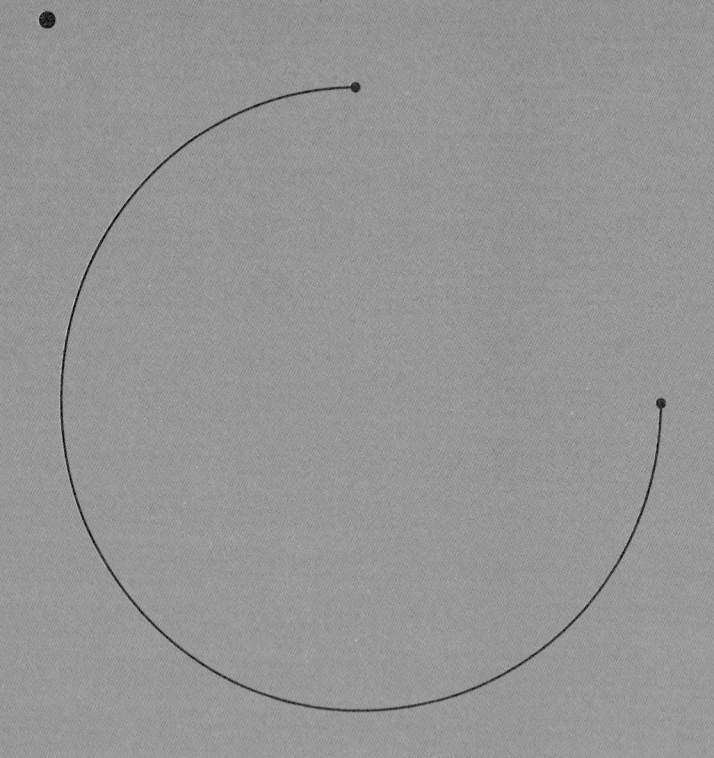

동쪽 스핀 마을 사람들에게는 서쪽 자기장이,
서쪽 스핀 마을 사람들에게는 동쪽 자기장이 필요하다.

스핀이 한곳을 바라볼 때의 위력

초등학교 때 막대자석을 가지고 놀던 기억이 난다. 긴 막대자석의 절반은 빨간색, 다른 절반은 파란색이 칠해져 있는데, 막대자석 둘을 가까이 하면 같은 색깔은 서로 밀치고, 다른 색깔은 서로 잡아당기는 것이 재미있었다. 둘 사이에 아무것도 없는데 빈 공간을 가로질러 힘이 작용하는 것도 신기했다. 문구점에서 산 나침반을 손바닥 위에 놓고 손바닥이 가리키는 방향을 이리저리 바꾸어도, 나침반의 납작한 금속 바늘은 항상 같은 남북 방향을 가리켰다. 나침반 바늘도 작은 자석이다.

자석은 왜 자석이 되는 것일까? 초등학교 때의 다른 과학실험도 생각난다. 쇠못 둘레를 전선으로 여러 번 감고 건전지에 연결하면 쇠못이 자석이 된다. 종이 클립과 같은 금속을 가까이 대면, 이 전류가 흐르는 전선이 감긴 쇠못이 자석처럼 금속을 끌어당기는 것을 볼 수 있었다. 건전지를 연결하지 않아도 자석인 막대자석과는 분명히 달라 보인다. 전선을 빙빙 감고 전류를 흘리면 왜 자석이 되는 것일까?

막대자석과 전자석의 원리

전류가 흐르지 않아도 자성을 유지하는 막대자석과 전류가 흐를 때 자석이 되는 전자석은 자석이 되는 이유가 다르다. 먼저 막대자석과 같은 영구자석이 자성을 가지는 이유를 생각해보자. 우주의 모든 만물은 원자로 만들어지므로 막대자석 안에도 수많은 원자가 있다. 원자는 스핀(spin)이라는 양자역학적 속성을 가지는데, 0이 아닌 스핀을 가진 원자는 마치 엄청나게 작은 막대자석처럼 주변에 자기장을 만들어낸다. 막대자석 안 원자들의 스핀이 하나같이 같은 방향을 가리킬 때가 전체 에너지가 가장 낮은 바닥상태다. 이때 같은 방향을 가리키는 많은 스핀이 만들어낸 자기장이 모두 더해지면, 막대자석 전체가 커다란 자성을 가진 자석이 된다. 막대자석이 자석인 이유는 원자의 양자역학적인 특성인 스핀 덕분이다. 더 낮은 에너지상태에 있기를 선호해서 한 방향으로 정렬한 여러 원자의 스핀이 막대자석을 자석으로 만든다.

전류가 흘러 자석이 되는 전자석은 다르다. 전류가 흐르는 곧은 직선 모양의 도선을 떠올려보자. 오른손 엄지손가락을 전류가 흐르는 방향으로 뻗고, 나머지 네 손가락을 자연스럽게 오므리면, 네 손가락이 둥글게 감은 방향이 도선 둘레에 만들어지는 자기장의 방향이다. 따라서 직선인 도선 둘레에는 원 모양으로 둥근 자기장이 만들어진다. 만약 도선이 원 모양이라면 어떨까? 원도 결국은 아주 짧고 곧은 선분 여럿을 조금씩 각도를 바꾸며 이어 붙여서 만들 수 있으므로, 이 짧은 직선 모양의 도선들이 만들어낸 자기장을 모두 더하면 원 모양 도선 전체가 만들어내는 자기장이 된다.

앞에서 설명한 오른손법칙을 원 모양으로 늘어선 조금씩 방향이 바뀌는 짧은 직선 도선 여럿에 연이어 적용해보자. 원 모양 도선의 한가운데인 원의 중심 부근에서는, 원을 이루는 짧은 직선 도선 여럿이 만들어내는 자기장이 모두 더해져, 원이 놓인 평면에 수직인 방향의 자기장이 만들어진다는 것을 쉽게 알 수 있다. 오른손으로 원형 도선이 만들어내는 자기장의 방향을 쉽게 알아내는 다른 방법이 있다. 엄지를 뺀 오른손의 네 손가락을 동그랗게 원 모양으로 오므려 원형 도선의 전류 방향으로 했을 때, 엄지손가락이 향하는 방향이 바로 원형 도선이 만들어내는 자기장의 방향이다. 원기둥의 둥근 면을 도선으로 여러 번 촘촘히 감으면, 마치 원형 도선 여럿이 같은 방향으로 원기둥을 따라 나란히 늘어서 있는 셈이므로, 원기둥의 중심 부분에서 자기장이 계속 더해져 커진다. 바로 전자석이다. 전자석이 자석인 이유는 전류가 만들어내는 자기장에 있다.

도선을 여러 번 둥글게 감고 전류를 흘리면 도선이 만들어내는 원기둥의 안쪽에 어떤 물질도 없어도 전자석이 된다. 하지만 도선이 만들어내는 원기둥의 중심축을 따라 그 안쪽에 길이 방향으로 특정 물질을 넣으면 전체의 자성을 훨씬 더 크게 할 수 있다. 초등학교 과학실험에서 쇠못을 가운데 두고 도선을 감는 이유다.

쇠못을 구성하는 철은 특별한 성질이 있다. 앞에서 설명한 것처럼 철을 이루는 원자들의 스핀은 가능한 같은 방향을 가리키려 한다. 전체 철 덩어리의 왼쪽 절반의 스핀들은 모두 북쪽을 가리키고, 오른쪽 절반의 스핀들은 모두 남쪽을 가리키는 상황을 생각해보자. 북쪽을 가리키는 스핀이 남쪽을 가리키는 스핀에 영향을 주어서 함께 북쪽을 향하도록 유도하는 것은 쉬운 일이 아니다. 경계면에 딱 붙어 있는 오른쪽의 남쪽 스핀이 바로 왼쪽 옆의 북쪽 스핀을 따라서 북쪽으로 방향을 바꾸고자 하면, 바로 옆에 나란히 있는 남쪽 스핀 친구가 싫어한다. 이 경우에 서로 상대가 스핀 방향을 바꾸도록 하는 것은 쉽지 않아서 왼쪽, 오른쪽의 반반으로 나뉘어 남쪽과 북쪽을 각각 가리키는 상황이 고착되기 십상이다.

전체의 한 부분 안에서 스핀들이 한쪽 방향으로 정렬해 있으면 이런 곳을 자기구역(magnetic domain)이라 부른다. 외부의 자기장이 없다면 보통의 쇠못 안에는 이런 자기구역들이 여럿 있다. 각 구역 내부의 스핀들은 같은 방향을 가리키지만, 그 방향은 구역마다 제각각 달라 전체 쇠못은 자성을 갖지 못한다. 하지만 쇠못을 여러 번 도선으로 감고 전류를 흘리면, 원 모양으로 감긴 도선의 중심축을 따라 만들어진 자기장의 영향으로 쇠못 안 여러 구역의 스핀들이 자기장의 방향으로 정렬하려는 경향이 생긴다. 스핀은 자기장의 방향과 같은 방향을 가리킬 때 에너지가 더 낮기 때문이다. 결국 빙빙 여러 번 감은 도선에 흐르는 전류가 만든 자기장은 쇠못에 있는 여러 자기구역 안의 스핀들을 같은 방향으로 정렬하도록 한다. 이때 전체의 자기장은 훨씬 더 커질 수 있다. 전류가 만들어낸 자기장보다, 쇠못 안 여러 자기구역의 스핀들이 하나같이 한 방향을 가리켜 만들어내는 자기장이 더 클 수도 있기 때문이다.

지금 우리의 스핀은 어디를 향하고 있는가

외부 자기장이 내부의 구역을 하나로 통일해 여러 원자의 스핀이 한 방향을 향하도록 하는 현상을 보면서 세상 속 우리의 모습을 떠올린다. 한국 국민은 평상시에는 왁자지껄 여러 의견으로 복잡하게 나뉘어 있지만, 나라 전체가 위기에 빠지면 한마음으로 어려움을 극복하는, 국난극복을 자신의 일로 여기는 멋진 모습을 여러 번 보여주었다. 사람들의 마음을 하나로 모으는 외부로부터의 위기가 외부 자기장에 해당한다고 할 수도 있겠다. 전류가 만들어낸 자기장보다 여러 자기구역의 스핀들이 하나로 정렬해 만들어내는 자기장이 더 클 수 있는 것처럼, 바깥의 작은 계기가 촉발한 변화는 일파만파 확산되고 증폭되어 한국 사회를 크게 바꾸기도 했다.

물리학의 스핀이야 뒤죽박죽 아무 방향이나 가리켜도 전체 자기장이 줄어드는 것 말고 딱히 나쁠 것도 없지만, 사람들의 의견이 뒤죽박죽으로 나뉘어 그 자리에 고착되면 우리 사회는 어떤 것도 할 수 없다. 내가 길러낸 쌀로 누군가는 밥을 짓고, 다른 이가 기른 배추로 누군가가 김치를 담을 수 있어야 우리 모두 맛있는 김치찌개를 집에서 만들어 먹을 수 있는 것처럼 말이다. 사회 속의 스핀으로 비유할 수 있는 우리 각자는 다른 이와 서로 협력하고 조율해 각자의 방향을 바꿔 함께 협응해 세상 속 많은 일을 가능케 한다.

우리 각자의 외부 자기장으로 요즘 눈에 띄는 다른 것이 있다. 바로 페이스북이나 유튜브 같은 새로운 매체다. 동쪽을 향하는 스핀은 동쪽을 향하는 외부 자기장 안에 있을 때 에너지가 낮아서 상황이 더 만족스러운 것처럼, 사람들은 자신의 정치적, 사회적, 문화적 성향과 같은 매체를 더 자주 접촉하는 당연한 성향이 있다. 결국 동쪽 스핀은 동쪽 자기장을 찾아 나서고, 그렇게 스핀이 편히 안주한 동쪽 자기장은 동쪽을 향하려는 스핀의 경향을 더 강화한다. 또 동쪽을 향한 스핀은 자기 주변에도 동쪽을 향하는 스핀이 많을 때 에너지가 더 낮다. 마치 주변에 같은 성향을 가진 사람들이 많을수록 서로 더 편한 마음이 되듯이 말이다. 점점 시간이 지나면 자기장이 동쪽인 마을에 행복하게 끼리끼리 모여 사는 동쪽 스핀들은 헤어진 지 오래된 서쪽 스핀의 존재를 잊게 된다.

동쪽, 서쪽 스핀 마을로 양극화된 세상에서 각자는 넓은 세상을 잊고 자기 마을에서 행복하게 살아갈 수는 있지만, 이처럼 단절되고 고립된 세상은 모두에게 결코 바람직하지 않다. 동쪽 스핀 마을 사람들에게는 서쪽 자기장이, 서쪽 스핀 마을 사람들에게는 동쪽 자기장이 필요하다. 불편할 수는 있어도 우물 안 개구리에서 벗어날 수 있는 건강한 자극이다. 두 마을의 빈번하고 활발한 접촉도 꼭 필요하다. 어느 날 불현듯 주변을 둘러보니, 하나같이 자신과 같은 동쪽 스핀만 보이는 동쪽 스핀 마을 사람들은 잊지 마시길. 강 건너 서쪽 스핀 마을 사람들은 당신의 동쪽 스핀을 이해하지 못한다는 것을.

○○○ ———

자기장 인류의 역사에서 자기현상은 아주 오래전부터 알려졌다. 자석을 영어로는 마그넷(magnet)이라고 하는데, 철을 끌어당기는 자철광이 다량으로 산출된 마그네시아(Magnesia) 지방의 이름이 그 어원이다.

자석이 주변 공간에 만들어내는 자기장을 눈으로 직접 확인하려면 자석 주위에 작은 철가루들을 잔뜩 뿌리면 된다. 철가루 하나는 자신이 있는 위치의 자기장의 방향을 따라 정렬할 때 에너지가 더 낮아서, 많은 철가루가 늘어서 있는 방향을 연결하면 자석 주위의 자기장의 방향을 직접 확인할 수 있다.

마찬가지로 지구 자기장의 방향으로 작은 바늘 모양의 자석이 방향을 정렬하는 것을 이용하는 것이 나침반이다. 현재 지구 자기장의 북극(이를 자기북극이라 한다)은 지구 자전축의 방향을 기준으로 한 실제 북극의 위치와 크게 다르지 않아서 우리는 나침반을 이용해 정북 방향을 그리 크지 않은 오차로 알아낼 수 있다.

떨림

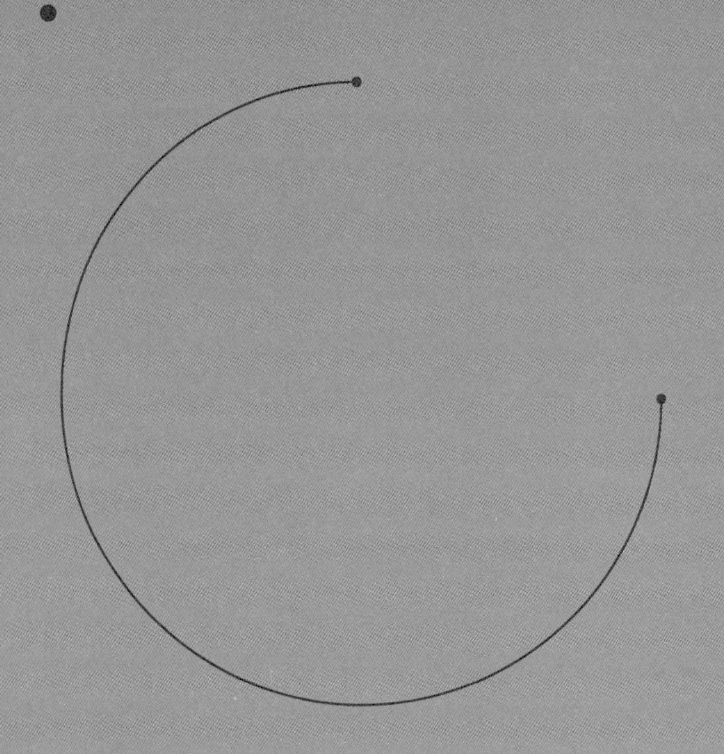

크게 떨 때 민감하고, 둔감하면 떨림도 없다.

변화의 순간을 알리는 격렬한 신호

상전이가 불러온 무한한 떨림

김상욱의 『떨림과 울림』, 윤태웅의 『떨리는 게 정상이다』, 존경하는 두 저자가 낸 멋진 책이다. 둘 다 제목에 '떨림'이 등장한다. 어쩔 수 없는 물리학자인 나는 김상욱의 '떨림'은 물리학의 진동(振動), 윤태웅의 '떨림'은 물리학의 요동(搖動)으로 읽었다(이유가 궁금하면 두 책을 꼭 읽어보라. 둘 다 좋은 책이다. 적극 추천한다). 살면서 우리는 자주 떤다. 추운 날에는 몸도 떨고 이도 떤다. 어렵게 통과한 서류 심사 후, 취업 면접을 앞둔 대기실의 떨림도 있다. 사랑하는 이가 오기를 이제나저제나 기다릴 때의 설렘도 떨림이다. 큰 변화의 와중에는 사회도 떤다. 사람들이 들썩들썩 가만있지 못한다. 통계물리학에서도 '떨림'은 무척 중요하다. 특히 큰 변화가 일어나고 있을 때 그렇다.

온도가 높이 오르면 막대자석의 자성이 없어진다. 얼음은 녹아 물이 되고, 물은 끓어 수증기가 된다. 물질의 거시적인 상태가 급격히 변하는 것이 통계물리학의 상전이다. 액체인 물속의 물분자나, 기체인 수증기 속의 물분자나 하나같이 똑같은 물분자다. 비록 우리가 스냅사진을 찍어볼 수 있다 해도, 독사진만으로는 사진 속 물분자가 물속인지, 수증기 속인지 누구도 알 수 없다. 다른 여러 친구 물분자가 함께한 단체 사진을 찍어봐야 안다. 물인지 수증기인지는 물분자 하나의 문제가 아니기 때문이다. 많은 물분자가 서로서로 맺은 관계가 만드는 거시적인 구성(혹은 짜임)에 대한 이야기다.

우리 사회도 마찬가지다. 나는 여전히 어제와 다름없는 나인데, 어느 날 아침 다른 세상에서 눈을 뜬 격변의 경험이 한국현대사에 여러 번 있었다. 역사가 도도히 흐르는 큰 강물이라면, 우리 한 사람은 강물에 몸을 맡겨 떠내려가는 나뭇잎이 아니다. 연약하기로는 나뭇잎과 다를 것이 하나 없어도, 큰 강물을 이루는 작은 물방울이 바로 우리다. 하나하나는 보잘것없이 작아도, 모여서 함께 큰 강물로 흘러 세상을 바꾼다. 우리가 역사다.

막대자석도 마찬가지다. 큰 자석 안에는 '스핀'이라 부르는 엄청나게 많은 작은 원자자석이 들어 있다. 원자자석 하나는 강물의 물방울을 닮았다. 모든 물방울이 같은 방향으로 함께 움직여 강물의 큰 흐름을 만들듯, 작은 원자자석들이 각자의 자리에서 하나같이 똑같은 방향으로 팔을 뻗어 앞으로나란히를 하면, 큰 자석 전체가 강한 자성을 갖게 된다. 한편 작은 원자자석들이 제각각 다른 방향을 뒤죽박죽 가리키면 막대자석은 거시적인 크기의 자성을 갖지 못한다. 낮은 온도에서 시작해 온도가 점점 오르면, 낮은 온도에서는 컸던 막대자석의 자성이, 특정한 임계온도에서 사라져 0이 되는 상전이가 일어난다. 이때 관찰되는 흥미로운 임계현상이 많다. 그중 하나가 바로 '떨림'의 크기가 무한대로 발산한다는 것이다. 상전이가 일어날 때, 자성은 하나의 값으로 딱 정해지지 않는다. 시간에 따라 큰 폭으로 격렬하게 요동한다. 격변의 상전이를 겪을 때 사회도 이처럼 몸살을 앓는다. 엄청난 떨림을 겪는다. 물리나 사회나 커다란 변화는 엄청난 떨림과 함께한다.

요동-흩어지기 정리

"잎새에 이는 바람에도 나는 괴로워했다." 누구나 아는 윤동주의 「서시」의 문장이다. 시인은 이처럼 외부의 작은 변화에도 민감하게 반응해 가슴으로 삶을 앓는다. 우리가 시인들을 탄광의 민감한 카나리아에 비유하는 것도 같은 이유다. 통계물리학에서도 민감도를 이야기한다[물리학용어는 감수율(susceptibility)이지만 쉽게 바꾸어 불러보았다]. 민감도는 외부의 작은 자극에 얼마나 크게 반응하는지를 잰다. 막대자석의 경우라면 외부에서 작은 자기장을 걸어주었을 때, 막대자석의 자성이 얼마나 변하는지를 재서 자성의 변화량을 자기장의 세기로 나누면 그 값이 민감도다. 약간의 자기장으로도 자성이 크게 변하면 민감도가 크다. 이렇게 정의하고 「서

시」의 문장으로 시인의 민감도를 측정하면 그 값은 어마어마하게 크다. 시인의 가슴속 큰 괴로움을 잎새에 이는 약한 바람의 세기로 나누었으니, 그 값이 아주 클 수밖에.

한편 통계물리학에는 요동-흩어지기정리(fluctuation-dissipation theorem)라는 것이 있다. 막대자석의 자성이 얼마나 크게 요동하고 있는지, 즉 '떨림'의 정도를 자성값(M)의 분산(제곱의 평균에서 평균의 제곱을 뺀 값 즉, $\langle M^2 \rangle - \langle M \rangle^2$)을 이용해 정량적으로 잴 수 있다. 또 외부에서 걸어주는 자기장의 변화량(ΔH)에 따라 자석의 자성이 얼마나 변하는지(ΔM)를 구해 그 비($\Delta M/\Delta H$)를 재면, 이 값이 바로 민감도다. 요동-흩어지기정리는 바로 떨림의 크기가 민감도에 비례한다는 통계물리학의 아름다운 이론이다. 지금 내가 사용한 용어로 바꾸면 '떨림-민감정리'라 할 수도 있겠다. 크게 떨 때 민감하고, 둔감하면 떨림도 없다.

『떨리는 게 정상이야』에 유명한 지남철 이야기가 있다. 떨지 않아서 한 방향만 꼼짝 않고 가리키는 지남철로는 북쪽이 어디인지 알 수 없다. 지남철이 떨고 있을 때만, 우리는 지남철이 향하는 방향이 북쪽이라고 신뢰할 수 있다. 통계물리학도 마찬가지 이야기를 한다. 크게 떨고 있을 때에만 민감하게 반응할 수 있다. 함께 사는 우리 사회에서, 떨리는 것이 정상이니 민감해야 정상이다.

상전이가 일어날 때, 자석의 자성은 큰 떨림을 보여준다. 떨림의 크기가 무한대로 발산한다. 앞에서 소개한 '떨림-민감정리'를 이용하면 민감도가 떨림의 크기에 비례하므로 상전이가 일어날 때 민감도도 함께 무한대로 발산한다는 것을 알 수 있다. 큰 변화가 진행되는 상전이의 격변기에 떨림의 크기와 민감도는 함께 무한대가 된다. 우연히 발견된 작은 태블릿 하나가 민감한 불씨가 되어, 큰 분노의 떨림을 만들어 결국 세상을 바꾸었다. 혼자서 따로 떨었던 것이 아니었다. 연결된 여럿의 민감한 떨림이 강물로 모여 역사의 흐름을 바꾸었다.

○○○ ———

감수율 감수율(感受率)의 한자 풀이는 '받아들여 느끼는 비율'이라고 할 수 있다. 한자의 뜻처럼 물리학에서 감수율은 외부에서 무언가를 변화시킬 때 물질의 내부상태가 그 영향을 받아 얼마나 큰 폭으로 변하는지를 기술한다. 외부에서 자기장을 변화시키면 자성체의 자성이 변하는데, 자성의 변화량을 자기장의 변화량으로 나눈 것이 자기감수율(magnetic susceptibility)이다. 자기감수율이 큰 물질은 외부의 자기장을 아주 조금 변화시켜도 물질의 자성이 크게 변하는 물질이다. 통계물리학의 요동-흩어지기정리는 물질의 감수율이 물질 내 요동의 크기에 비례한다는, 여러 상황에서 성립하는 아름다운 정리다. 자성체의 경우 요동-흩어지기정리는 자기감수율이 자성의 요동 크기에 비례한다는 것을 뜻한다. 즉, 물질의 자성이 시간에 따라 크게 요동치는 경우에 물질의 자기감수율이 크다. 상전이가 일어나고 있을 때 자성의 요동 크기가 무한대로 발산하고, 따라서 자기감수율도 무한대가 된다. 상전이가 일어나고 있는 물질은 아주 약간의 외부 자기장의 변화로도 자성이 아주 큰 폭으로 변할 수 있다.

빨간 약, 그리고 내 마음속 가시

: 영화 〈매트릭스〉

SF영화를 보고 함께 이야기를 나누는 모임을 가진 적이 있다. 내가 좋아하는 영화를 주로 골랐는데, 그중 하나가 바로 〈매트릭스〉였다. 영화가 개봉한 1999년 당시 난 외국에 있었다. 영어 스트레스가 심할 때였다. 영어 공부도 할 겸 자막을 껐다 켰다 하며 여러 번 정말 재미있게 본 영화다. 입으로 꼭꼭 씹어 한 글자 한 글자 내뱉는 듯한 스미스 요원의 말투가 지금도 귓가에 생생하다.

〈매트릭스〉는 잘 만들어져 상업적으로도 크게 성공한 대박 영화지만, 그 내용에도 여러 생각할 거리가 많다. 요즘 큰 관심을 끌고 있는 '메타버스'의 개념이 극단적인 수준으로 담긴 영화라고도 할 수 있다. 메타버스에 사는 사람들이 자신이 메타버스에 있다는 것 자체를 깨닫지 못하는, 장자의 나비 꿈이 떠오르는 상황이 바로 영화에 그려진 세상의 모습이다. 주인공 네오의 매트릭스 안 이름은 토마스(Thomas) 앤더슨이다. 예수의 부활을 의심하는 도마(Thomas)처럼 스스로에 대한 확신이 없던 네오는 영화 후반 스미스 요원과의 싸움 중 자신의 이름이 토마스 앤더슨이 아니라 '네오'라고 외친다. 네오(Neo)의 영어 철자 순서를 바꾸면 'One'이 된다. 자신이 세상을 구원할 구원자 '바로 그(the one)'임을 깨닫는 순간이다. 'Neo'에는 새롭다는 뜻도 담겨 있다. 매트릭스에서 처음 인간을 해방한 구원자 다음에 재림할 새로운 구원자라는 의미로 읽힌다. 이 영화에는 이처럼 기독교적 비유가 많다. 악마 루시퍼(Lucifer) 철자의 뒷부분을 딴 사이퍼(Cypher)는 모피우스와 네오를 배신한다. 예수를 배신한 성경의 유다에 명확히 대응한다.

기독교적 비유가 많지만, 데카르트와 플라톤(Platon)의 철학, 실존주의, 그리고 심지어는 불교의 색즉시공(色卽是空)을 떠올릴 수 있는 내용도 차고 넘친다. 네오가 찾아간 오라클은 미래를 알려주는 델포이 신전의 무녀에 대응하고, 오라클의 부엌 벽에 걸린 라틴어 글귀 "너 자신을 알라(Temet Nosce)"를 보면 아폴론의 신탁에 고민하는 소크라테스가 떠오른다. 현실에서 눈뜬 네오가 눈에 통증을 느끼는 이유는 눈을 그전에는 단 한 번도 쓰지 않았기 때문이다. 플라톤의 동굴의 우화 속 수인처럼 말이다.

컴퓨터 프로그램을 이용해 자주 연구를 진행하는 나에게 재미있는 비유도 있었다. 프로그램에 들어 있는 오류를 벌레를 뜻하는 영어 단어 버그(bug)라고 한다. 이런 버그를 찾아내 고치는 과정인 벌레잡기가 디버깅(debugging)이다. 네오의 배 속에 요원들이 집어넣은 살아 있는 벌레는 매트릭스 안 프로그램인 네오의 버그인 셈이니, 트리니티가 네오의 배속 벌레를 잡아내는 것이 디버깅이다. 매트릭스에서 네오의 배 속 벌레는 프로그램 버그다. 프로그램 버그가 영화처럼 눈에 딱 보이면 얼마나 좋을까.

인공지능이 구축한 가짜 세상 매트릭스에서 살아가던 네오에게 모피우스는 선택을 묻는다. 영화를 본 사람이라면 누구나 기억할, 유명한 "빨간 약, 파란 약" 장면이다. 만약 네오가 파란 약을 택하면 매트릭스의 익숙한 삶을 계속 이어가지만, 빨간 약을 택하면 매트릭스에서 벗어나 암울하고 끔찍한 현실의 세계를 마주하게 된다. 빨간 약을 택한 네오는 암울한 '실재의 사막(desert of the real)'에서 눈을 뜬다. 전기 배터리처럼 전력을 기계에 공급하며 평생을 살아가는 사람들이 담긴 고치가 끝없이 펼쳐진 끔찍한 현실을 보게 된다.

주변 사람들에게 물으면 거의 대부분은 빨간 약을 선택하겠다고 한다. 그런데 빨간 약을 택하는 이유에 답하는 것은 쉽지 않다. 우리는 왜 쾌적한 매트릭스 안 맛있는 스테이크가 아닌, 네부카드네자르(Nebuchadnezzar, 『구약 성경』의 바빌론왕 느부갓네살) 함선의 매일 똑같은 꿀꿀이죽을 택할까? 우리는 아무리 쾌락적이어도 헐벗은 경험만을 추구하지는 않기 때문이라는 것이 많은 이의 답이다. 여러분도 한번 돌이켜보라. 인터넷에서 얼마든지 더 멋진 사진으로 볼 수 있어도, 우리는 미술관에서 자신의 허접한 휴대폰 카메라로 직접 사진을 찍어야 직성이 풀리는 존재다. 미술관 도록 속의 멋진 사진은 내가 바로 그곳에서 찍은 시원찮은 사진을 결코 대체하지 못한다. 우리는 사진에도 그림이 아니라 의미를 담는 존재이기 때문이다. 눈을 떠 바라본 실재의 사막이 아무리 황량해도,

매트릭스 안 스테이크를 거부하는 존재가 바로 우리 인간이다.

같은 강물에 발을 두 번 담글 수 없는 우리는 같은 책이나 영화도 두 번 볼 수 없다. 과거에서 현재로 이어지는 시간 진행은 비가역적이어서 지금의 내가 그때의 내가 아니기 때문이다. 이번에 다시 본 영화 〈매트릭스〉도 마찬가지였다. 예전에는 가상과 실재의 차이, 존재와 인식의 차이, 그리고 빨간 약과 파란 약의 선택에 주목했다면, 이번에는 다른 질문이 더 인상적이었다. 바로 모피우스가 묻는 '마음의 가시'가 가시가 되어 내 마음을 찔렀다.

젊어서 가지고 있던 가시는 무뎌져 더 이상 가슴을 찌르지 않고, 삶의 많은 것이 무덤덤한 아재가 된 지금, 다시 본 〈매트릭스〉가 나에게 묻는 질문이 무척 아프다. 내 마음속 가시는 무엇이냐고, 폐부를 찌르는 가시 없이 사는 삶이 정말 편안하냐고, 세상의 아픈 가시들을 짙은 선글라스로 모른 척하고 있는 것은 아니냐고 말이다. 매트릭스의 쾌적하고 편안한 삶과 실재의 사막을 나누는 기준은 우리 각자가 가진 마음속 가시일지 모른다. 마음에 가시를 가진 사람만이 황막한 현실의 사막에서 눈뜰 자격이 있다.

젊어서 그토록 자주 눈에 띄어 나를 잠 못 들게 한 그 아프지만 찬란한 가시들은 다 어디로 갔을까? 눈길을 돌리면 아직도 주변에 가시가 지천이다. 세상의 가시가 내 마음의 가시가 되지 못한 것은 바로 내 탓이다. 가시 없는 삶은 매트릭스다. 용기 안에 담겨 음식을 주입받고 몇 볼트의 전력을 생산하는 인간 배터리다. 저마다 하나씩 마음속 가시를 품을 일이다. 빨간 약을 택해 잠 못 드는 모두의 책무다.

공명

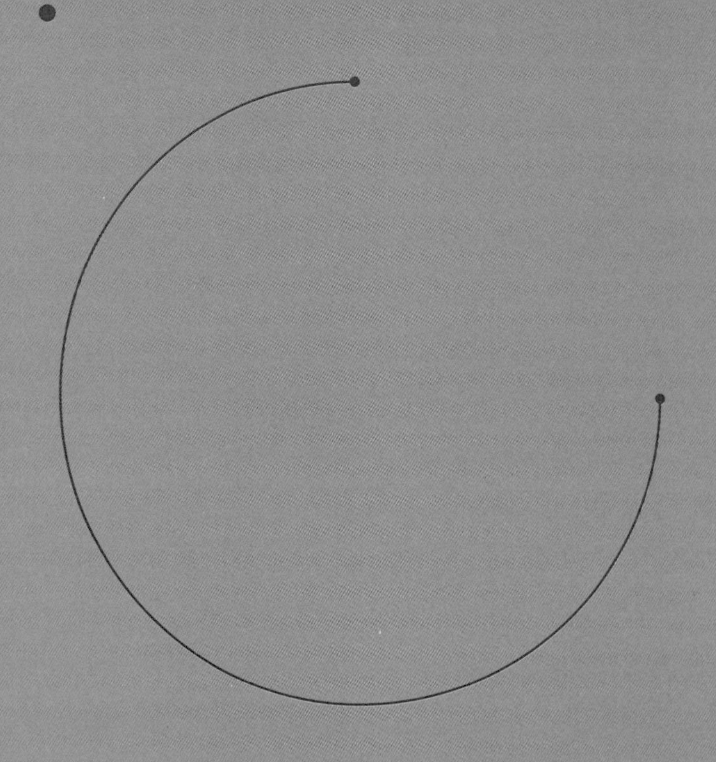

목 놓아 불러도 당신이 돌아보지 않는 이유는
내가 당신의 진동수를 아직 못 찾았기 때문이다.

나와 너의 진동수가 같아지는 순간

두 개의 주기, 두 개의 진동수

아이 손잡고 놀이터에 가서 그네를 밀어주던 기억이 지금도 생생하다. 그네는 앞으로 움직였다가 내가 서 있는 그네의 뒤쪽으로 다시 돌아온다. 나에게 돌아온 그네가 다시 앞으로 막 움직이려는 바로 그때 그네를 미는 것이 효과적이다. 이렇게 밀어주는 것을 규칙적으로 반복하면 그네는 점점 더 큰 진폭으로 움직인다. 아이 얼굴에 미소가 번지고, 곧이어 파란 하늘을 배경으로 아이의 맑은 웃음소리가 들린다. 그네 타는 아이보다 내가 더 즐거웠던 시간이다. 이렇게 그네를 밀어주는 것은 물리학의 공명(共鳴)과 밀접한 관계가 있다. 한자로 함께 울린다는 뜻이어서 우리말로 '껴울림'이라 한다.

그네 밀어주기의 원리는 막상 알고 나면 시시할 정도로 이해가 쉽다. 그네가 3초에 한 번 내 앞으로 다시 다가오는 상황에서는 3초에 한 번 그네를 밀어주면 된다. 3초보다 조금 짧은 간격이라면 그네가 나에게 다가오고 있을 때 밀게 된다. 팔도 아프고 그네의 속도가 늘지 않고 오히려 줄어든다. 3초보다 약간 긴 시간 간격으로 눈을 감고 밀면 그네는 이미 저 앞에 있어서, 허공에 대고 헛수고를 하게 된다. 그네가 갔다가 돌아와 한 번 왕복하는 데 걸리는 시간을 주기(period)라고 한다. 앞에서 이야기한 3초가 바로 그네의 주기다. 그네의 주기는 내가 팔로 밀어주든 아니든 여전히 3초다. 내가 팔로 미는 동작의 주기(3초)를 그네의 주기(3초)와 같게 하면 그네의 진폭이 점점 커진다. 껴울림현상에는 이처럼 두 가지의 시간 주기가 있다. 외부에서 아무 일도 하지 않아도 자체가 가지는 주기 3초, 그리고 외부에서 반복적으로 어떤 일을 해주는 주기 3초다. 두 주기가 맞아떨어져 진폭이 점점 커지는 현상이 껴울림이다.

오래전 유럽 여행에서 재미있는 시계를 산 지인이 기억난다. 저울처럼 생긴 플라스틱 막대 한쪽에 일정한 시간 간격으로 쇠구슬이 하나씩 떨어지고 쇠구슬이 많아져 막대가 기울어지면 이렇게 모인 쇠구슬이 그 아래 막대로 굴러떨어져 또다시 이곳에 차곡차곡 모인다. 쌓인 구슬이 많아지면 두 번째 막대도 기울고 구슬들은 또 그 아래 막대로 우르르 움직인다. 각각의 막대에 놓인 구슬이 몇 개인지를 보면 지금이 몇 시 몇 분인지 알 수 있는 재미있는 시계다. 유럽에서 산 이 멋진 시계를 한국에 돌아와 전원에 연결했더니 시계가 전혀 맞지 않는다는 사실을 그 지인이 알게 되었다. 물리학 공부하는 몇이 함께 얻은 결론은 이 시계가 시간을 재는 기준으로 가정용 전원에 공급되는 교류 전력의 진동수(frequency)를 이용한다는 것이었다. 유럽의 전원은 50헤르츠, 그리고 한국의 전원은 60헤르츠로 다르며, 따라서 한국에서는 이 시계가 제대로 작동하지 않았다. 이 시계는 한국에서 더 느리게 갔을까, 아니면 더 빠르게 갔을까? 한국에서 이 시계의 주기는 더 짧을까, 아니면 더 길까?

내가 하루 두 번 일정한 시간 간격으로 밥을 먹으면 밥 먹는 주기는 하루의 2분의 1이고, 하루 세 번 밥을 먹으면 밥 먹는 주기는 하루의 3분의 1이다. 이처럼 진동수(빈도)와 주기는 역수의 관계다. 유럽 교류 전원의 진동수가 50헤르츠라는 말은 1초에 50번 교류 전원의 전압이 위아래로 진동한다는 이야기라, 주기는 50분의 1초다. 한국의 전원은 주기가 60분의 1초로 유럽보다 짧고, 따라서 이 재미있는 시계는 한국에서 더 빨리 간다.

두 주기가 일치해 발생하는 현상이 껴울림이니, 이 현상에서는 주기의 역수인 진동수도 마찬가지로 서로 같아야 한다. 아무런 외부의 영향이 없어도 시스템이 가지는 내재적인 진동수와 외부에서 이 시스템에 해주는 활동에 관련된 진동수, 이렇게 안과 밖의 진동수, 나와 너의 진동수가 같아질 때 껴울림이 발생한다. 그네를 미는 나의 진동수를 아이가 탄 그네의 진동수와 같도록 조율하지 않으면 아이의 해맑은 웃음을 들을 수 없다. 그네는 껴울림으로 점점 더 크게 움직이고, 나의 미소도 아이의 웃음에 공명해 함께 커진다.

소라가 들려주는 바닷소리의 비밀

우리 주변에 껴울림으로 이해할 수 있는 것이 많다. 바닷가에서 주워온 커다란 소라껍질의 구멍 부분을 귀에 대고 가만히 귀를 기울이면 지난여름 가족과 놀러간 해변에서 들었던 바닷소리가 들린다. 이것도 껴울림현상이다. 앞에서 설명한 그네 밀기의 껴울림처럼, 바닷소리가 담긴 소라껍질의 껴울림을 이해하려면 내부와 외부의 진동수가 각각 무엇인지 생각해보아야 한다.

소라껍질의 바깥에는 일상의 온갖 소음이 있다. 우리가 백색소음이라고 하는 어디에나 존재하는 배경소음이다. 우리 일상에는 온갖 진동수의 작은 소리들이 섞여 있다. 떨어지는 낙엽이 만드는 작은 소리, 저 먼 골짜기의 나뭇가지를 스치는 바람 소리, 날아가는 곤충의 날개 소리, 앉아 있는 방의 유리창이 작게 떨리는 소리, 윗집 아이가 살금살금 걷는 소리. 우리가 일일이 구별하지 못해도 주변의 모든 것은 각기 다른 진동수로 항상 떨리고 있고, 그 떨림이 만들어낸 온갖 소리들이 공간을 늘 가득 채우고 있다. 빨주노초파남보 온갖 색깔의 빛이 함께 있으면 백색이 되는 것처럼, 온갖 진동수의 소리들이 섞여서 함께 만들어내는 소음을 백색소음이라고 부른다. 소라껍질 밖의 온갖 진동수가 뒤섞인 백색소음이 소라껍질 안에 들어오면 무슨 일이 생길까?

소라껍질의 빈 안쪽에는 공기가 들어 있다. 빈 병에 입으로 바람을 잘 불어넣으면 '웅' 하고 울리는 소리가 병 안 공기의 진동으로 만들어진다. 병이 크고 깊으면 더 낮은 음의 '웅' 소리가 난다.

병마다 음의 높이가 정해져 있는 것처럼, 소라껍질도 크기에 따라 만들어지는 소리의 높이가 다르다. 소라껍질이 가진 이 진동수가 앞에서 이야기한 껴울림현상의 내부 진동수다. 밖에 존재하는 수많은 진동수가 섞인 소음에도 당연히 소라껍질의 내부 진동수와 같은 진동수의 소리가 들어 있다. 여러 진동수의 소리가 소라껍질 안에 들어오면 소라껍질의 내부 진동수와 같은 진동수의 소리가 껴울림으로 커진다.

동심을 파괴하는 것 같아 좀 미안하지만 소라껍질에서 들었던 소리는 지난여름의 바닷소리가 아니다. 지금 이 순간 내가 있는 곳에 존재하는 백색소음 중 소라껍질의 내부 진동수와 같은 진동수의 소리가 껴울림으로 크게 들리는 것이다. 내 말이 믿기지 않으면, 크고 작은 두 개의 빈 컵을 준비해 귀에 대보면 알 수 있다. 큰 컵과 작은 컵에서 음의 높이가 다르다. 큰 컵에서 더 낮은 바닷소리를 듣게 된다. 다른 비슷한 실험도 있다. 조금만 연습하면 눈을 감고서도 물이 넘치지 않게 컵에 가득 따를 수 있다. 컵의 수면이 위로 올라올수록 수면 위 공기 기둥의 높이가 줄고, 물 따르면 들리는 또르륵 소리의 진동수가 높아져 더 높은 음의 소리가 들린다. 가만히 귀 기울여 듣다가 음의 높이가 갑자기 높아질 때 물 따르는 것을 멈추면 된다. 물이 수면에 닿아 만들어지는 소리에도 여러 진동수가 섞여 있고, 그중 수면 위 공기 기둥의 높이가 결정하는 진동수의 소리는 껴울림으로 크게 들린다.

그네 미는 나와 그네 탄 너의 진동수가 같아야 함께 껴울려 큰 움직임이 생긴다. 목 놓아 불러도 당신이 돌아보지 않는 이유는 내가 당신의 진동수를 아직 못 찾았기 때문이다. 함께 힘 모아 애썼는데 세상이 꿈쩍하지 않는다면 다르게 노력할 일이다. 세상 탓에 앞서서, 세상 속 작은 떨림을 눈여겨 살필 일이다. 가만히 살펴서 나를 먼저 바꿀 일이다.

증가

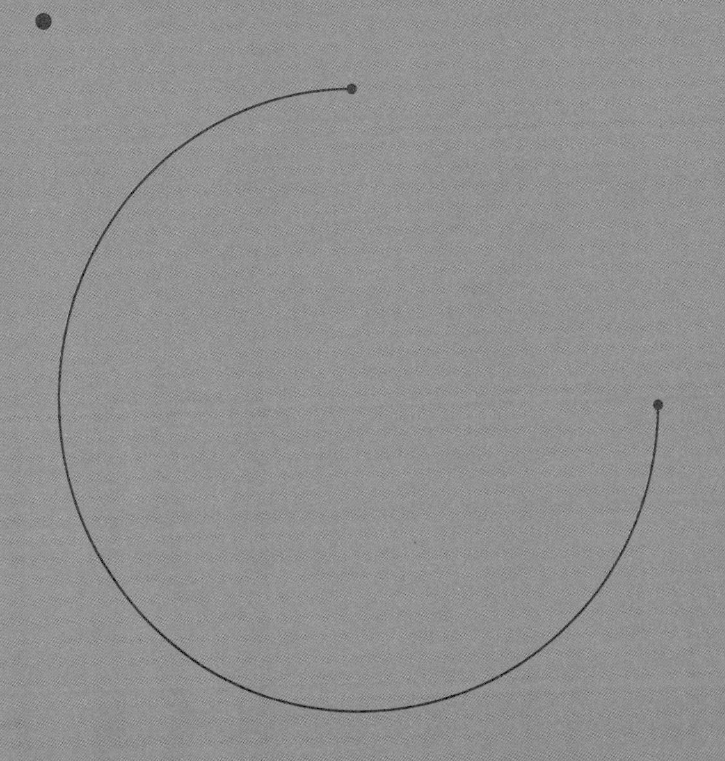

기하급수적인 증가는
영원히 계속될 수 없어서 결국 멈춘다.

우주를 쌀알로 가득 채우는 데 걸리는 시간

만석꾼과 일꾼의 이상한 계약

초등학교 때 선생님이 해주신 재미있는 이야기를 지금도 기억한다. 한 일꾼이 만석꾼에게 하루 품삯으로 첫날에는 딱 쌀알 한 톨을 달라고 했다. 이튿날에는 전날 품삯의 두 배인 쌀알 두 톨, 그다음 날은 마찬가지로 전날 품삯의 두 배인 네 톨. 몇 번 손가락을 꼽아본 만석꾼은 흔쾌히 그렇게 하자고 동의한다. 일주일이 지나도 하루 품삯으로 채 한 숟가락에도 못 미치는 쌀알을 달라고 하니, 아주 멍청한 일꾼이라고 생각하면서 말이다.

쌀 한 톨의 무게와 쌀 한 되의 무게를 비교해 계산하면, 16~17일이 되면 하루 품삯이 쌀 한 되쯤 된다. 그리고 22일째가 되면 일꾼은 하루 품삯으로 쌀 한 가마니를 받는다. 다음 날은 쌀 두 가마니, 그다음 날은 하루에 무려 쌀 네 가마니를 받는다. 만석꾼 부자가 한 해 수확량인 1만 석 전체를 일꾼의 하루 품삯으로 지급해야 하는 날은 37일째 무렵이다. 멍청한 쪽은 일꾼이 아니었다. 이게 웬 횡재냐 하며, 덥석 계약을 수락한 만석꾼이 멍청했다.

초등학생들을 위해 선생님이 만든 것으로 보이는 이 재미있는 옛날이야기는 여기서 멈추지만, 우리는 이야기를 더 이어갈 수 있다. 하루에 두 배씩 꾸준히 늘어나면 1년 뒤 쌀알의 숫자는 약 10^{110}이 된다. 1뒤에 0을 110개를 붙여야 하는 아주 큰 수다. 그런데 문제가 있다. 우주를 구성하는 원자의 전체 숫자가 이보다 훨씬 작은 10^{80} 정도이기 때문이다. 잠깐 계산해보니 관측 가능한 우주의 부피를 쌀알로 가득 채우려면 10^{88}개의 쌀알이 필요하다. 1년이 지나면 우리가 사는 어마어마한 크기의 우주는 빈틈없이 쌀알로 가득 차고도 넘치고, 우리 우주와 같은 크기의 10^{22}개의 다른 우주도 쌀알로 빈틈없이 채울 수 있다.

기하급수적 증가, 산술급수적 증가

선생님 이야기 속 쌀알처럼, 시간이 지나면서 과거의 '몇 배'꼴로 늘어나는 것들이 있다. 기하급수적인 증가, 혹은 지수함수적인 증가라고 부른다. 운이 좋아 1년 수익률이 지속적으로 10퍼센트를 유지하는 펀드에 가입했다면, 펀드의 적립액은 산술급수가 아닌 기하급수를 따라 늘어난다. 경제성장을 매년의 '성장률'로 측정하는 것도 이처럼 지수함수를 따라 경제가 성장한다는 '가정'

에 따른 계산법이다. 기하급수와는 다르게 늘어나는 것도 있다. 가장 대표적인 것이 바로 산술급수적 증가다. 오늘 쌀 한 톨이면, 내일은 두 톨, 모레는 세 톨, 그리고 네 톨, 이렇게 하루 사이에 늘어나는 양이 딱 정해져서 일정한 방식이다. 연봉이 정해진 회사원의 1년 동안의 누적 수입은 1월, 2월, 3월, 시간이 흐르면서 산술급수를 따라 늘어난다. 당연히 기하급수가 산술급수보다 훨씬 빨리 늘어난다. 어제보다 두 톨을 더 받는 일꾼과, 어제보다 두 배를 더 받는 일꾼이 있다고 하면, 며칠만 지나면 둘의 품삯의 차이는 무지막지하게 커진다. 한 일꾼이 품삯으로 밥 한 숟가락의 쌀알을 받을 때, 다른 일꾼은 만석꾼의 땅 전체를 사고도 남을 품삯을 받는다.

18세기 말 영국의 경제학자 토머스 맬서스(Thomas Malthus)는 기하급수적으로 늘어나는 인구를 산술급수적으로 늘어나는 식량 생산량으로는 부양할 수 없을 것이라는, 빈곤에 빠진 인류의 암울한 미래를 예상했다. 그가 점쳤던 암울한 미래는 우리 후손들에게 닥치지 않을 것이 거의 확실하다. 한스 로슬링(Hans Rosling)의 책 『팩트풀니스』에 따르면, 인구증가는 장기적으로는 우리의 걱정거리가 아니다. 이미 전 세계적인 규모로는 아이들의 숫자가 증가하지 않고 있기 때문이다. 많은 나라에서 인구가 늘고 있는 것은 아이들이 많이 태어나기 때문이 아니라, 보건과 의학의 발달로 평균수명이 늘어나고 있기 때문이다. 맬서스의 예측 이후로 인류가 걸어온 길은 그의 예상과 달랐다. 경제성장이 인구증가보다 더 빠른 기하급수를 따라서 이루어졌기 때문이다. 세계 각지에 상존하는 빈곤의 문제는 인류의 총생산량의 문제가 아니라 결국 배분의 문제다. 과식으로 늘어난 몸무게를 줄이려 헬스클럽에 가는 사람들과 하루 한 끼의 식사도 제대로 하지 못하는 사람들이 공존하는 것이 현대의 모습이다.

일꾼의 쌀알 품삯 이야기로 다시 돌아가보자. 쌀알 품삯의 기하급수적 증가는 만석꾼의 파산으로 결국 멈춘다. 만석꾼이 어떤 방식으로든 품삯을 계속 지급할 수 있다 해도, 우주에 존재하는 10^{80}의 원자로 10^{110}의 쌀알을 결코 만들 수 없다는 자명한 진실이 더 이상의 증가를 가로막는다. 기하급수적인 증가는 영원히 계속될 수 없어서 결국 멈춘다. 여러 나라에서 코로나19 감염자의 초기 확산의 패턴은 지수함수를 따랐다. 감염 확산을 막으려는 방역 정책의 강도 변화, 그리고 외부로부터의 변이 바이러스 유입 등으로 확진자 수는 오르내리다가 결국 감염 확산은 수그러들어 독감과 같은 평범한 감염병으로 성격이 변하게 될 것이 분명하다.

전염병의 전파에 대한 여러 연구로 널리 알려진 사실이 있다. 외부에서의 유입을 막는 강력한 제한은 단지 전염병의 대규모 확산 시기를 늦출 수 있을 뿐이라는 것이 일관된 연구 결과다. 결국 한 나라에서 일어나는 감염의 규모와 사망자 수는 그 나라의 방역 시스템이 결정한다. 기하급수적으로 늘어나는 확진자의 증가폭이 완화되는 시점이 나라마다 다른 이유다. 방역의 노력이 전혀 없다면, 수많은 확진자 중 상당수는 인체의 면역계를 이용해 자연스럽게 감염을 이겨내겠지만, 엄청난 수의 사망자 역시 동반하게 된다.

늘어난다고 모두 똑같이 늘어나는 것이 아니다. 빠르게 늘어나는 것과 느리게 늘어나는 것의 차이는 정말 크다. 빠르게 늘어나는 것을 느리게 늘어나는 형태로 바꾸고 결국 늘어나는 것을 막기 위해서는 우리 모두의 노력이 필요하다. 전염병의 처음 발병지가 어디인지를 따지며 외부를 비판하는 것은 비겁한 핑계 대기다. 혐오는 아무것도 막지 못한다.

꼼짝

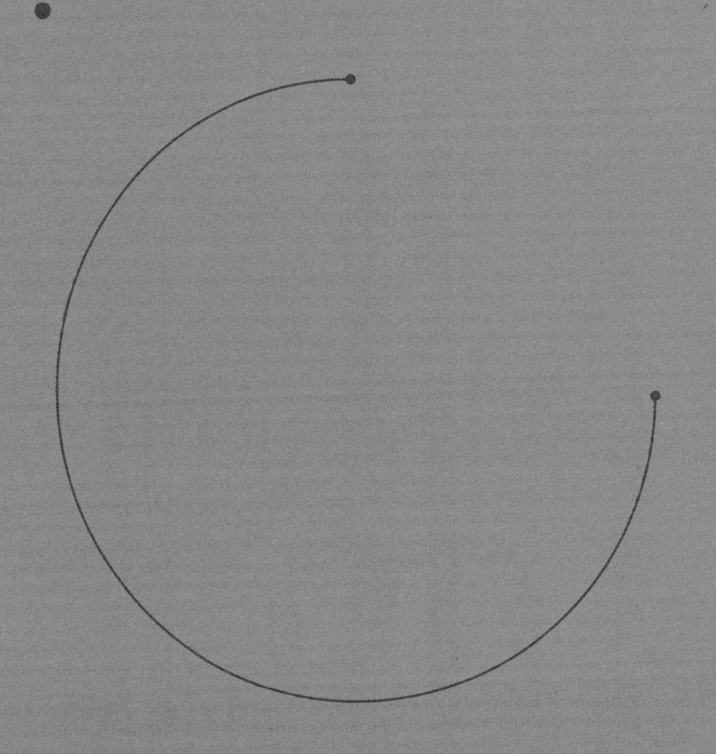

꼼짝 못하게 하려면 밖에서 더 큰 힘으로 강제해야 하고,
이렇게 꼼짝 못하게 된 내부는 밖을 향해 더 크게 반발한다.

운동에너지가 0이 되면 생기는 일

자연이 허락한 가장 낮은 온도, 절대영도

"꼼짝 마! 움직이면 쏜다!" 영화에서 경찰이 용의자를 체포할 때 자주 등장하는 대사다. 몸을 천천히 조금만 움직이는 모양을 우리는 '꼼짝'이라고 한다. 총구를 겨눈 경찰에게 범인의 작은 움직임은 다음 행동의 불확실성을 높인다. 용의자가 주머니에서 꺼내는 것이 어쩌면 경찰 신분증일 수도, 아니면 총을 겨눈 경찰을 해칠 권총일 수도 있다. 이런 상황에서는 어떤 행동도 허락하지 않는 "꼼짝 마"로 불확실성의 여지를 아예 없애는 것이 더 낫다. 물리학자인 내게 '꼼짝'의 크기는 위치정보의 불확실성이다.

자연이 허락한 가장 낮은 온도가 바로 절대영도다. 우리에게 익숙한 섭씨온도 눈금으로 영하 273.15도에 해당하는 아주 낮은 온도다. 절대영도보다 높은 온도에서 기체분자는 마구잡이 열운동을 해서 운동에너지를 가진다. 기체분자의 운동에너지는 속도의 제곱에 비례해서 절대로 0보다 작을 수 없고, 따라서 기체의 평균 운동에너지에 비례하는 절대온도도 절대로 0보다 작을 수 없다. 온도를 점점 낮추는 과정을 이어가면 결국 고전역학을 따르는 기체분자의 운동에너지가 0이 되는 절대영도에 도달하게 되고, 이보다 더 낮은 온도는 가능하지 않다는 결론을 얻게 된다. 거꾸로 절대온도의 상한은 없다. 기체분자의 운동에너지가 가질 수 있는 가장 큰 값은 한계가 없다는 것으로 쉽게 짐작할 수 있다. 온도에 바닥은 있어도 천장은 없다.

물론 현실의 기체는 절대영도에 도달하기 전에 액체나 고체의 상태로 상전이하는 까닭에, 정말로 운동에너지가 0인 기체는 현실에 없다. 분자 사이의 상호작용이 없다고 가정한 것이 이상기체다. 이상(異常)한 기체가 아니라 이상(理想)적인 기체라는 뜻이지만, 이런 이상기체는 현실에는 없으니 이상한 기체라고 해도 딱히 틀린 말은 아니다. 이상기체의 분자가 한곳에서 꼼짝 못하고 있는 온도가 바로 절대영도다. 열역학의 발전 초기, 일정한 1기압의 대기압에서 온도를 바꿔가면서 현실의 여러 기체의 부피를 측정한 실험이 있다. 온도의 넓은 영역에서 온도가 낮아지면 기체의 부피는 온도에 대해 직선의 함수꼴로 줄어드는데, 이 직선을 연장해서 기체의 부피가 0이 되는 온도를 추정하면, 산소나 질소 등 어떤 종류의 기체로 실험해도 같은 온도에서 부피가 0이 되는 것을 알 수 있었다. 절대영도에서 이상기체의 부피는 0으로 수렴하고 이상기체의 분자는 운동에너지가 0이 되어 꼼짝달싹 못한다.

우리가 살아가는 온도에서 풍선 안에 담긴 많은 기체분자를 생각해보자. 밖에서 압력을 주어서 풍선의 부피를 점점 줄이면, 기체분자가 관찰될 수 있는 위치의 불확실성이 줄어든다. 큰 풍선 안에서 이리저리 움직이는 기체분자는 그 공간 안의 어디서나 발견될 수 있어 위치의 불확실성이 크지만, 풍선의 부피를 크게 줄이면 당연히 위치의 불확실성도 큰 폭으로 줄어든다고 할 수 있다. 결국 풍선의 부피가 0으로 수렴하는 극한에 도달하면, 모든 기체분자는 좁은 공간 안에서 꼼짝 못하는 상태가 된다.

풍선의 부피를 줄이는 방법에는 여러 가지가 있을 수 있다. 풍선 안 기체의 온도가 압축의 과정에서 일정하게 유지되는 상황이 바로 등온압축이다. 등온은 온도를 일정하게 유지한다는 뜻일 뿐이어서, 어렵게 들려도 실은 별것 아니다. 등온압축으로 부피가 줄어들면 기체의 압력은 부피에 반비례해서 거꾸로 늘어난다. 바로 유명한 보일의 법칙이다. 압력은 힘을 면적으로 나눈 것이어서, 작아진 풍선 안의 높은 압력으로 기체분자는 더 세게 풍선을 바깥으로 밀어내려 한다. 꼼짝 못하게 하려면 밖에서 더 큰 힘으로 강제해야 하고, 이렇게 꼼짝 못하게 된 내부는 밖을 향해 더 크게 반발한다.

기체의 압축을 다른 방식으로 할 수도 있다. 압축의 과정에서 풍선 안팎 사이에 열의 출입을 차단하는 단열압축이다. 단열압축으로 풍선의 부피를 줄여 기체분자를 꼼짝 못하게 하면, 풍선 안 기체의 운동에너지가 커진다. 열의 출입 없이 부피를 줄이면 풍선 안의 온도가 오른다는 이야기다. 기체분자는 좁아진 공간 안에서 더 활발하게 열운동을 한다. 외부로 에너지를 열의 형태로 유출하지 못하게 차단하고 꼼짝 못하게 하면 내부는 열을 받아 더 활발히 움직인다.

전자는 같은 양자상태에 둘이 있을 수 없다

양자역학을 따르는 입자 하나도 위치의 불확실성의 정도를 줄일 수 있다. 방법도 간단하다. 입자가 어디에 있는지를 더 정확히 측정하면 된다. 양자역학의 불확정성원리는 위치의 불확실성의 정도가 운동량의 불확실성의 정도와 서로 관계가 있음을 알려준다. 위치의 불확실성을 줄일수록 운동량의 불확실성의 정도는 거꾸로 늘어난다. 정확히 한 위치에서 측정한 입자는 얼마든지 큰 운동량을 가질 수 있어서, 다음 측정 때 어디에 있을지를 도저히 예측할 수 없게 된다. 공간상의 한 점에서 꼼짝없이 관찰한 입자는 다음 순간 어디로 튈지 모르게 된다.

많은 전자가 이리저리 맘껏 돌아다닐 수 있는 고체가 바로 금속이다. 금속 안에 있는 자유롭게 움직일 수 있는 전자들은 온도가 낮아지면 결국 에너지가 가장 낮은 바닥상태에 있게 된다. 그런데 문제가 있다. 전자는 같은 상태에 둘이 있을 수 없다. 바로 볼프강 파울리(Wolfgang Pauli)의 배타원리(排他原理, exclusion principle)다. 금속 안의 많은 전자는 에너지가 가장 낮은 바닥상태에서 시작해 꽉꽉 빈틈없이 가능한 모든 에너지상태를 차곡차곡 채우며

쌓인다. 자연이 허락한 가장 낮은 온도인 절대영도라고 해도, 이렇게 빈틈없이 들어찬 전자 중 가장 높은 에너지상태에 놓인 마지막 전자는 엄청나게 큰 에너지를 가질 수 있다. 절대영도의 온도에서도 금속에 들어 있는 전자 중 가장 에너지가 높은 전자는 무려 1초에 1000킬로미터의 속도로 움직인다. 금속 안 전자를 기체 분자처럼 생각해 어림하면 수만 도의 높은 온도에 해당하는 운동 에너지다. 우리가 살아가는 온도가 절대온도로 기껏해야 수백 도라는 점을 생각하면, 절대영도나 우리가 살아가는 온도나 금속 안 전자의 행동은 거의 다르지 않다. 인간이 모든 전기장치에서 이용하는 금속의 여러 전기적 성질은 이처럼 양자역학의 배타원리로 오롯이 결정된다. 온도를 낮추어서 금속에 들어 있는 전자 모두를 꼼짝달싹 못하게 하는 방법은 없다.

꼼짝 못하게 한다고 꿈쩍도 할 수 없는 것은 아니다. 꼼짝하지 못하게 하면 내부의 압력이 커져 더 큰 반발력을 만들어내고, 양자역학을 따르는 입자는 운동량의 불확실성이 늘어나 다음에는 어디에 있을지 도대체 알 수 없게 된다. 온도를 낮추어 금속의 모든 전자를 꼼짝달싹 못하게 할 수도 없다. 강한 힘으로 강제해 꼼짝하지 못하는 사회도 지속가능하지 않다. 5월 광주를 기억하며 군홧발에 짓밟힌 미얀마를 생각한다.

배타원리

물리학의 입자들은 크게 두 종류, 페르미온과 보손으로 나뉜다. 대표적인 페르미온이 바로 전자다. 페르미온은 주어진 양자역학적인 상태에 딱 한 개만 있을 수 있는 데 비해서 보손은 여럿이 같은 양자역학적인 상태에 있을 수 있다. 둘 이상의 전자가 한 양자상태에 있을 수 없다는 것이 파울리의 배타원리다.

배타원리는 양자역학을 따르는 미시적인 입자에 대한 것이지만, 우리가 볼 수 있는 거시적인 크기의 세상에서도 모습을 자주 드러낸다. 전자 하나가 가질 수 있는 양자상태를 양자역학의 슈뢰딩거방정식을 이용해 계산할 수 있는데, 전자 사이의 상호작용을 무시할 수 있는 경우에는 이렇게 구한 전자 하나의 양자상태에 전자들이 어떻게 분포하는지가 물질의 거시적인 상태를 결정하게 된다.

특히 온도가 절대영도인 경우, 물질은 전체 에너지가 가장 낮은 바닥상태에 있게 되는데, 전자 하나의 양자상태에서 가장 낮은 에너지상태부터 시작해 차곡차곡 전자들을 채우는 방식으로 전체 전자의 에너지 바닥상태를 이해할 수 있다. 그렇게 아래층부터 빈방 없이 전자들을 채우다보면 가장 위층에 놓인 전자는 아주 큰 에너지를 갖게 된다. 이처럼 절대영도의 온도에서도 물질 안에 있는 전자의 에너지가 아주 큰 값을 가질 수 있다는 것도 파울리의 배타원리의 결과다. 주기율표에 있는 원소들의 전기적 성질을 결정하는 데 있어서 가장 중요한 역할을 하는 것 또한 배타원리다.

평형

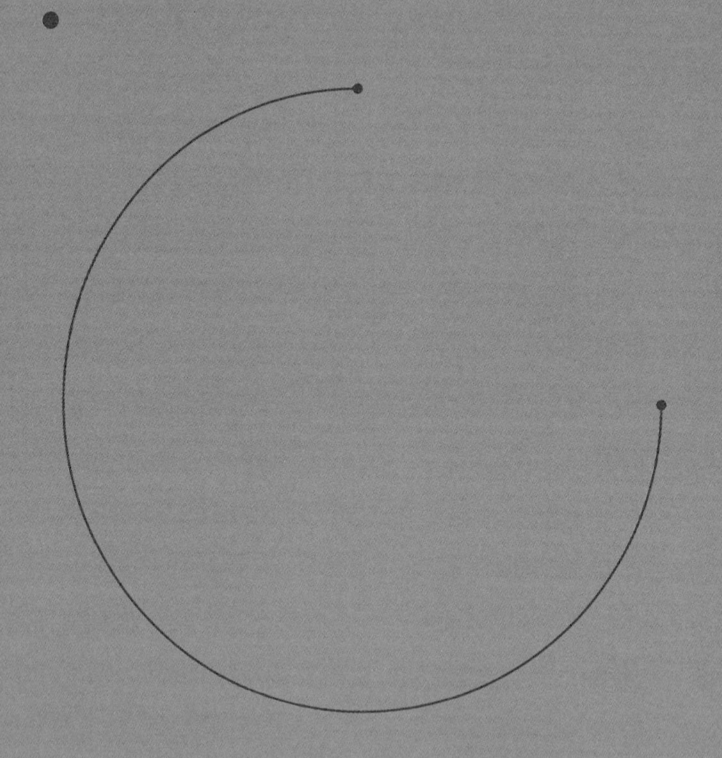

걸으로 보기에 평화로운 상황이어도
그 속사정은 다를 수 있다.
뒤에서는 수많은 힘이 서로 비기고 있다.

힘과 힘이 벌이는 팽팽한 대결

힘의 총합이 0이 될 때

집을 지을 때는 판판하게 땅을 다져 초석을 놓고 그 위에 기둥을 세운다. 기둥 위에 가로 방향으로 올린 큰 보가 바로 대들보다. 대들보는 평형을 잘 맞추어야 한다. 수평이 맞지 않으면 오래지 않아 집이 기운다. 기둥과 함께 가장 중요한 구조물이다 보니, 자랑스러운 자녀를 '집안의 대들보'라 비유하기도 했다. 자리를 잘 잡은 대들보처럼, 한쪽으로 기울지 않아 안정된 상태가 평형(平衡)이다. 물리학의 평형(equilibrium)도 이와 비슷하다. 시간이 지나도 물리계가 변함없이 똑같은 상태를 유지하면 '평형'이다.

책상 위에 볼펜 한 자루가 놓여 있다. 볼펜은 역학적 평형상태에 있다. 지구가 아래로 당기는 뉴턴의 중력이 있는데도 얌전히 가만히 있는 이유가 있다. 볼펜에 작용하는 힘을 모두 더하면 정확히 0이 되기 때문이다. 즉 중력의 반대 방향으로 중력과 정확히 같은 크기의 어떤 힘이 볼펜에 작용해야 한다. 이를 물체가 아래로 떨어지려는 것에 저항하는 수직 방향의 힘이라는 뜻으로 수직항력(垂直抗力)이라 부른다. 우주에 존재하는 네 가지 힘인 중력, 전자기력, 강한 핵력, 약한 핵력 중, 책상 위 볼펜에 작용하는 수직항력은 전자기력이다. 볼펜과 책상을 구성하는 원자가 서로 가까워지면 원자핵 주위의 전자가 먼저 만난다. 이들 전자는 가까운 거리에 있는 것을 꺼려 서로 밀어내고 결국 책상이 볼펜을 위로 미는 수직항력을 만들어낸다. 책상 위에 가만히 놓인 볼펜처럼, 물체가 역학적인 평형상태에 있으려면 작용하는 힘이 서로 비겨 힘의 총합이 0이 되어야 한다. 비김은 평형의 필요조건이다.

사람들을 둘로 나누어 줄다리기를 할 때, 양쪽의 힘이 비기면 줄은 옆으로 움직이지 않고 평형을 유지한다. 꿈쩍하지 않는 줄만 쳐다보는 사람은 양쪽에서 줄을 당기는 많은 사람의 안간힘을 눈치채기 어렵다. 상황이 안정된 상태로 유지된다 해서 노력을 멈춰도 된다는 뜻이 아니다. 안심해서 노력을 멈추는 순간 힘의 비김이 어긋나 평형상태에서 벗어난다. 겉으로 보기에 평화로운 상황이어도 그 속사정은 다를 수 있다. 평화로운 겉모습과 달리 뒤에서는 수많은 힘이 서로 비기고 있다.

하루하루 큰 변화 없이 되풀이되는 우리 삶의 일상도 마찬가지다. 기사님이 운전하는 버스를 타고 직장에 도착해, 일찍 청소를 마친 분들 덕분에 말끔해진 건물에 들어선다. 어제와 크게 다르지 않은 하루를 다시 시작한다. 이 평화로운 일상은 눈에 띄지 않는 많은 이의 안간힘에 큰 빚을 지고 있다. 중국집에서 짜장면 한 그릇을 앞에 놓고는 이것이 얼마나 기적같이 감사한 일인지 깨닫고 전율한 적이 있다. 무엇 하나 손으로 만들어내지 못하는 내가 한국 사회에 얼마나 많은 것을 빚지고 있는지 돌이켜보기도 했다. 우리의 평화로운 매일의 일상은 함께하는 모두의 연결된 안간힘의 결과다. 오늘 하루 무사했다면 모두에게 감사할 일이다.

우리 몸의 평형 본능, 항상성

물리에 평형이 있다면 생명에는 항상성(homeostasis)이 있다. 더운 날에는 조금만 걸어도 땀이 난다. 우리 몸의 근육은 ATP분자에 담긴 화학적 에너지를 역학적 일로 바꾼다. 휘발유에 들어 있는 화학적 에너지를 이용해 자동차를 움직이는 엔진과 비슷하다. 우리 몸의 근육이 역학적 일을 할 때는 열도 함께 발생해 체온이 오르고, 체온을 다시 내리기 위해 우리는 땀을 흘린다. 자동차가 냉각수와 라디에이터로 하는 일을 우리는 땀으로 하는 셈이다. 액체인 땀이 피부에서 기체로 변하는 과정에서, 물분자 사이 연결의 사슬을 끊기 위해 상당히 큰 에너지(기화열)가 필요하다. 땀이 피부에서 증발할 때 주변에서 큰 에너지를 흡수하므로, 이 과정에서 우리는 체온을 낮출 수 있다. 더운 날 온몸이 털로 덮인 강아지가 물기로 촉촉한 혀를 입 밖으로 내밀어 헉헉거리는 이유도 똑같다. 혀의 수분을 증발시켜 체온을 낮춘다. 추운 날 몸이 저절로 떨리는 것도 쉽게 이해할 수 있다. 몸을 떨면 근육에서 열이 나 체온이 오르기 때문이다. 이렇듯 체온이 오르면 내리는 방향으로, 체온이 내려가면 올리는 방향으로 변화를 거꾸로 돌이키는 음의 되먹임(negative feedback)을 이용해 우리는 항상성을 유지한다.

우리 몸의 항상성이 늘 가능하지는 않다. 버틸 수 있는 한계보다 더 큰 변화가 생기면 원래의 상태로 돌아올 수 없게 된다. 그 극단적인 형태가 바로 생명의 죽음이다. 잠깐은 숨을 참을 수 있지만 한 시간 동안 숨을 못 쉬면 우리는 죽고, 오랫동안 물을 못 마셔도, 음식을 먹지 못해도, 체온이 너무 높아도, 너무 낮아도 죽는다. 항상성이 작동하는 한계 안에서만 우리는 삶을 이어갈 수 있다. 살아 있음의 특징이 항상성이고, 항상성의 비가역적 깨짐이 죽음이다.

오랜 기간 큰 변화가 없던 지구의 기후가 산업혁명 이후 급격히 변하고 있다는 과학적 증거들이 엄연히 존재한다. 물리학의 역학적 평형에서 힘의 비김이 깨지면 물체는 가속도를 갖게 되어 속도가 점점 늘어난다. 음의 되먹임으로 유지되던 지구의 기후도 버틸 수 있는 한계를 벗어나면 양의 되먹임(positive feedback)으로 폭주한다. 기온이 오르면 기온을 낮추는 방향이 아니라 거꾸로 기온을 더 오르게 하는 메커니즘이 촉발된다. 역학적 평형을 유지하려면 세심한 힘의 비김이 필요하듯이, 지구의 항상성을 위해서도 모두의 노력이 필요하다. 우리 모두의 안간힘만이 지구를 구할 수 있다.

열평형과 보온병의 단열 원리

어릴 때 자주 쓰던 유리 보온병을 기억한다. 따뜻한 음료를 담는 보온병의 안쪽은 유리로 되어 있었다. 안쪽의 유리병을 바깥 유리병이 둘러싸고 있는데 둘 사이에는 빈 공간이 있다. 두 유리병 사이의 안쪽 면은 거울처럼 도금을 해놓기도 한다. 용기가 유리로 되어 있어서 바닥에 떨어지면 퍽 하고 깨져 낭패를 본 적도 많다. 왜 유리 보온병은 이처럼 잘 깨졌을까? 얼굴을 비추어 볼 수도 없는데 왜 안쪽에 거울처럼 도금을 했을까?

온도가 높은 물체와 온도가 낮은 물체를 딱 붙여놓으면 둘의 경계 부분에서, 온도가 높은 쪽에서 빠르게 움직이고 있는 입자가 온도가 낮은 쪽에서 느리게 움직이고 있는 입자와 충돌한다. 충돌의 결과로 빠른 쪽 입자의 속력은 줄고 느린 쪽 입자의 속력은 늘어난다. 느리게 움직이던 자동차를 더 빠르게 움직이던 자동차가 뒤에서 추돌하면, 앞차는 방금 전보다 좀 더 빨리 움직이게 되고 추돌한 뒤차는 속도가 좀 더 줄어든다는 것과 다를 것 없는 이야기다. 많은 입자가 수많은 충돌과정을 이어가면, 결국 온도가 높은 쪽과 낮은 쪽, 양쪽 입자들의 평균 속력이 같아지고, 평균 운동에너지도 같아진다. 이렇게 도달한 상태가 바로 양쪽의 온도가 같아진 열평형상태다. 온도가 높은 쪽에서 낮은 쪽으로, 입자들의 연이은 충돌로 에너지가 전달되는 것을 열전도(thermal conduction)라고 한다.

보온병 안 따뜻한 음료의 분자는 자신이 그 안에 들어 있는 용기와 충돌을 계속해 안쪽 용기와 열평형상태에 도달한다. 안에 담긴 커피의 온도가 안쪽 용기의 온도와 같아진다. 하지만 바깥쪽 용기와 안쪽 용기 사이에 아무것도 없다면, 안쪽 용기와 바깥쪽 용기의 분자는 서로 만나 충돌할 일이 없다. 온도가 높은 안쪽 용기와 온도가 낮은 바깥쪽 용기 사이의 온도차는 시간이 지나도 줄지 않는다. 보온병 안 두 용기 사이의 공간을 가능한 진공에 가깝게 만드는 것이 성능 좋은 보온병을 만드는 좋은 방법이 된다.

하지만 두 용기 사이의 공간을 진공으로 만들면 다른 문제가 있다. 두 용기 사이 빈 공간의 내부에서는 압력이 0이지만, 두 용기의 바깥쪽은 1기압의 대기압이어서 압력차가 생긴다. 우리가 늘 그 안에서 살아서 잘 느끼지 못해도 1기압은 상당히 큰 압력이다. 가로세로 1센티미터인 작은 면적에 무려 1리터의 물이 가득 담긴 페트병이 하나 올라가 있는 압력에 해당한다. 가까스로 1기압의 압력차를 버티고 있는 유리 용기는 바깥에서 추가로 충격을 주면 쉽게 깨진다. 예전 유리 보온병이 약간의 충격으로도 퍽 소리를 내며 쉽게 깨져 자주 망가졌던 이유다.

한쪽에서 다른 쪽으로 에너지가 전달되는 다른 방법이 있다. 오래전 중학생 시절, 방학을 마치고 새 학년이 시작하는 무렵의 추억이 떠오른다. 난방이 그리 잘되지 않는 교실에서 으슬으슬 추위를 견디다가 수업시간을 마치는 종이 울리면, 잠시의 쉬는 시간 동안 바람 불지 않는 담벼락에 친구들과 옹기종기 나란히 한 줄로 서서 햇볕바라기를 하고는 했다. 검은색 겨울 교복을 입고 따뜻한 햇볕을 받으면서 친구들과 두런두런 이야기를 나누었다. 태양에서 출발한 빛은 태양과 지구 사이에 아무것도 없어도 쉽게 그 사이의 우주공간을 통과해 검은색 교복에 닿아 내 몸의 체온을 올린다. 빛과 같은 전자기파는 온도가 다른 둘 사이의 공간을 아무런 분자의 충돌 없이도 훌쩍 가로질러 에너지를 전달한다. 바로 이런 방식으로 에너지가 전달되는 것이 열복사(thermal radiation)다.

겨울에 검은 옷을 입고 햇볕바라기를 하면 금방 몸이 따뜻해지지만, 하얀색 옷이라면 별로 따뜻해지지 않는다. 입고 있는 옷의 색에 따라 빛의 흡수율이 달라 그렇다. 검은 옷이 검게 보이는 이유는 옷에 닿은 대부분의 파장의 빛을 흡수하기 때문이다. 흰 옷은 거꾸로 대부분의 파장의 빛을 흡수하지 않고 반사한다. 우리가 겨울에는 어두운 색의 옷을, 여름에는 밝은 색 옷을 주로 입는 이유다. 만약 태양에서 오는 빛을 지구 밖에 커다란 거울을 두어 모두 반사시키면, 지구는 당연히 따뜻해지지 않는다. 보온병의 안쪽 용기와 바깥쪽 용기 사이를 진공으로 만들어도 안쪽에서 바깥쪽으로 전자기파 복사로 열이 전달된다. 열복사를 가능한 줄이는 방법은 두 용기 사이 공간의 안쪽 면을 거울처럼 도금해 전자기파가 흡수되지 않고 반사되도록 하면 된다. 오래전 유리 보온병의 보온 성능을 높인 방법이다.

유리로 만들지 않지만 요즘 보온병도 기본적인 구성은 과거에 널리 쓰인 유리 보온병과 크게 다르지 않다. 따뜻한 음료가 오랜 시간 식지 않는 성능 좋은 보온병은 하나같이 안과 밖, 두 겹으로 이루어진다. 둘 사이에 빈 공간을 두어 열의 전도를 가능한 차단하고, 빈 공간을 둘러싼 안쪽 면의 반사율을 높여 복사로 인한 열의 전달도 가능한 줄인다. 안쪽 용기와 바깥쪽 용기 사이의 공간을 역학적으로 유지하기 위한 버팀대로는 전도율이 낮은 열의 부도체를 이용한다.

충돌이 있어야 평형도 있다. 얽히고설켜 토론하고 논쟁하다 보면 속도 상하지만, 그래도 일단은 서로 접촉해 만나야 합의도 평화도 가능하지 않을까. 직접 분자가 충돌하지 않아도 빛을 통해 열평형이 이루어지듯이, 몸으로 만나지 못해도, 귀 기울여 듣고 눈 크게 떠 서로 마주 서야 하는 것은 아닐까. 물리학의 단열을 생각하며 세상 속 단절을 떠올린다. 직접 몸으로 만나, 애정의 눈으로 보고, 귀 기울여 들을 일이다. 화해도 평화도, 세상 속 단절을 이겨내야 가능한 것이 아닐까.

○○○

양의 되먹임과 음의 되먹임

결과가 다시 원인으로 작용해 결과를 바꾸는 것을 되먹임(feedback)이라고 한다. 우리 집의 방 벽에 붙어 있는 실내온도조절기도 되먹임을 이용해 작동한다. 방 안의 온도가 오르면 온도조절기가 이를 감지해 난방 밸브를 잠근다. 난방이 중단되니 방 안 온도가 내려가기 시작하고, 설정한 온도보다 더 온도가 낮아지면 이제 다시 난방이 시작된다. 우리 집 벽에 설치된 온도조절기는 온도가 오르면 내리고 내려가면 올리는 방식으로 작동한다. 이처럼 결과의 변화를 줄이는 방식으로 작동하는 것이 음의 되먹임이다. 요즘 과학계에서는 '줄어드는 되먹임'으로, 의미가 좀 더 명확한 용어로 바꿔 부르려는 시도가 있다.

거꾸로 결과가 늘어나면 이후 결과가 더 늘어나는 방식의 되먹임도 있다. 양의 되먹임 혹은 늘어나는 되먹임이라고 부른다. 주식시장이 폭락할 때도 양의 되먹임 효과를 볼 수 있다. 주가가 떨어지는 것을 보면서 많은 이가 내일은 더 떨어질 테니 오늘 빨리 파는 것이 좋다고 생각하게 되면, 팔려는 사람이 사려는 사람보다 많아져 주가가 떨어진다. 시간이 지나면 주가가 떨어지는 것에 두려움을 느낀 사람들이 한시라도 빨리 주식을 처분하려고 해서 주가는 더 떨어지고, 주가 폭락의 두려움 자체가 주가 폭락을 만들어내서 엄청난 규모의 폭락을 늘어나는 되먹임을 통해 만들어내게 된다.

비움

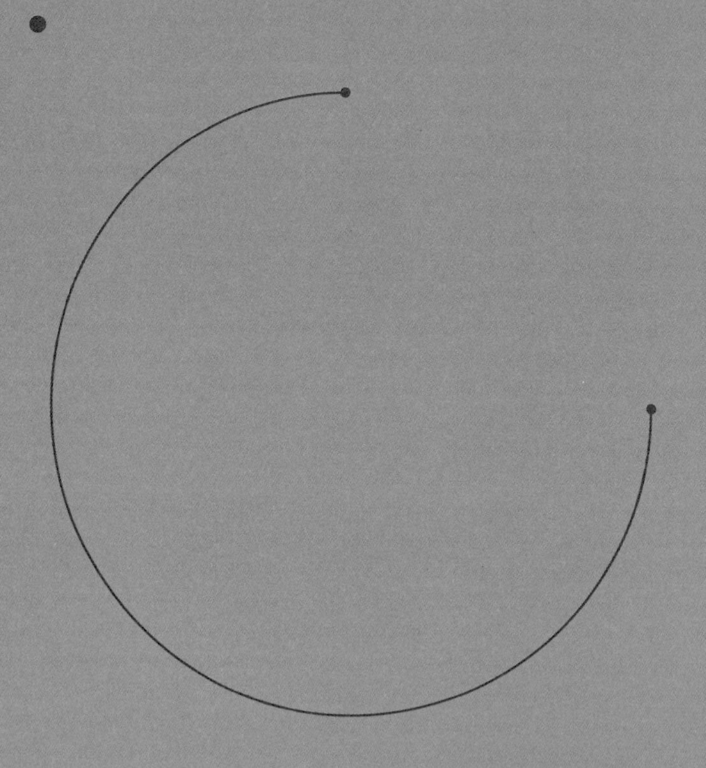

물속을 유유히 헤엄치는 물고기가 안을 비워 위로 떠오르듯이,
사람의 마음도 비워야 위로 솟을 수 있는 것일지도 모른다.

지속을 위한 버림

내가 근무하는 대학 캠퍼스는 가을 풍경이 정말 멋지다. 학교 상징 엠블럼에도 들어 있는 교목인 은행나무가 환한 노란빛으로 온통 꽃핀 듯 변하고 교내 이곳저곳 여러 나무가 울긋불긋 단풍으로 색색이 물든다. 몇 년 전에는 떨어진 낙엽을 버리지 않고 교내의 몇몇 오솔길에 두텁게 쌓아놓은 적이 있다. 주말의 캠퍼스에서 그 길 위를 가족과 사각사각 걸으며 바라본 풍경과 파란 가을 하늘이 생생하다.

가을에 접어들어 단풍이 물든 나무는 오래지 않아 낙엽을 떨군다. 사시사철 기온이 높은 열대 지역의 나무는 단풍이 들지 않고, 기온이 낮은 고위도 지역의 나무는 대개 늘 푸른 상록수라 역시 단풍이 들지 않는다. 더운 날씨가 1년 365일 이어지는 곳에서 나무는 잎을 떨굴 필요가 없고, 추운 겨울 날씨만 이어지는 곳의 상록수는 드물고 약한 햇빛을 어떻게든 1년 내내 이용하는 것이 유리해 사시사철 푸르다. 우리 모두의 눈을 즐겁게 하는 멋진 가을 단풍은 한국의 적당한 위도 덕분이다. 봄, 여름, 가을, 겨울의 계절이 명확히 바뀌는 한국에서 가을날에 단풍 들어 낙엽 진 나무는 다음 해 봄이면 푸른 잎을 틔우고 여름날 무성한 녹음을 다시 이룬다.

어는점을 낮추기 위한 나무의 안간힘

우리가 사랑하는 여름날 나무의 초록색은 태양에서 오는 빛에너지 중 파란색과 빨간색 부분의 파장을 엽록소가 주로 이용해 광합성을 하기 때문이다. 빛의 파란색과 빨간색, 그리고 초록색이 모두 함께 섞이면 백색이다. 태양이 나무에게 준 백색의 전체 빛에서 나무가 광합성에 이용하는 파란색과 빨간색을 빼면 초록색이 남는다. 여름날 나무의 시원한 초록빛은 자신이 쓰고 남은 빛을 흔쾌히 내어주는 나무의 선물인 셈이다. 나무가 여름날에 드리운 그늘이 우리 인간을 위한 것은 또 아니다. 단 한 줄기의 소중한 햇빛도 허투루 땅으로 보내지 않고 남김없이 모두 받아서 이용하는 것이 나무에게 유리하다. 그 아래에서 쉬는 인간에게 넓고 시원한 그늘을 나무가 만들어주는 것은, 자신이 가진 모든 나뭇잎을 가능한 넓게 펼치는 방향으로 나무가 자연스럽게 진화한 결과다.

가을날 멋진 단풍도 나무가 의도한 선물은 아니다. 나무는 뿌리에서 끌어 올린 물과 고마운 태양이 보내주는 복사에너지를 함께 이용해 광합성으로 에너지를 만들어 살아간다. 가을에 접어들면 햇빛의 양이 줄어 광합성을 활발히 하기 어렵고, 여름에 우거진 푸른 잎을 유지하기 위한 상대적 비용이 늘어난다. 공급이 적을 때는 소비를 줄이는 것이 상책이다. 잎을 떨구어 에너지 소비를 줄이는 나무의 현명한 선택이 가을날 단풍과 낙엽인 셈이다. 나무는 겨울에 유지할 필요가 없는 잎을 떨구기 위해 먼저 잎을 향한 물의 공급을 끊는다. 물의 공급이 끊긴 나뭇잎의 세포는 죽고, 그 안에 담긴 초록빛 엽록소도 사멸한다. 이제 나뭇잎 세포 안에서 엽록소에 가려 빛을 못 보던 다른 생체분자들의 다채로운 빛의 향연이 시작된다. 우리가 보는 가을날의 울긋불긋 단풍은 겨울을 버티려 스스로 몸의 일부를 떨구는 과정에서 나무가 잠깐 보여주는 멋진 선물이다.

영하의 기온 아래로 온도가 내려가는 추운 겨울에 나무 안의 물이 얼면 큰 문제다. 내가 그랬듯이 콜라병을 냉동실에 넣었다가 꽝꽝 얼어서 깨진 병을 보고 실망한 사람이 많다. 액체인 물이 얼어 고체인 얼음이 되면 부피가 팽창한다는 과학 지식을 의도치 않은 실험으로 배운 우스운 경험이다. 물이 얼어 얼음이 되는 과정에서 나무를 이루는 세포는 복구 불가능한 치명적 손상을 입을 수 있다. 신선한 채소를 냉장고에서 얼려본 사람은 또 누구나 아는 이야기다. 한번 언 채소는 다시 녹여도 원래의 싱싱함을 잃어버린다. 얼 때 파괴된 세포가 녹인다고 다시 원래의 모습으로 돌아가지는 못하기 때문이다. 여름날 푸르렀던 잎을 떨구지 않고 겨울을 보낸다고 해서, 봄날 녹은 잎을 다시 나무가 이용할 수는 없다.

온도가 영하 아래로 떨어져도 얼지 않으려면 나무는 어떻게 해야 할까? 나무는 답을 안다. 바로 가지고 있는 물을 줄이는 것이다. 얼음에 소금을 뿌리면 얼음이 녹는 사실에서 알 수 있듯, 물에 녹아 있는 수용성 분자의 농도가 커지면 물의 어는점이 내려가서, 농도가 낮을 때는 얼었을 낮은 온도에서도 농도가 높은 물이 액체 상태를 유지할 수 있다. 가지고 있는 물의 양을 충분히 줄여서 상대적으로 수액의 농도가 높아지면, 추운 겨울날에도 나무의 속살이 얼지 않는다.

겨울이 다가오면 나무의 관심은 성장이 아니라 생존이 된다. 버리고 줄여서 긴 겨울을 버틴다. 여름날 무성한 나뭇잎이 자랑스러운 성장을 말한다면, 가을날 단풍과 낙엽은 나무가 내년 봄의 삶의 지속을 바라는 안간힘의 결과다. 올겨울의 버림이 없이는 다음 해의 성장도 없고, 나무는 내년의 여전한 삶의 지속을 위해 가을날 몸의 일부를 버린다. 가을날 다채로운 단풍에 감탄하며, 지속을 위해 버리는 나무의 고통을 떠올린다.

다가올 힘든 시간을 버티려, 가진 것을 스스로 버리는 나무를 생각한다. 내년에도 계속 생존하기 위해 지금의 커다란 변화와 고통을 감내하는 나무에서 세상을 배운다. 생각이 이어진다. 기후위기의 궁극적인 해결을 위해 우리 모두의 삶의 방식이 근본적으로 바뀌어야 하지 않을까. 더 많이 배출하고 더 많이 다시 거두는 삶이 아니라, 더 적게 배출해 조금만 다시 거두어도 되는 삶이 더 지속가능하지 않을까. 가을날 단풍과 낙엽을 다시 떠올리며 내 삶을 생각한다. 더 많이 가져 더 지켜야 하는 삶보다 적게 가져 지킬 필요도 없는 삶이 더 현명하지 않을까. 비우고 버려야 새롭게 채울 수 있다면, 가진 것보다 비울 것을 먼저 떠올려야 하지 않을까. 가을날 멋진 단풍을 보며 내가 비워야 할 것들을 생각한다.

물고기가 수면 위로 솟아오르는 법

나무토막은 물에 뜬다. 아무것도 들어 있지 않은 빈 병도 물에 뜬다. 그런데 쇳덩이로 만든 것도 물에 뜰 수 있다. 무거운 강철로 만든 큰 화물선은 바다에 떠서 세계 이곳저곳으로 엄청난 양의 화물을 실어 나른다. 강철로 만든 잠수함이라도 바다 밑바닥에 딱 붙어 바퀴로 움직이는 것이 아니다. 깊은 해저에서 위아래로 얼마든지 뜨고 가라앉을 수 있다. 물리학에서는 물과 같은 유체 안에서 발생하는 부력으로 설명하지만, 밀도가 큰 재료로 만들어졌어도 물에 뜨는 모든 것이 이용하는 원리는 무척 간단하다. 속을 비워서 뜬다.

어려서 수영장에서 놀 때, 입으로 공기를 불어 넣은 물놀이공을 자주 가져갔다. 가만히 두면 물 위에 저절로 떠 있는 이 공을 물속으로 손으로 밀어 넣으면, 그리 크지 않은 공인데도 수면으로 떠오르려는 강한 힘을 느낄 수 있었다. 사실 해저의 무거운 강철 잠수함이 이용하는 원리도 똑같다. 물이 가득 찬 탱크를 안에 두고는 옆에는 고압으로 압축한 기체 탱크를 연결한다. 기체 탱크의 밸브를 열어서 강한 압력의 압축 기체를 물이 들어 있는 탱크 쪽으로 보내 물을 잠수함 밖으로 밀어내면, 기체보다 무거운 물이 잠수함 밖으로 밀려나 잠수함 전체의 평균밀도가 줄어든다. 전체의 평균밀도가 물의 밀도보다 작아지면 잠수함은 위로 떠오르기 시작한다. 잠수함을 해저로 가라앉게 하고 싶을 때는 거꾸로 탱크에 물을 가득 채운다. 위로 오르려면 안을 비울 일이다.

어려서 친구들과 개천에서 민물고기를 잡고는 했다. 잡아놓은 물고기는 죽자마자 금방 상하기 시작하는데, 이때 물고기의 내장을 제거하면 금방 상하는 것을 막을 수 있다. 물고기 배 쪽을 손톱으로 눌러 가르고 내장을 엄지와 검지를 이용해 밖으로 밀어내는 것을 물고기 "배를 딴다"는 속어로 불렀던 기억이 난다. 물고기 배를 따면, 작은 풍선이 함께 따라 나오는 것을 볼 수 있었다. 바로 물고기 부레다. 부레에 들어 있는 공기의 부피를 줄였다 늘였다 하면서, 물속 물고기도 잠수함처럼 위아래로 수면에서의 깊이를 바꿔가며 자유롭게 헤엄칠 수 있다. 잠수함도 부레가 있는 셈이다.

우리가 숨쉬며 살아가는 공기는 우리가 잘 느끼지 못해 그렇지 사실 엄청난 압력을 만들어낸다. 손바닥을 펴고 그 위에 가로세로 1센티미터인 작은 정사각형을 그려보라. 새끼손가락의 폭이 약 1센티미터라서 어느 정도 크기일지 쉽게 상상할 수 있다. 이 작은 정사각형의 면적에 물이 가득 찬 1리터들이 페트병이 하나 올라가 있는 정도의 큰 힘을 대기압이 만들어낸다. 17세기 과학자 오토 폰 게리케(Otto von Guericke)가 독일의 도시 마그데부르크에서 여러 사람에게 보여준 놀라운 실험이 있다. 구리로 만든 반구를 서로 마주보게 붙여놓고, 그 안의 공기를 모두 밖으로 빼서 안을 거의 진공으로 만들었다. 그다음 양쪽에 각각 8마리씩 무려 16마리의 말을 연결해 두 반구를 떼어놓으려 했지만 반구가 서로 떨어지지 않았다는 실험이다. 맞붙은 금속 반구 둘은 우리가 살아가는 공기 중의 대기압력으로 밖에서 안을 향하는 큰 힘을 모든 방향에서 받고 있는데, 여러 마리 말의 큰 힘으로도 그 힘을 이기지 못한다는 실험이다. '비움'은 정말 힘이 세다.

물리학뿐 아니다. 우리 삶에서도 비움은 정말 힘이 세다. 새로운 정보를 받아들이고 새로운 생각을 떠올리려면, 마음을 비워야 한다. 요즘은 아니지만 얼마 전까지도 산책을 자주 했다. 마감이 다가오는 원고가 있거나, 물리학 연구가 잘 진행되지 않을 때, 논문 초록의 첫 문장을 어떻게 시작할지 고민일 때, 근무하는 대학교 바로 옆 작은 저수지 둘레를 한두 바퀴 걷고는 했다. 천천히 산책하는 그 길지 않은 시간을 보내고 나면, 뚝딱 원고 한 편의 구성이 끝나고, 번쩍 새로운 연구 방향을 떠올릴 수 있을 때가 많았다. 산책으로 마음을 가볍게 하면, 그 빈 곳에 무언가가 새로이 채워지는 느낌이었다. 방금 적은 이 문장도 재미있다. 우리는 질량이 없는데도, 마음이 무겁다고, 혹은 마음이 가볍다고 말한다. 물리학자의 눈에 마음은 부피가 없지만, 만약 마음에도 부피가 있다면, 가벼운 마음은 바로 밀도가 작은 마음이다. 작은 밀도의 마음은 아래가 아닌 위로 오르고, 무거운 마음은 바닥에 머문다. 물속을 유유히 헤엄치는 물고기가 안을 비워 위로 떠오르듯이, 사람의 마음도 비워야 위로 솟을 수 있는 것일지도 모르겠다.

'워라밸'이라는 말이 있다. 일과 삶의 균형을 뜻하는 'Work and Life Balance'를 줄여 부르는 이야기다. 월화수목금금금으로 일에 매진하는 사람은 일로 무거워진 마음을 휴식이 함께하는 시간으로 가볍게 만들지 못한다. 매주 금금금으로 이어진 주말 다음에 맞는 월에 제대로 일에 집중할 수 있는 사람은 없다. 나 같은 과학자에게도 월화수목금금금은 말도 안 되는 삶의 방식이다. 새롭고 놀라운 생각은 여유로운 빈 마음에서 생기기 때문이다. 경제가 발전한 나라에서 노동시간이 짧은 것은 어쩌면 당연한 일일지 모른다. 경제가 발전해서 사람들이 조금만 일해도 되는 것이 아니라, 푹 쉬고 집중해 일해서 생산성이 높아져야 경제가 발전하는 것일 수도 있겠다. 쉬지 못한 마음은 일에도 집중하지 못한다. 푹 쉬고 나야 일도 잘 된다. 쉬는 것도 일이다.

가을 하늘이 주는 오싹한 경이로움

파란 가을 하늘, 울긋불긋 아름답게 물든 단풍, 덥지도 춥지도 않은 딱 적당한 기온. 나는 가을이 참 좋다. 달리는 기차 안에서 차창 밖 가을 풍경을 즐겨본다.

하늘이 나 좋으라고 멋진 색을 보여주는 것도 아니고, 나뭇잎이 내 눈에 아름다우라고 예쁘게 물드는 것도 아니다. 매년 이맘때 날씨가 선선해지는 것도 더운 여름에 지친 나를 자연이 위로하기 위한 것이 아니다. 가을날 한국 주변의 기압 배치가 푸르른 가을 하늘을 만들고, 가지고 있는 물의 양을 줄여서 추운 겨울을 견뎌야 하는 나무는 미리 가을에 잎을 떨군다. 가지에서 잎이 떨어지기 전 잠깐 예쁜 단풍을 보여줄 뿐이다. 계절이 바뀌어 선선한 가을이 오는 것도 공전궤도면에 대해 수직 방향에서 약간 옆으로 기운 지구 자전축 덕분일 뿐이다. 이 모든 것을 과학으로 이해해 자연의 변화가 나를 위한 것이 아니라는 것을 안다고 해서, 아름다운 가을날 차창 밖 풍경에서 느끼는 내 감탄의 정도가 줄어드는 것은 결코 아니다. 나는 과학자다. '그럼에도 불구하고'가 아닌 '그래서 더욱', 나는 가을이 정말 좋다.

아름다운 가을날 차창 밖 멋진 풍경을 보며 과학자인 나도 다른 모든 이와 마찬가지로 감탄한다. 자연의 아름다움에는 알아야 더 감탄할 수 있는 것이 많다. 과학은 이성이라는 날카로운 칼날로 아름다운 무지개를 풀어 헤쳐 훼손하지 않는다. 과학자도 사람의 부분집합일 뿐이어서 무지개의 아름다움에 모든 사람과 마찬가지로 똑같이 감탄한다.

과학이 가진 놀라운 힘은 눈에 직접 보이지 않는 자연의 다른 아름다움에 대한 깨달음으로 우리를 이끌 수 있다는 것이다. 무지개를 보며 파장마다 다른 빛의 굴절률로 나의 생각을 이어가다가, 무지개를 만들어내는 물방울의 빛의 투과율을 인터넷에서 검색해본다. 가시광선 영역에서 물이 빛을 잘 투과한다는 것을 보여주는 그래프를 찾고는 고개를 끄덕인다. 아하, 그래서 물방울이 투명해 보이고 빛을 잘 투과해 무지개를 만드는구나! 넓디넓은 전자기파 전체의 파장 영역에서 왜 우리 인간은 좁디좁은 가시광선 영역대의 빛에 특히 민감한 시각을 가져서 이 멋진 무지개를 볼 수 있을까, 궁금증이 이어진다. 그러고는 해가 지구에 보내주는 고마운 복사에너지가 가시광선 영역에서 가장 큰 에너지를 가진다는 사실을 떠올리며 고개를 끄덕인다.

과학의 눈으로 무지개를 보는 사람은 무지개의 멋진 모습에 다른 모든 이와 똑같이 감탄하면서, 동시에 지구 생명을 가능케 한 물과 태양의 고마움을 떠올린다. 멋진 무지개를 감상할 수 있는 인간의 눈으로 이어진 긴 진화과정에 경이감을 느낀다. 지구가 형성된 초기에 멀리서 다가온 혜성이 지구에 물을 가져다준 것이라는 과학의 발견까지 생각이 이어진다. 아름다운 무지개를 보며 우주를 떠돌던 원자에서 나라는 존재로 이어진 긴 관계의 사슬에 놓인 모든 매듭의 소중함에, 내가 무지개와 깊이 연결되어 있다는 깨달음에 전율한다. 이런 사실을 알아낸 과학과 인간 이성의 아름다움에도 말이다. 어떤 아름다움은 알아야 더 잘 보인다.

영어로 가을 하늘의 색을 말할 때는 녹색(green)이 아니라 청색(blue) 하늘이라고 한다. 한편 한국인은 가을 하늘을 푸르다고도, 파랗다고도 말한다. 나뭇잎은 푸르다 하지 파랗다 하지 않고, 보행자 신호등은 분명히 녹색인데 또 파란불이라 부르기도 한다. 잠깐 한국어의 몇 가지 예를 떠올려보니 무척 재미있다.

비교적 최근에 《사이언티픽 리포트(*Scientific Reports*)》라는 학술지에 출판된 연구가 있다.• 지구 위 여러 곳에 존재하는 142개 인구 집단에 대해 각 지역의 여러 특성에 관련된 데이터를 모았다. 주변에 커다란 호수가 있는지, 그 지역의 일조량은 어떤지, 또 인구 집단의 크기는 어떤지 등 여러 다양한 요인과 그 지역 언어가 푸름/파랑을 명확히 구별하는지를 통계적인 방법으로 살펴보았다.

논문의 결과가 흥미롭다. 먼저 일조량이 많은 지역의 언어는

• https://doi.org/10.1038/s41598-021-98550-3

푸름/파랑을 굳이 구별하지 않는 경향이 있다. 오랜 시간 강한 햇빛에 노출되면 사람들의 시각 인식은 푸른색과 파란색을 명확히 구별하기 어렵기 때문이라고 한다. 이뿐이 아니다. 논문 저자들은 주변에 큰 호수가 있는 지역, 그리고 인구가 많은 집단의 언어는 푸름/파랑을 구별하는 경향이 있다는 결과도 얻었다. 인구가 많으면 기술의 발달도 빨라서 더 다양한 색을 만들어내는 염료기술이 발전했을 것이라 가정하면, 염료기술이 발달할수록 푸름/파랑을 구별하는 경향이 있다는 그럴듯한 결과다. 사람의 언어가 기후, 환경, 그리고 문화의 영향을 받을 수 있다는 주장을 담은 멋진 연구다. 한국어에서 파란 가을 하늘을 푸르다고도 하는 것이 한국의 기후조건과 관련이 있을 수 있다는 이야기가 무척 재밌다. 햇빛이 강해 눈부신 가을 하늘을 보며, 우리가 푸른 하늘과 파란 하늘을 함께 말하는 이유다.

멋진 가을 하늘빛에도 과학이 할 수 있는 이야기가 무궁무진하다. 파랗고 푸른 가을 하늘을 다시 올려다본다. 알고 본다고 해서 하늘이 덜 멋져 보이는 것이 결코 아니다. 아니, 나는 거꾸로다. 알고 보니 더 예쁘다. 과학은 무지개를 풀어 헤치지 않는다. 무지개의 색을 생생히 드러내 더 아름답게 보이게 한다. 난 여전히 가을날 하늘을 보며 등골이 오싹한 경이로움을 느낀다. 과학자임에도 불구하고가 아니라, 과학자라서 더욱.

순환

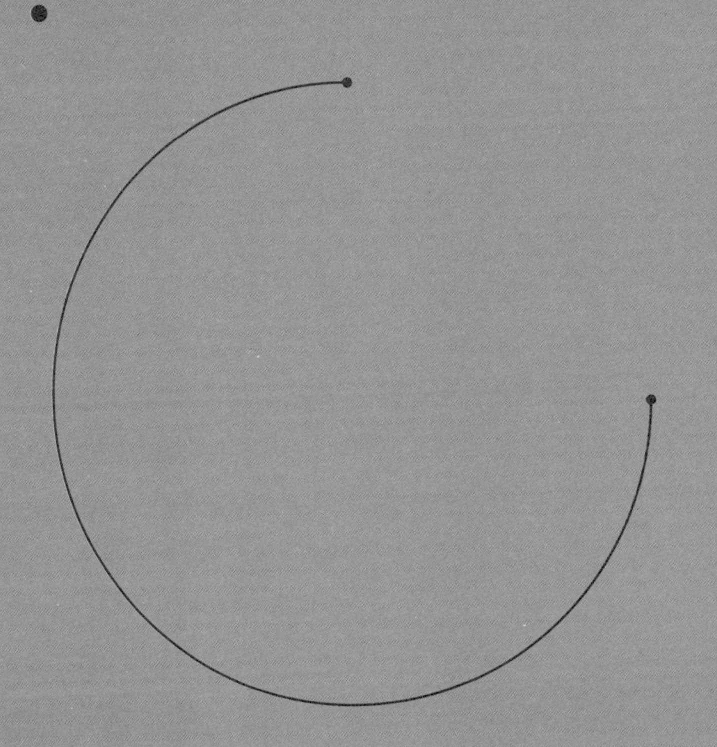

코페르니쿠스의 순환이 만든 혁명을 다시 기억한다.

바뀌지 않으려면 바뀌어야 한다.

지속가능한 것들의 조건

유한한 공간 속 무한한 순환, 주기적인 경계조건

1543년 천문학자 니콜라우스 코페르니쿠스(Nicolaus Copernicus)는 『천구의 회전에 관하여』라는 제목의 책을 출판했다. '회전' 혹은 제자리로 돌아오는 '순환'을 뜻하는 영어 revolution에 해당하는 단어가 이 책의 제목에 들어 있다. 지구중심설(천동설)에서 코페르니쿠스의 태양중심설(지동설)로, 인간이 바라본 우주의 모습이 급변하게 된 것을 과학사에서는 코페르니쿠스혁명(Copernican revolution)이라 한다. 태양이 중심인 행성운동의 순환이 만든 혁명(revolution)이다.

머리를 들어 올려다본 하늘에는 반복적으로 순환하는 것이 많다. 밤에 본 달의 모습은 약 한 달을 주기로 다시 반복된다. 우리가 한 달을 한 달이라고 하는 이유다. 유심히 관찰하면 해가 아침에 뜨는 방향과 정오에 바라본 해의 높이는 1년을 주기로 규칙적으로 되풀이된다. 우리가 한 해를 한 해라고 하는 이유다. 봄에 씨뿌려 가을에 거두는 농사도 그렇다. 올해 뿌린 씨가 작년 뿌린 씨와 같은 것은 아니지만, 봄에 뿌린 씨가 무럭무럭 자라 가을에 거두는 벼의 모습도 한 해를 주기로 반복한다. 부모가 되어 아이를 낳고 그렇게 낳아 기른 아이가 세월이 지나 다음 세대의 부모가 된다. 세상 속 많은 것은 순환하는 것처럼 보인다. 시간이 지나 다시 제자리로 돌아와 순환하지 않는 것은 오래 지속될 수 없다.

작은 여러 정사각형이 빽빽이 줄을 맞추어 늘어선 바둑판을 떠올려보라. 격자구조 안에 있는 작은 정사각형의 한 꼭짓점은 위아래, 그리고 좌우, 이렇게 네 이웃을 가진다. 그런데 바둑판 경계에 있는 꼭짓점은 이웃이 셋이고, 바둑판 구석에 놓인 네 꼭짓점은 이웃이 단 둘뿐이다. 네 개의 경계선이 둘러싼 바둑판 같은 모습을 물리학에서는 닫힌 경계조건(closed boundary condition)이라고 한다. 이렇게 구현된 2차원 시스템에서 계산을 하면 경계에 놓인 원자는 이웃의 수가 달라서 경계의 깊은 안쪽 바둑판 천원(天元)에 놓인 원자와 다르게 행동한다.

시스템 안 원자의 위치가 달라도 정확히 같은 방식을 따라 행동하게 하려면 어떻게 해야 할까? 이를 해결하는 방법이 바로 물리학의 주기적인 경계조건(periodic boundary condition)이다. 바둑판 같은 2차원이라면 먼저 왼쪽 경계와 오른쪽 경계를 둥글게 말아 이어 붙여서 원기둥 모양을 만들어보라. 원기둥의 둥근 곡면을 따라 한 점에서 시작해 왼쪽으로 계속 걸어가면 한 바퀴 돌아 원래의 위치로 돌아온다. 원기둥의 중심축 방향을 따라 위로 걸어도 원래의 위치로 돌아오게 하려면, 다음에는 원기둥의 윗면과 아랫면을 또 이어 붙이면 된다. 한번 해보시라. 도넛 모양의 3차원구조가 된다. 어느 방향으로든 한 방향을 골라 계속 걸어가면 경계를 만나지 않고 처음의 위치로 돌아온다. 주기적인 경계조건을 만족하는 시스템에는 경계가 없다. 몇 번을 순환해도 원래의 위치로는 돌아올 수 있다. 유한한 공간 안에 무한한 순환을 구현한다.

우리는 결국 태양에너지로 작동하는 열기관

열역학과 통계역학에 자주 등장하는 열기관(heat engine)도 순환한다. 한 번의 순환과정(cyclic process) 중 밖에서 열을 전달받고 그 열의 일부를 유용한 일의 형태로 바꾸어 외부로 전달하는 것이 열기관이다. 열기관이 100의 내부에너지로 시작해 한 번의 순환에서 내부에너지가 1씩 줄면 100번의 순환 뒤에는 밑천이 떨어져 더 이상 작동할 수 없게 된다. 처음과 나중이 다르면 순환을 지속할 수 없어서, 우리는 매번 다시 처음상태로 돌아오는 열기관만을 이용할 수 있다. "천릿길도 한 걸음부터"라는 말이 있다. 한 걸음 앞으로 내디뎌 도달한 곳에서 내 몸의 상태가 출발한 곳과 달라지면, 나는 머나먼 천릿길 여정을 한 걸음의 연속과정으로 걸어갈 수 없다. 멀리 가려면 매번 제자리로 돌아와야 한다.

내 팔을 움직여 물체를 1미터 들어 올리려면 에너지가 필요하다. 그 근원을 거슬러 올라가면, 내가 먹은 밥, 밥을 지은 쌀알에 닿고, 더 거슬러 오르면 결국 태양빛으로 시작한 광합성에 도달한다. 이 글을 내가 쓰는 것도 결국 태양이 있어 가능하다. 열역학의 관점에서 보면 나도 결국은 태양에너지로 작동하는 열기관인 셈이다.

태양에서 복사의 형태로 유입된 에너지가 지구 위 모든 곳에서 이리저리 전달되며 세상 만물의 변화와 순환을 만든다. 지구의 기온상승은 들어온 에너지가 밖으로 나가는 에너지보다 많기 때문이 아니다. 지구에 들어온 복사에너지는 온갖 열역학적 과정을 거쳐서 다시 밖으로 나가기 전에 대기권에 머문다. 온실기체로 인해 대기의 온도가 오르고, 충분히 높은 온도에 이르면 지구는 에너지를 또 복사의 형태로 밖에 방출한다. 들어온 에너지는 나가는 에너지와 같고 이는 대기 중 온실기체의 양과 무관하지만, 더 많은 온실기체는 더 높은 온도에서 열평형을 만든다. 산업혁명 이후 끊임없이 인간이 배출한 온실기체로 계속해서 오르는 지구의 기온은 미래의 지구를 새로운 상태로 몰아갈 것이 분명하다. 높은 온도에서 이루어진 미래의 상태에서도 당연히 지구는 지속된다. 하지만 그 상태로 지구를 몰아붙인 우리 인간이 온도가 오른 미래에 지금처럼 생존하기는 어렵다.

지속가능성이 요즘 중요한 화두다. 먼 미래에도 현재의 우리 모습이 지속되려면 순환이 필수다. 1퍼센트의 경제성장률이면 많은 이가 경기침체를 말하지만, 이렇게 낮은 경제성장률이 1000년을 이어가면 2만 배로 경제가 성장한다. 경제든, 인구든 영원한 성장은 지속가능하지 않다. 먼 미래를 상상한다. 사람들의 삶의 질을 경제성장률로 측정하는 것이 오래전 과거가 된 미래, 양적인 성장 없이도 모든 이의 행복이 지속되는 미래를 떠올린다. 배출한 만큼 흡수하고, 만든 만큼 소비하는 모든 영역의 넷제로(net-zero) 없이 인류의 오랜 지속은 불가능하다. 우리 앞에 놓인 미래가 지금처럼 지속되기 위해서는 사회와 경제, 그리고 정치 시스템의 크나큰 혁신이 필요하다. 모든 것이 지속되는 순환의 미래를 위해 성장에 익숙한 우리 삶의 모든 방식을 바꿔야 한다. 코페르니쿠스의 순환(revolution)이 만든 혁명(revolution)을 다시 기억한다. 지금 당장 우리에게 필요한 것은 순환에 기반한 혁명이 아닐까. 바뀌지 않으려면 바꿔야 한다.

○○○

열기관 여러 과정을 거쳐서 처음의 상태로 다시 돌아오는 것을 순환과정이라고 한다. 딱 한 번 작동하고 멈추는 것이 아니라 여러 번 계속 동작을 반복하는 자동차 엔진 같은 모든 것은 순환과정을 따른다.

열역학의 열기관은 한 번의 순환과정 중에 높은 온도의 열원에서 열의 형태로 에너지를 전달받아, 열의 일부를 낮은 온도의 열원으로 방출하고, 그 나머지를 역학적인 일의 형태로 바꾼다. 열기관이 한 번의 순환과정을 마치면 열기관의 열역학적 상태는 처음의 상태로 돌아오므로, 열기관 내부의 에너지도 같은 값으로 돌아온다.

열역학적 과정에서 에너지가 보존된다는 열역학 제1법칙을 생각하면, 한 번의 순환과정 중에 열의 형태로 고온의 열원에서 들어온 에너지는, 저온의 열원으로 나간 에너지와 유용한 역학적 일의 형태로 열기관이 외부로 공급한 에너지의 합과 같다. 불을 때서 물을 끓이고 이때 발생한 증기의 압력으로 작동하는 증기기관을 생각해보자. 같은 양의 연료를 때서 더 큰 역학적 일을 할 수 있는 증기기관이 열효율이 더 좋은 열기관이다.

열기관 외부에서 열의 형태로 공급된 에너지보다 더 큰 에너지를 역학적 일의 형태로 열기관이 생산할 수 없다는 것은 열역학 제1법칙의 결과다. 또한, 열기관의 열효율에는 상한이 있어서 공급받은 모든 열을 역학적 일로 바꿀 수는 없다는 것은 열역학 제2법칙의 결과다. 이렇듯 열역학의 법칙은 영구기관이 불가능하다는 것을 명확히 알려준다.

마찰

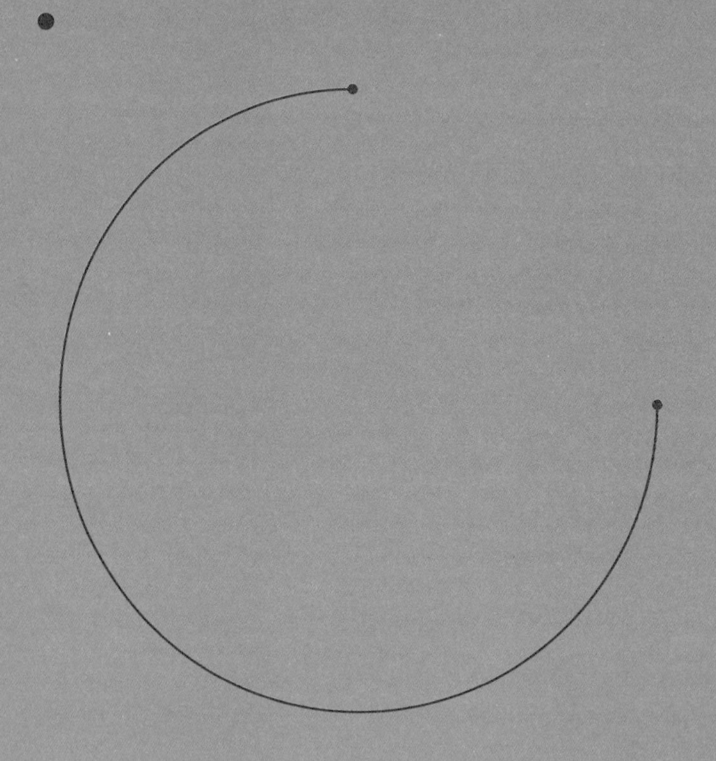

누군가에게 첫눈에 반했다면
전자기력에 감사할 일이다.

뜨거워지는 세상,
폭주하는 미래

가장 근본적인 네 가지 상호작용

자연에는 딱 네 종류의 근본적인 상호작용이 있다. 중력과 전자기력, 강한 핵력, 약한 핵력이다. 한 해에 한 번 태양 주위를 공전하는 지구의 운동은 중력이 만들고, 건조한 겨울에 자동차 문손잡이에 손을 댈 때의 짜릿함은 전자기력 때문이다. 아주 좁은 원자핵 안에 양의 전하량을 가진 양성자 여럿이 갇혀 있으면 상당히 큰 전자기력이 미는 힘으로 작용한다. 그런데도 양성자 여럿이 오밀조밀 모여 있을 수 있는 것은 강한 핵력 덕분이다. 원자핵의 안정성을 가능케 하는 것이 강한 핵력이니, 강한 핵력이 없다면 원자핵도, 원자도, 세상의 온갖 물질도, 그리고 나도 없다. 우주 모든 곳에서 모든 물질을 구성하는 원자의 존재를 가능케 하는 것이 강한 핵력이다.

한편 약한 핵력은 중성자가 양성자와 전자, 그리고 반중성미자로 바뀌는 것과 같은 붕괴과정에 관여해서 원자핵을 다른 원자핵으로 바꾼다. 태양 안에서 가벼운 수소가 서로 만나 헬륨으로 원자핵이 바뀌는 핵융합의 중간과정에도 약한 핵력이 관여한다. 고마운 햇볕은 약한 핵력이 만든다.

네 종류의 힘 중 가장 약한 것이 중력이다. 내가 번쩍 커피 잔을 들어 올려 입으로 가져갈 때마다 내 작은 팔로 이 큰 지구가 커피 잔을 잡아당기는 중력을 이기는 셈이다. 중력은 정말 약하다. 이름을 보면 짐작할 수 있듯이, 그다음 약한 것이 약한 핵력이다. 중력은 우리 모두의 소중한 지구를 태양으로부터 적당한 거리에 묶어서 온갖 생명을 가능케 하고, 태양빛을 만들어내는 약한 핵력은 지구 위 모든 생명의 에너지의 근원이다. 약하고 여린 것이 지구 위 모든 삶의 바탕이다.

지구나 태양같이 큰 것들에서 눈을 돌려 내 앞 책상 위 커피 잔을 바라본다. 우리가 사는 세상은 중간계다. 지구와 태양보다는 무척 작고, 원자보다는 무척 큰 세상이다. 둘 모두 '핵'을 돌림자로 갖는 강한 핵력과 약한 핵력은 원자핵 크기 정도의 아주 짧은 거리에서만 등장하니 우리 사는 중간 크기의 세상에서 그 모습을 직접 보기는 어렵다. 중력으로 보면 너무 작고, 핵력으로 보면 너무 큰 세상이 우리가 매일 만나는 세상의 거의 전부다.

사랑에 빠진 둘은 서로를 매력적(attractive)이라고 느낀다. 둘 사이에는 서로 더 가까워지려는 끄는 힘(인력, attractive force)이 작용하는 셈이다. 매력(魅力)이 인력(引力)으로 작용하는 끌림의 근원은 전자기력이라면 모를까, 너무나도 약한 중력일 리는 없다. 두 원자핵 사이의 사랑 이야기가 아니니, 전자기력이라면 모를까 강한 핵력이나 약한 핵력일 리도 없다. 먼저 가능한 것들을 모두 생각해보고 하나씩 불가능한 것을 제거해가는 소거법을 쓰면 결국 남는 것은 전자기력이다. 정말로 무슨 일이 벌어지는지 찬찬히 따져보아도 답은 같다. 당신의 멋진 모습은 전자기력 상호작용을 매개하는 입자인 빛알(광자)의 형태로 둘 사이 공간을 훌쩍 넘어 내 눈 망막에 닿는다. 망막의 시세포에 닿은 빛은 전기적인 신경신호를 만들어 내 뒤통수 쪽 시각중추에 도달하고, 다시 뇌의 곳곳으로 전달되어 여러 신경세포의 전기적인 발화패턴의 모습으로 우리의 감정과 인식을 만들어낸다. 이 모든 과정을 과학이 속속들이 알아낸 것은 아니지만, 첫눈에 반했다면 전자기력에 감사할 일이다.

마찰이 멈춰도 떨림은 남는다

바둑판 위에 바둑알을 올려놓고 손가락으로 약하게 치면 움직이기 시작한 바둑알은 곧 바둑판 위에서 멈춘다. 바로 마찰력 때문이다. 당연히 마찰력의 근원은 네 종류의 상호작용 중 전자기력일 수밖에 없다. 바둑판과 바둑알은 너무 작아서 중력은 정말 작고, 바둑판과 바둑알은 너무 커서 핵력일 리도 없다. 바둑판과 바둑알처럼 우리가 사는 중간계의 물체는 주로 전자기력의 지배를 받는다. 바둑판이나 그 위에서 미끄러져 움직이는 바둑알이나 결국 원자로 구성되어 있고, 원자는 양전하를 가진 원자핵과 음전하를 가진 전자로 이루어져 있다. 두 원자가 가까워지면 한 원자의 전자는 다른 원자의 전자를 좀 더 먼 쪽으로 밀어낸다. 원자 전체는 중성이어도 그 안 전하량의 분포가 바뀐다. 첫 번째 원자의 음의 전하량을 가진 전자는 전하 분포가 바뀐 두 번째 원자의 양의 전하량을 띈 부분과 더 가깝게 되고, 결국 중성원자 사이에도 서로 잡아 끄는 전기력이 발생해 마찰력으로 작용한다.

움직이는 바둑알 쪽 원자는 바둑판 쪽 원자를 전자기력으로 가깝게 잡아 끈다. 그렇다고 해서 바둑판 쪽 원자가 바둑알 쪽 원자를 계속 따라 움직여 처음 위치에서 크게 벗어날 수는 없다. 바둑판 쪽 한 원자는 바둑알 쪽 원자를 조금 따라가다가 결국 더 이상 따라가는 것을 포기하게 된다. 계속 따라가고 싶어도 바둑판의 주변 다른 원자의 눈치도 보아야 하기 때문이다. 처음 위치에서 벗어날수록 다시 원래의 위치로 돌아오려는, 다른 원자가 만든 전기력이 커져서 이 원자는 결국 원래 위치로 되돌아온다.

오른쪽으로 움직이던 바둑판 쪽 원자가 자신을 잡아 끄는 바둑알 쪽 원자를 따라가는 것을 포기하고 나면, 이제 방향을 왼쪽으로 바꿔 처음 위치로 돌아온다. 하지만 아무리 작은 원자도 질량이 0이 아니라서 관성이 있으니 딱 멈출 수는 없기 때문에, 이 원자는 평형 위치를 지나쳐 왼쪽으로 더 움직인다. 결국 이 원자는 처음의 평형 위치 주변을 연이어 진동하게 되고, 이 진동은 또 바둑판의 다른 원자들에 전달되어 다른 원자도 떨린다. 바둑알이 가지고 있던 처음의 운동에너지는 결국 바둑알과 바둑판을 구성하는 원자들의 마구잡이 떨림이 가진 운동에너지로 변한다. 원자들이 더 큰 진폭으로 진동하게 되면 평균 운동에너지가 커지고, 따라서 온도가 올라간다. 우리 눈으로 보면 바둑알이 처음 가진 운동에너지가 모두 사라진 것처럼 보여도, 원자 수준에서는 그렇지 않다. 마찰이 멈춰도 떨림은 남는다.

전자기력인 마찰력을 느끼며 움직이던 물체가 멈추고 나면 양쪽 모두는 더 뜨거워진다. 계속 마찰하면 계속 더 뜨거워진다. 계속된 마찰로 오른 온도가 물질의 자연발화 온도에 도달하면 물질을 구성하는 탄소 같은 원소는 공기 중의 산소와 결합하기 시작한다. 탄소와 산소가 만나 이산화탄소가 되는 화학반응의 근원도 전자기력이다. 이러한 연소반응의 전후 물질이 각각 가진 에너지를 비교하면 차이가 있다. 반응 후 만들어진 분자의 에너지가 반응 전 분자들의 에너지의 합보다 작다. 둘의 차이가 열의 형태로 주변에 전달되어 다른 분자의 연소반응을 이끌어내는 과정이 연이어 계속된다. 모든 발화는 자연발화고 모든 연소는 연쇄반응이다.

계속되는 마찰은 양쪽의 온도를 올린다. 발화점을 넘길 정도로 온도가 오르면 불이 붙어 재를 남긴다. 마찰이 있다고 늘 열이 발생하는 것은 아니다. 바둑알을 올려놓고 바둑판을 살짝 기울이면, 마찰력으로 바둑알은 미끄러지지 않는다. 물체가 움직이지 않는 상황에서 작용하는 마찰력을 정지마찰력이라고 한다. 외부의 힘이 최대 정지마찰력을 넘기면 물체는 가속해 폭주한다. 어지러운 세상의 온갖 마찰을 보며 최대 정지마찰력을 넘긴 미래의 폭주를 떠올린다. 계속되는 강한 마찰로 더 뜨거워지는 세상과 결국 발화해 남겨질 잿더미를 걱정한다.

세상을 구할 영웅도, 세상을 망칠 악당도 없다

: 행위자가설의 함정에 빠지지 않으려면

한스 로슬링의 책 『팩트풀니스』에 나오는 이야기다. 항공기 기장이 운항 중 깜빡 졸아 비행기 사고가 났다. 우리는 어떤 일을 해야 할까? 물론 운항 중 잠든 기장에 대한 적절한 처벌도 필요하다. 하지만 꾸벅 졸았던 그 기장을 처벌해 다시는 조종간을 맡기지 않는 것만으로 장차 다른 기장이 조는 것을 모두 막을 수는 없는 노릇이다. 기장의 항공기 운항 일정이 과도해서 피로를 풀 휴식 시간을 갖기 어려웠던 것은 아닌지 살피고, 역할 분담의 장벽이 너무 높아 부기장이 기장을 돕지 못한 것은 아닌지를 조사하는 것이 더 중요하지 않을까? 졸음을 이기지 못하는 기장의 이상 행동의 패턴을 가능한 일찍 감지해 알려주는 자동 시스템을 고민하는 일도 단순한 처벌보다는 훨씬 더 필요하다. 사회에 커다란 문제가 발생할 때 그 책임자를 찾는 노력을 하지 말라는 이야기가 아니다. 책임질 대상을 찾아서 처벌하고는 마치 문제가 해결된 것처럼 모두가 잊고 넘어가는 상황이 이어지면 똑같은 문제가 다시 발생할 수밖에 없다는 이야기다.

『팩트풀니스』에 나오는 다른 이야기다. 여전히 많은 이를 사망에 이르게 하는 질병인 말라리아에 대한 연구를 거대 제약회사가 좀처럼 하지 않는다는 이야기를 저자가 수업 중에 들려주었다. 그러자 한 학생이 그런 제약회사 사장의 면상을 한 대 갈겨주어야 한다고 이야기한다. 제약회사 사장 혼자서 이런 결정을 하는 것은 아니다. 대화를 이어가다 보니 결국 사장이 아닌 제약회사의 이사들의 면상을 갈겨주는 것이 더 낫고, 이어서 이사들의 결정을 좌지우지하는, 이 제약회사의 주식에 투자한 스웨덴은퇴기금의 이사들이 얼굴을 얻어맞아야 한다는 결론에 이른다. 그리고 은퇴기금이 제약회사에 투자한 이유는 바로 질문한 학생의 할머니의 연금 때문이다. 결국 말라리아 연구가 제대로 이루어지지 않는 이유는 바로 할머니 때문이다. 학생은 할머니를 찾아뵙고 할머니를 비난해야 한다. 물론 말도 안 되는 이야기다.

이처럼 우리는 주변에서 벌어지는 안타까운 일을 보면, 비난할 누군가를 찾을 때가 많다. 비난할 사람을 찾는 과정을 반복하다 보면, 결국 모두가 깨닫는 점이 있다. 사람이 문제의 근원이 아닐 수 있다는 것이다. 비난하고 처벌할 사람을 찾는 데 모두의 이목이 집중되면, 문제의 해결은 오히려 더 어려워질 수 있다. 물론 사람도 문제의 일부지만 사람만이 문제가 아니다. 문제를 해결하려면 멀리서 크게 보아야 할 때가 많다. 몇 사람의 처벌로 해결되는 단순한 문제는 현대사회에 없다.

어떤 일이든 그 배후에는 그 일을 일으킨 행위자가 있다는 생각은 오랜 진화의 과정에서 인간에게 장착된 생각의 모듈이라고 진화심리학은 말한다. 와야 할 봄비가 안 오는 것은 마을의 누군가가 큰 잘못을 했기 때문이고, 여름날 벼락은 누군가를 벌하는 하늘의 징벌이라고 생각한다. 봄비는 싹을 틔우기 위해 내리고, 따가운 여름 햇볕을 피하는 우리를 위해서 나무는 무성한 잎으로 그늘을 드리운다. 결과가 있으니 원인을 제공한 행위자가 있었을 것이고, 행위자의 의도가 결과를 만들어냈다고 지레짐작하는 것이 호모사피엔스의 익숙하고 오랜 사고 패턴이다.

이런 행위자가설은 과거만의 일이 아니다. 지금도 우리의 생각을 지배할 때가 많다. 어떤 큰일이 생겼을 때, 그 일이 좋은 일이면 누구 덕이고, 나쁜 일이면 누구 탓이다. 개발독재시대에 한국이 경제성장을 이룬 것은 당시의 대통령 덕분이고, IMF외환위기는 당시의 대통령 탓이 된다. 아니다. 복잡한 세상사 대부분은 누구 탓도 누구 덕도 아닌, 연결된 우리 모두의 행위의 결과다.

행위자가설이 극단적으로 드러나는 것이 지금도 여전히 사회 곳곳에서 끊임없이 등장하는 음모론이다. 과거 우리 조상을 두려움에 떨게 했던 예측할 수 없는 자연재해의 행위자인 하늘이, 자기가 원하는 방향으로 세상을 바꾸려는 사악한 의지를 가진 누군가로 대체되었을 뿐이다. 음모론은 진보와 보수를 가르지 않는다. 정치적 성향에 무관하게 사람들은 음모론을 자주 만들어내, 다른 이들의 오래된 생각의 모듈에 호소한다. 얽히고설킨 인과관계의 사슬이 만들어낸 현재의 상황을 도저히 용납할 수 없을 때, 누군가 탓할 사람과 조직을 찾아 비난하는 것은 음모론을 믿는 이의 마음의 평정에만 도움이 될 뿐이다.

말도 안 되는 음모론을 주장하는 사람을 설득하기는 무척 어렵다. 백신이 사실 위험한데 안전하다고 사람들을 속이는 나쁜 이들이 있다는 음모론을 믿는 사람에게, 그렇다면 왜 그런 이야기가 신문에 보도되지 않느냐고 되물으면 언론도 모두 한통속이기 때문이라고 답한다. 과학자의 이야기도 통하지 않는다. 왜? 과학자도 모두 저쪽 편이니까. 인간이 달에 착륙한 적 없고, 지구가 평평하다는 거짓 주장은 음모론으로 쉽게 이어진다. 달 착륙 사진도, 인공위성이 보여준 둥근 지구도, 사람들을 호도하는 나쁜 사람들의 조작이라고 믿는다.

세상의 참모습이 자신의 믿음과 일치하지 않을 때, 사람들은 자신이 옳고 세상이 그르다고 믿으려 한다. 참모습이 아닌 세상의 엉뚱한 모습을 굳게 확신하는 사람은, 자신과 같은 엉뚱한 상상을 하는 사람들과 주로 소통하며 확신의 강도를 늘려가기도 한다. 나쁜 마음을 먹고 음모를 꾸미는 사악한 행위자가 없어도 세상은 잘못될 수 있다. 브라질에서의 작은 나비의 날갯짓이 텍사스에 토네이도를 일으킬 수는 있지만, 그 나비를 잡는다고 토네이도를 막을 수 있는 것은 아니다. 세상의 얽히고설킨 연결 관계가 아닌, 연결망 속의 작은 구성요소에서 원인을 찾는 엉뚱한 상상이 음모론이다.

악당이 아니라 시스템에 주목하는 것이 미래의 문제를 방지하는 훨씬 더 좋은 방법이다. 사회 연결망 안의 대체 가능한 노드

(node)가 아니라 노드들 사이를 연결한 관계를 바꾸는 것이 더 낫다. 예상치 못한 갑작스런 폭우로 큰 홍수 피해가 일어났을 때 더 중요한 일은, 책임질 누군가를 찾는 것이 아니라 다음 홍수에 대비해 제방을 쌓고 피해 지원 시스템을 정교하게 보완하는 것이어야 한다. 세상은 악당과 영웅이 바꾸는 것이 아니다. 평범한 다수의 연결로 세상이 바뀐다. 세상을 구할 영웅도, 세상을 망칠 악당도 없다. 아니, 우리 모두가 악당이자 영웅이다. 평범한 여럿의 연결된 노력이 세상을 바꾼다. 음모는 세상을 바꾸지 못한다.

4부

과학이 지식이 아닌 태도가 될 때

: 이성의 눈으로 복잡한 세상을 꿰뚫는 법

역설

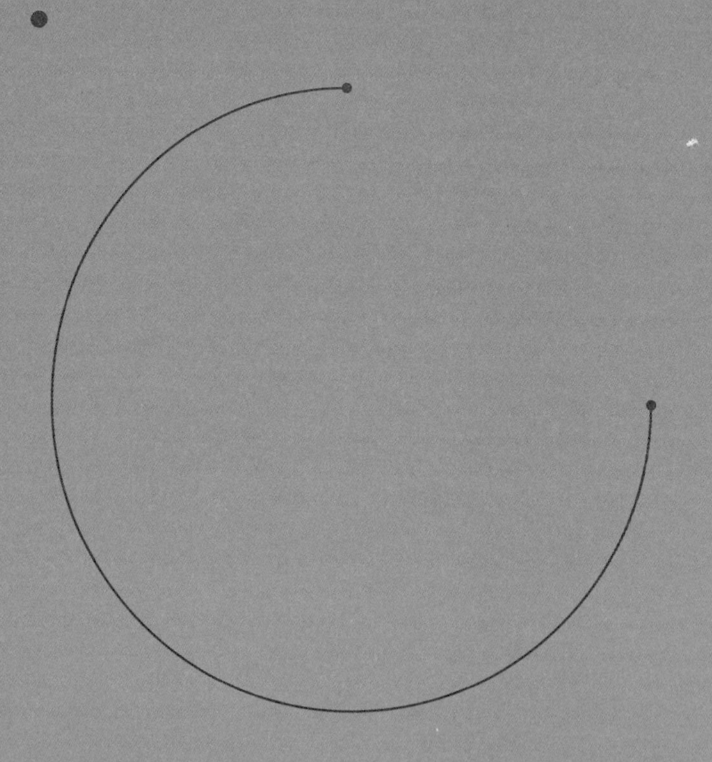

그럴듯한 것을 참인 것과 구분하려면 모두의 노력이 필요하다.
그 안간힘의 이름이 바로 과학이다.

겸허의 학문

아킬레스와 거북이의 달리기 경주

논리적으로 보이는 사고과정으로 얻은 결론이 직관이나 상식과 어긋날 때 이를 역설(逆說)이라 한다. 역설이 재미있는 이유는 결론을 보면 도무지 말이 안 되는 것처럼 보이는데 결론에 이르는 과정에서 논리적인 허점을 쉽게 찾을 수 없다는 점에 있다. 역설은 영어로 paradox이다. para는 '반대' 혹은 '비정상'을 뜻하고 dox는 '의견' 혹은 '생각'이라는 뜻이다. 흥미롭게도 para에는 '가깝다'는 뜻도 있다. 한마디로 역설은 참에 가까워 그럴듯해 보이지만 그렇다고 참은 아닌, 직관에 반하는 주장이다. 얼핏 보아서는 틀린 것을 찾기 어려운.

"아킬레스는 거북이를 결코 앞지를 수 없다." 유명한 그리스철학자 제논(Zeno of Elea)의 역설이다. 예를 들어 아킬레스가 10초에

100미터를 달릴 때 거북이는 그 10분의 1인 10미터를 나아간다고 해보자. 달리기 실력이 형편없는 거북이를 배려해 아킬레스는 거북이보다 100미터 뒤에서 달리기를 시작한다고 가정한다.

그리고 경주가 시작된다. 아킬레스가 100미터를 달려 거북이가 처음 있던 곳에 10초 뒤 도달하면, 거북이는 그보다 10미터 앞에 있다. 뒤이어 아킬레스가 10미터를 1초 만에 따라잡으면, 거북이는 그보다 1미터 앞에 있다. 아킬레스가 다시 거북이가 있던 곳에 도달해도 거북이는 여전히 아킬레스보다 조금은 앞에 있다. 이 과정을 무한 반복할 수 있으니 아킬레스는 거북이를 결코 앞지르지 못한다는 역설이다.

아리송해 보이는 이 역설의 답을 우리는 안다. 당연히 아킬레스는 거북이를 앞지른다. 앞의 과정을 무한히 반복하는 데 걸리는 시간이 유한하기 때문이다. 이는 고등학교 수학 시간에 배우는 무한등비급수 공식만 알아도 얼마든지 확인할 수 있다.

아킬레스가 방금 전 거북이가 있던 곳에 도달하기까지의 시간을 모두 더하면 10+1+1/10+1/100+1/1000+……의 꼴로 무한 번의 덧셈이 이어진다. 그러나 '10분의 1'이라는 동일한 비율로 줄어드는 수열을 무한대로 더하는, 즉 무한등비급수 공식을 통하면 9분의 100초라는 유한한 값을 얻을 수 있다.

- 첫 항이 a이고 공비가 r일 때, 무한등비급수(단, $a \neq 0$, $-1 < r < 1$)

  $a/(1-r)$

- 아킬레스가 거북이가 있던 곳에 도달하는 시간

  (a=10, r=1/10인 무한등비급수)

  10+1+1/10+1/100+1/1000+……

  $=10+(10\times1/10)+(10\times1/10^2)+(10\times1/10^3)+(10\times1/10^4)+\cdots\cdots$

  =10/(1-1/10)

  =100/9

이보다 훨씬 간단한 다른 방법도 있다. 10초에 100미터를 달리는 아킬레스의 속력은 초속 10미터이니, t라는 시간이 지난 뒤 아킬레스가 도달한 위치는 $10\times t$미터가 된다. 그리고 1초에 1미터를 달리는 거북이는 아킬레스보다 100미터 앞에서 출발해 초속 1미터의 속력으로 나아가니, 똑같이 t라는 시간이 지난 뒤 거북이의 위치는 $100+t$미터일 것이다. 둘의 위치가 같아지는 시간(t)은 $10\times t=100+t$라는 간단한 방정식을 풀어 구할 수 있는데, 앞에서 얻은 답과 똑같이 9분의 100초가 나온다.

이렇게 계산하나 저렇게 계산하나, 아킬레스는 경주 시작 후 얼마 지나지 않아 거북이를 앞지른다. 무한 번 더한다고 무한대가 되는 것이 아니다. 무한을 다룰 수 없었던 고대 그리스인들이 헷갈렸을 뿐이다. 과학과 수학의 역설 중에 이런 것이 많다. 결론에 이르는 과정에 논리적인 오류가 있다. 논리 전개에 오류가 발견되었으니 해결된 역설은 더 이상 역설이 아닌 셈이다.

바둑알 색깔이 불러온 논리 함정

내가 학생일 때 들었던 재미있는 역설이 떠오른다. 흰색과 검은색 바둑알이 마구 섞인 통에서 몇 개의 바둑알을 집어내도 이들 모두가 같은 색이라는 역설이다.

먼저 바둑알 하나를 집어보자. 당연히 색은 검거나 희거나 둘 중 하나다. 한 바둑알의 색이 두 가지일 리는 없으니까. 이후 n개의 바둑알을 임의로 집어냈는데 모두 같은 색이라 가정하고, 그다음에 뽑은 바둑알(n+1개)이 어떤 색일지 생각해보자. 바로 수학적귀납법에 따른 증명 방식이다. 통에서 바둑알을 n+1개를 꺼낸 다음 그중 하나를 옆으로 살짝 치우면, 가정에 따라 남은 바둑알 n개는 같은 색이다. 다음에는 방금 꺼냈던 바둑알 하나를 다시 무리에 합해 집어넣고 다른 바둑알 하나를 꺼내면, 이때 남은 바둑알 n개도 가정에 따라 모두 같은 색이다. 즉 n+1개 바둑알에서 처음 꺼낸 바둑알 하나도 무리의 다른 바둑알과 같은 색이어야 한다. 따라서 n+1개 모두가 결국 같은 색일 수밖에 없다는 결론이 나온다. n=1일 때 참이고, 일반적인 n일 때 참이라고 가정해서 n+1일 때도 참임을 보였으니, 모든 임의의 n에 대해 증명이 끝난 셈이다.

이러한 논리에 따르면 통에서 몇 개의 바둑알을 꺼내도 모두 같은 색일 수밖에 없다. 물론 말도 안 되는 이야기다. 앞의 논리 전개에 어떤 문제가 있었는지 혹시 눈치채셨는지? 수학문제라기보다는 '같은 색'과 '한 가지 색'의 의미를 일부러 섞어 만든 눈속임 문제다. 색이 하나라는 것은 바둑알 한 개에 대해서도 할 수 있는 얘기지만, 색이 같다는 것은 바둑알이 최소한 두 개 이상이어야만 할 수 있는 얘기다. 앞의 귀류법을 따른 증명에서는 $n=1$이 아니라 $n=2$에서 시작해야만 한다. 통에서 꺼낸 바둑알이 두 개인 경우를 생각해보면, 앞의 엉뚱한 증명에서 내가 독자를 어떻게 살짝 속였는지 금방 눈치챌 수 있다.

밤하늘이 어두운 이유, 올베르스의 역설

물리학에도 재밌는 역설이 많다. 쌍둥이 형제 중 동생은 지구에 남고, 형은 빛에 가까운 속도로 먼 별을 여행하고 돌아온다고 할 때 둘 중 누가 더 젊을까?

정지한 사람이 움직이는 사람을 보는 경우 움직인 사람의 시간이 더 천천히 흐른다는 것이 특수상대성이론의 명확한 결과다. 지구에 정지해 있는 동생의 눈에는 형이 움직이기 때문에 먼 별로 여행을 떠난 형의 시간이 더디게 가는 것처럼 보인다. 반대로 우주여행 중인 형의 눈에는 자신이 멈춰 있고 동생이 지구와 함께 반대 방향으로 움직이는 것처럼 보인다. 결국 동생은 형이, 형은 동생이 자기보다 더 젊을 것으로 예상한다. 우주여행을 마치고 형제가 다시 만날 때 누가 더 젊을지, 형과 동생이 서로 다르게 예상한다는 것이 쌍둥이 역설이다.

물론 이 역설도 어렵지 않게 해결할 수 있다. 결론부터 말하면, 먼 별을 다녀온 쌍둥이 형이 더 젊다. 지구에 남은 동생은 가속하지 않는 좌표계이지만, 형은 먼 별에 도착하고 나서 지구로 돌아올 때 방향을 바꾸게 되면서 가속하는 좌표계이기 때문이다. 동생과 형의 좌표계가 동등하지 않아 해결할 수 있는 역설이다. 먼 별로 여행을 다녀온 쪽의 시간이 더디게 간다.

올베르스의 역설도 있다. 무한한 별이 무한히 큰 우주공간에 균일하게 퍼져 있는 정적인 우주를 떠올려보자. 지구에 도달하는 별빛의 세기는 거리의 제곱에 반비례한다. 그리고 지구로부터 특정 거리에 있는 별의 수는 거리의 제곱에 비례한다(구의 표면적이 반지름의 제곱에 비례하는 것처럼 말이다). 지구에서 멀리 떨어진 별일수록 덜 빛나지만 별의 개수는 그만큼 많아지는 셈이다. 따라서 지구로부터 특정 거리에 있는 별빛의 세기를 전부 합하면 거리와 무관하게 일정한 값이 된다. 앞서 우주의 크기는 무한하다고 가정했기 때문에 모든 거리에서 지구에 도달하는 별빛의 세기는 무한해진다. 이 논리에 따르면 밤하늘은 빈틈없이 빛으로 가득해야 한다. 마치 대낮처럼 말이다. 그런데 왜 밤은 캄캄할까?

이것이 바로 올베르스의 역설이다. 밤하늘이 어두운 이유를 현대물리학은 물론 잘 설명한다. 우주가 팽창하고 있고 빛의 속도가 유한하기 때문에 유한한 거리 안에 있는 별의 빛만 우리 눈에 도달하기 때문이다. 우리는 캄캄한 밤하늘을 올려다보면서 우주의 팽창과 광속의 유한함을 함께 보고 있다.

과학 분야의 여러 역설은 과학의 발전사에서 중요한 역할을 해왔다. "기존 이론에 따르면 논리적으로 이러이러한 결과로 귀결되는데 그것이 상식이나 실제 실험과 부합하지 않는다. 따라서 기존 이론에 우리가 아직 해결해야 할 문제가 남아 있다"라는 인식으로 우리를 이끌어온 것이다. 아직 해결되지 않은 역설들도 우리가 아직 모르는 것이 많다는 사실을 일깨운다. 블랙홀 형성과 정보 소멸의 역설, 죽었는지 살았는지 모두가 궁금해하는 슈뢰딩거의 고양이 역설도 아직은 제대로 해결된 것 같지 않다. 역설을 해결하면서 과학은 자연과 우주를 배우고, 미해결로 남은 역설 앞에서 과학은 겸허를 배운다. 갈 길이 온 길보다 훨씬 더 멀다.

과학이 마주하는 많은 역설에는 결국 해답이 있다. 그럴듯하다고, 얼핏 논리적으로 보인다고 해서 진실은 아니다. 백신을 맞지 않았는데 한 번도 병에 걸리지 않았으니 백신이 무용하다는 주장은 그럴듯하지만 진실이 아닌 사이비(似而非) 역설이다(다른 많은 사람들이 백신을 맞은 덕분에 내가 병에 걸리지 않았을 뿐이다). 어느 겨울에 아주 추운 날이 계속 이어졌다고 해서 지구온난화가 거짓은 아니다. 그럴듯한 것을 참인 것과 구분하려면 모두의 노력이 필요하다. 쉬운 일은 아니다. 그 안간힘의 이름이 바로 과학이다.

○○○

슈뢰딩거의 고양이 역설 양자역학의 창시자 중 하나인 슈뢰딩거가 제안한 문제다. 밀폐된 방 안에 고양이 한 마리를 두고, 방 안에는 방사선을 내며 붕괴하는 방사성물질을 둔다. 방사선이 방출되면 방 안에 함께 넣어놓은 독이 든 병이 깨지고, 이로 인해 고양이가 죽게 된다.

방사선이 방출되는 것은 양자역학을 따르는 확률적인 마구잡이 현상이다. 고양이가 살았는지 죽었는지, 당연히 우리는 방문을 열고 안을 들여다보는 순간에 알 수 있다. 하지만 방사선이 방출되는 것은 우리가 방문을 열기 이전의 사건이다.

문제는 바로 우리가 방문을 열기 전에 고양이가 어떤 상태에 놓여 있는가다. 양자역학의 표준해석인 코펜하겐해석에서는 방문 열기 전의 고양이의 상태를 삶과 죽음의 중첩상태로 설명한다. 둘 중 어떤 상태에 있는지를 우리가 알 수 없다는 단순한 의미와는 다르다. 고양이의 삶과 죽음은 중첩되어 있어, 방문을 열어보기 전에는 고양이의 삶과 죽음에 대해 말할 수 없는 상태라는 뜻이다.

코펜하겐해석의 입장에서는 고양이의 삶과 죽음이라는 거시적인 상태가 결정되는 것은 우리가 방문을 열 때 일어난다. 스티븐 호킹(Stephen Hawking)이 "누가 내게 슈뢰딩거 고양이 얘기를 꺼내면, 난 권총을 향해 손을 뻗는다"라는 말을 남긴 것처럼, 여전히 많은 물리학자를 괴롭히고 있는 것이 슈뢰딩거의 고양이 역설이다.

주체

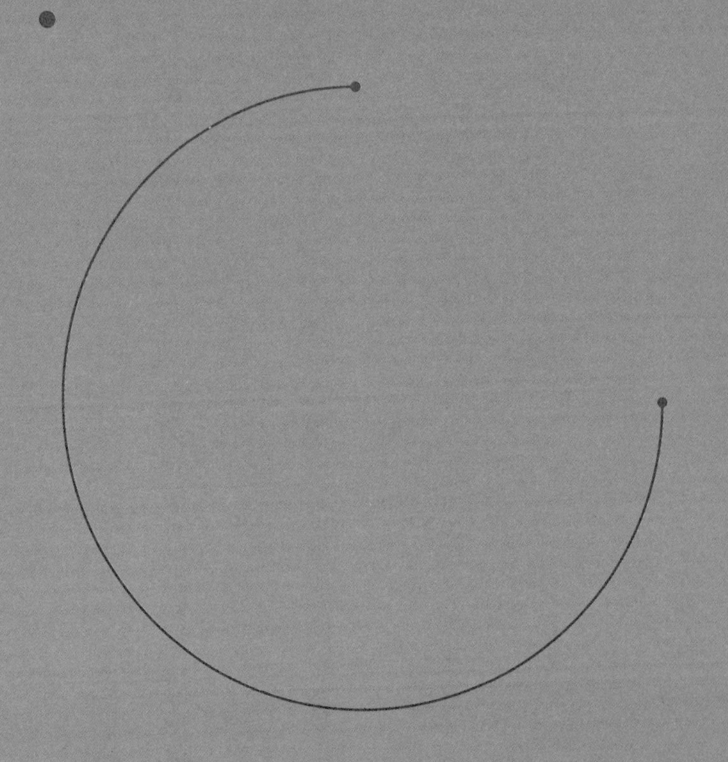

흐릿하게 대상을 바라보는 주체가 없어도
시간은 흐르는 것일까?
아니, 과연 시간은 존재할까?

눈을 감아도 그곳에 달이 정말 있을까

뉴턴 이전에도 사과는 똑같이 떨어졌다

물리학을 처음 공부하기 시작한 지 제법 시간이 흘렀다. 나를 포함해 많은 물리학자의 생각에는 공통점이 있다. 객체와 주체는 두텁고 투명한 유리창으로 분리되며, 주체인 내가 바라본다고 해서 유리창 너머 객체의 상태가 변할 리 없다고 믿는다. 말하자면 인식 주체와 독립된, 객체로서의 인식 대상이 저 너머에 있고, 주체의 인식은 객체의 객관적 속성을 충실히 반영한다는 믿음이다.

내가 보나 안 보나, 달의 모습은 한 달 주기로 규칙적으로 변하고 있다. 뉴턴이 중력법칙을 발견하기 전에도 사과는 지금과 똑같은 방식으로 땅에 떨어졌다. 뉴턴의 운동방정식에는 관찰자의 상태를 표시하는 항이 없다. 세상 속 주체의 위치에 놓인 동그라미를 비우고 그 자리에 무엇을 놓아도 우주에는 바뀌는 것이 전혀 없다. 내가 보지 않아도 달은 그곳에 있다.

양자역학에서 '관찰과 측정이 대상에 영향을 미친다'라고 배웠을 때도 나는 '측정'을 대상과 측정장치 사이의 객관적인 상호작용으로 해석했다. 측정장치의 눈금을 이후에 내가 눈으로 읽는 것은 엄밀한 의미에서 '측정'이 아니라고 믿었다. 주체의 범위 안에 나와 측정장치를 함께 포함하면 주체가 대상에 영향을 미친다고 할 수 있지만, 측정장치를 객체의 범위로 옮기면 고전물리학과 마찬가지로 '객체의 주체 독립성'이라는 믿음을 유지할 수 있었다.

사람들은 물리학이 어렵다고 하지만 실상은 정반대다. 표준적인 물리학에는 주체의 자리가 없어서 내가 자유낙하하는 사과의 궤적을 물리학으로 계산해 예측하든 말든, 슈뢰딩거의 양자역학 파동방정식을 풀어 전자가 발견될 확률을 계산하든 말든, 사과는 정확히 똑같은 방식으로 떨어지고 전자는 그곳에서 그 확률로 관찰된다. 오히려 사회과학이 정말 어렵다. 어느 유명인이 가상화폐의 폭등을 예측해 언론이 이를 보도하면 가상화폐의 미래 가격에 실제로 영향을 미친다. 아무런 객관적인 이유 없이도 가격은 폭등한다. 왜? 그 사람이 그렇게 이야기했으니까. 이렇듯 사회에서 누군가의 위치를 비우고 그곳에 빈 동그라미를 그리면 세상 모든 것이 변한다. 한 사람을 잃으면 한 세상이 소멸한다는 이야기도 같은 맥락일 수 있다.

동전 던지기와 베이지언 통계학

주체-객체 독립성이라는 물리학자로서 가져온 나의 오랜 확신이 요즘 들어 줄어드는 느낌이다. 과학의 여러 분야에서 주체의 적극적인 역할이 점점 널리 통용되는 듯한 인상을 부쩍 받고 있다. 객관적 확률이 아닌 주관적 확률을 말하는 베이지언 통계학의 부상, 물리학에서 보는 시간 흐름이 자연의 객관적 속성이 아닌 주체의 주관적 인식 능력의 한계에서 비롯할 가능성, 관찰 주체가 정보를 얻는 과정을 고려하는 열역학의 정보엔진의 작동, 그리고 우주론에서의 인류원리(anthropic principle)에 이르기까지. 현대 과학은 다양한 분야에서 주체를 발견하고 있다. 물리학의 객관적 자연법칙에도 주체의 자리가 정말 있는 것일까? 내가 보지 않으면 달의 존재를 말할 수 없는 것일까? 난 요즘 현기증이 날 정도로 혼란스럽다.

동전을 던지면 앞면이 2분의 1, 뒷면이 2분의 1의 확률로 나온다고 흔히들 말한다. 하지만 동전을 실제로 던져보라. 100번 던지면 정확히 딱 50번 앞면이 나오라는 법은 없다. 50 언저리의 횟수로 앞면이 나올 가능성이 높다. 보통은 동전 던지는 횟수를 점점 늘리면 앞면이 나올 확률은 2분의 1을 향해 수렴할 것이라고 말하지만, 이것도 확실하지 않다. 동전이 정확히 어떤 모습인지, 내가 매번 동전을 어떻게 던지는지에 따라 최종적으로 얻을 확률이 달라질 수 있기 때문이다. 오히려 동전 앞면이 나올 확률을, 그동안 주관적 관찰로 얻은 결과를 바탕으로 지속적으로 수정해가는 것이 보다 합리적인 확률 계산법일 수 있다.

베이지언 통계학에서 확률이란 주관적 믿음을 표시한 것이지, 객관적인 확률은 존재하지 않는다고 말한다. 내일 아침에도 해가 뜰 것인가에 관한 베이지언 통계학의 확률은, 각자 살아온 날짜에 따라서 다르게 예측하는 주관적 확률일 수 있다. 양자역학의 해석 중에 큐비즘(Quantum Bayesianism, QBism)이 있다. 이 큐비즘해석에서는 양자상태를 객관적 실체가 아닌 것으로, 즉 베이지언 통계학처럼 측정 결과에 대한 주관적 관찰 주체의 믿음의 정도를 반영한 것으로 해석한다고 한다. 양자역학적인 대상과 측정장치 사이의 상호작용보다 측정장치의 눈금을 읽는 주체의 행위에 주목하는 해석이다. 양자역학 표준해석에서의 확률이 객관적 확률이었다면, 큐비즘의 확률은 주관적 확률이다. 널리 받아들여지고 있는 해석은 아직 아니지만 양자역학의 큐비즘도 주체를 말한다.

시간은 정말 한 방향으로만 흐를까

이번에는 통계물리학 이야기를 해보자. 물리학의 자연법칙 중 가장 특이한 것이 바로 엔트로피 증가의 법칙(열역학 제2법칙)이다. 물리학의 다른 여러 기본법칙과 달리 엔트로피 증가의 법칙은 시간의 방향성을 말한다. 예를 들어보자. 1부터 10까지 숫자가 적힌 10장의 카드가 순서대로 쌓여 있다. 이 상태를 A라 부르자. A상태에서 출발해서 카드 더미를 여러 번 위아래로 뒤섞으면 아무런 규칙이 없이 마구잡이로 섞인 B상태가 된다. 우리가 관찰한 '정돈된 상태'나 '마구 뒤섞인 상태' 각각에 대응하는 구체적인 카드의 배열이 몇 개나 있는지를 세면 바로 통계물리학의 엔트로피와 관련된다. 말끔하게 정돈된 A상태에는 가능한 카드의 배열이 딱 하나지만, B와 같이 마구 뒤섞인 상태에는 가능한 배열이 여럿이다. B상태가 A상태보다 엔트로피가 크고, 시간이 흐르면 자연스럽게 우리는 정돈된 A상태가 뒤섞인 B상태로 변하는 것을 볼 수 있다. 이처럼 엔트로피가 증가하는 방향이 시간의 진행 방향이다. 엔트로피의 증가로 파악하는 시간의 화살은 과거에서 미래를 향한다.

자, 이제 사고실험을 해보자. 마구 뒤섞어 마지막에 도달한 B상태인 카드 더미의 카드마다 뒷면에 위부터 아래로 "가, 나, 다,……자, 차"를 순서대로 적자. 이렇게 적어놓고 보면 B상태가 '가, 나, 다'의 입장에서는 오히려 정돈된 상태로 보인다. 앞서 카드를 뒤섞는 과정에서 촬영한 동영상을 거꾸로 틀면, '가, 나, 다'의 입장에서 본 카드 더미는 이제 오히려 시간이 거꾸로 흐르면서 마구 뒤섞인 모습으로 보인다. 흥미로운 결과다. '1, 2, 3'의 입장에서는 시간이 흐르면서 엔트로피가 늘어나지만, '가, 나, 다'의 입장에서는 시간이 흐르면서 오히려 엔트로피가 줄어드는 것처럼 보인다.

어쩌면 우리가 '1, 2, 3'의 입장에서 바라본 시간의 흐름은, 누군가가 몰래 적어놓은 '가, 나, 다'의 정보를 모르는 주체의 한계에서 비롯한 환상일 수 있다. 문제는 더 심각하다. 카드가 마구 뒤섞인 상태라고 우리가 흐릿하게 뭉뚱그려 표현한 여러 다양한 배열도, 카드의 모든 정보를 남김없이 파악할 수 있는 주체에게는 그 하나하나가 각각 서로 다른 유일한 상태로 보인다. 엄청난 지각 능력을 가진 이 주체에게는 A상태와 B상태가 같은 엔트로피를 가진다. 그렇다면 한 방향으로만 흐르는 시간은 자연의 객관적인 속성일까, 아니면 관찰 주체가 대상을 흐릿하게 바라보기 때문에 비롯된 환상일 뿐일까? 흐릿하게 대상을 바라보는 주체가 없어도 시간은 흐르는 것일까? 아니, 과연 시간은 존재할까?

100년 뒤 물리학은 어떤 모습일까? 과학의 여러 분야에서 동시다발적으로 진행되는 것처럼 보이는 주체의 부상은 과학이 짧게 앓고 지나갈 가벼운 몸살일까? 아니면 미래의 과학이 만들어지는 고통스럽지만 의미 있는 제련과정일까? 솔직히 잘 모르겠다. 눈을 감아도 그곳에 달이 있다고 오래 믿었던 나는 요즘 고민이 많다. 내가 보지 않으면, 달이 있고 없고는 말할 수 없는 것일까? 주체 없는 과학은 환상이었을까? 과학에도 주체의 자리가 있을까?

엔트로피와 열역학 제2법칙

통계역학의 엔트로피는 주어진 거시상태에 얼마나 많은 미시상태가 가능한지에 의해 결정되는 양이다. 가능한 미시상태의 수가 늘어날수록, 엔트로피가 증가한다.

예를 들어, 윷가락 네 개를 던져서 얻어지는 도, 개, 걸, 윷,

모가 각각 다른 거시상태다. 몇 번째의 윷가락이 판판한 면을 보이는지를 생각하면, 똑같은 거시상태 '도'에도 네 가지의 서로 다른 경우가 있다는 것을 알 수 있다. 판판한 면을 보여주는 윷가락으로 모두 네 가지의 경우가 가능하기 때문이다. 이 경우, '도'라는 거시상태에는 모두 네 개의 미시상태가 있다고 말한다.

10장의 카드의 경우 '뒤죽박죽 섞인 거시상태'에 해당하는 미시상태는 정말 여럿이 있다. 한편, '1부터 10까지 차례로 카드가 늘어선 거시상태'에는 딱 한 가지의 가능성밖에 없어서 미시상태의 수가 1이다. 정돈된 카드를 계속 섞으면 뒤죽박죽 섞이는 이유는 더 큰 엔트로피를 가진 뒤죽박죽 섞인 거시상태가 더 많은 미시상태를 가져 발생할 확률이 크기 때문이다. 결국 시간이 지나면 엔트로피가 증가한다는 열역학 제2법칙은, 미시상태의 수가 많아서 일어날 확률이 더 큰 거시상태를 우리가 관찰하게 된다는 말이다. 일어날 확률이 큰 사건은 일어나게 마련이라는 것과 다름없는 당연한 이야기다.

'덕업일치'를 이룬 물리학자입니다만!

나는 대학교수다. 교육과 연구가 업(業)인 사람이다. 둘 모두 정말 좋아한다. 내가 알고 있는 것, 새롭게 알게 된 것을 나름의 방법을 고민해 설명했는데, 수업을 듣는 학생이 눈빛을 반짝이며 "아, 그 이야기였구나!" 하며 이해하는 순간을 바로 앞에서 직접 목격할 때가 간혹 있다. 가르치는 사람과 배우는 사람의 생생한 교감의 순간이다. 그때의 뿌듯한 느낌을 정말 좋아한다.

연구도 좋아한다. 도대체 왜 그런 현상이 있는지, 한 치 앞도 보이지 않는 상태에서 연구를 시작해 이런저런 방식을 힘들게 고민하다가, 어느 날 갑자기 모든 것이 투명해지는 순간이 갑자기 다가올 때가 있다. "아, 이 모든 것이 바로 이 이유 때문이었구나" 하는 깨달음의 순간은 정말 짜릿하다. 노벨상 받을 만한 결과도 단연코 아니고, 나 말고는 전 세계에서 극히 적은 수의 연구자만이 흥미를 느낄 작은 성과라고 해서 기쁨이 줄어드는 것도 아니다. 몰랐던 것을 새로 속속들이 이해하게 되었을 때의 그 생생한 느낌이 과학자가 매일 연구를 이어가는 원동력이다. 법조인이면 부부 모두 행복하고, 의사라면 배우자만 행복하며, 교수는 본인만 행복하다는 농담을 들은 적이 있다. 아내의 속마음은 잘 모르지만, 물리학자이자 교수로서 세상에 존재하는 나는 어쨌든 참 행복한 사람이다. 정말 좋아하는 일이 생계의 수단이 되는 '덕업일치'의 삶을 살고 있다고나 할까.

그런데 말이다. 덕이 막상 업이 되고 나면, 우리 모두는 업이 아닌 다른 '덕'을 찾게 된다. 우리가 보통 '취미'라고 하는 것들이다. 매일 걷는 길 바로 옆의 샛길이 눈에 띄기 시작한다. 곁눈질로 본, 아직 접어들지 않은 오솔길은 또 얼마나 아름다워 보이는지. '꼭 해야 하는 것'과 '안 해도 그만인 것'이 '업'과 '덕'을 가른다면, '덕'은 '업'에는 없는 놀라운 장점이 있다. '덕'의 오솔길을 걷다가 이 길이 아니다 싶으면 얼마든지 다른 샛길로 접어들 수 있다. '업'의 큰길과 달리, '덕'의 오솔길은 한 번에 여러 길을 걸을 수 있다는 장점도 있다.

가슴에 손을 얹고 모두 생각해보라. 세상 속 우리는 참 희한하다. 하라고 하면 하기 싫어지고, 꼭 해야 하는 일이 아니라면 궁금해서 해보고 싶어진다. 이 글을 마무리하는 지금, 잠깐 읽기를 멈춘 소설의 결말이 나는 또 갑자기 궁금해진다. 올해 1월 1일부터 매일 아침 연구실에 출근하면 우리 선조의 칠언절구 한시를 하루에 한 편씩 한자로 옮겨 적고 있다. 올해 처음 걷기 시작한 작은 '덕'의 샛길이다. 매일 아침 잠깐의 이 시간이 내게는 참 소중하고 즐겁다. 급한 이메일 답장을 보내며 시작한 하루보다, 한시 한 편 읽고 새기며 시작한 하루가 더 즐겁다. '덕'은 '업'의 활력소다.

매일 걸어가는 큰길에서 발걸음을 옮겨 작은 골목길로 한번 접어들어보자. 있는데 몰랐던 새로운 풍경이 펼쳐진다. 새로운 사람을 만나기도 한다. 나와 같은 세상을 살아가지만, 내가 몰랐던 사람들이다. 샛길에서의 새로운 경험은 내일 다시 걸어갈 앞길을 더 풍성하게 만들기도 한다.

대부분의 사람들은 물리학자가 주변에 드물지만, 내 곁에는 주로 물리학자만 있었다. 물리학자이자 대학교수로의 삶을 살다 몇 년 전 첫 책을 냈고, 책을 낸 다음에는 만나는 사람들의 폭이 넓어졌다. 물리학자가 세상을 보는 방식이 전부가 아니며, 같은 세상을 다르게 보는 다른 사람들의 시선도 소중하다는 것을 배웠다. 매일 내가 걷고 있던, 폭넓은 큰길이라 믿었던 그 길이 사실은 세상의 작은 골목길이라는 것도 알게 되었다. 예외 없이 모두가 꼭 걸어야 하는 곧은 큰길은 세상에 없다. 세상의 모든 길은 하나같이 정겨운 골목길이다. 내 길이 맞고 네 길이 틀린 것이 아니다. 두 길이 다를 뿐이다. 얽히고설켜, 하지만 함께 연결되고 이어지는 수많은 골목길이 세상의 풍경이다.

내가 하루하루 걸어가는 이 골목길이 그래도 내게 주어진 '업'의 길이다. 이 길을 걷는 이가 나 혼자는 아니다. 누구는 더 빨리, 누구는 또 더 느리게 걷는다. 빨리 걷는다고 꼭 좋은 것도 아니다. 휙휙 곁을 스쳐 지나가는 길옆의 멋진 풍경은 어쩌면 느리게 걷는 이의 눈에만 보일 수도 있다.

속도의 빠르고 느림의 차이보다 더 중요한 것이 있다. 나에게 주어진 길을 즐겁게 걷는 것이다. 세상 모두가 각자 걷는 자기만의 골목길은 재미있는 특성이 있다. 즐기면 더 잘 걷게 되고, 더 잘 걸으면 더 즐기게 된다. 꼭 해야 하는 일이라면, 그 일을 즐기려 노력해보자. 빨리 걸으려 하기보다는 즐기며 걷는 것이 더 잘 걷는 것이다. 빠르게 곁을 스쳐 앞서가는 사람을 굳이 부러워하지 말자. 그 사람은 내가 보는 것을 보지 못할 수도 있다. 같은 길도 동료와 함께하면 더 즐겁다. 친한 친구와 도란도란 이야기하며 걷는 멋진 산책길의 '시간 순삭'처럼 말이다. 내가 매일 걷는 길 바로 옆의 오솔길 풍경도 감상하며 빠르게 보다 즐겁게 걷자. 잠깐씩 짬을 내 걷는 샛길 풍경의 기쁨은, 내가 매일 걷는 바로 이 길도 더 즐겁게 한다. 잠깐 한눈파는 오솔길이 있어 이 길이 더 즐겁다.

잣대

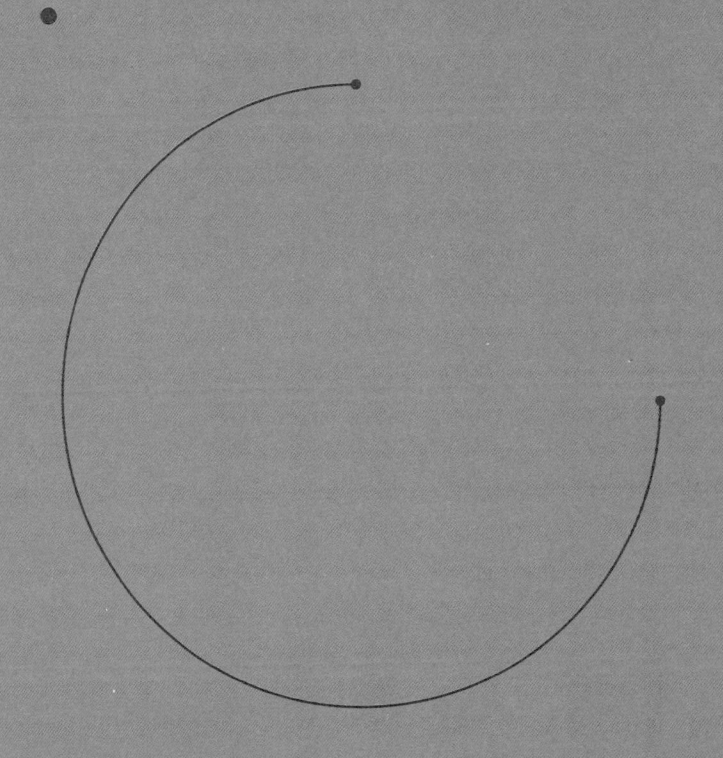

한국의 1미터가 미국에서는 10미터라면
우리는 서로를 이해할 수 없다.
잣대에 대한 합의는 소통을 위한 첫걸음이다.

1킬로그램을 정의하는 법

"인간은 만물의 척도다." 프로타고라스(Protagoras)가 한 말이다. '척도'에 해당하는 한국어 단어는 '잣대'다. 한자로 '척(尺)'인 '자'는 한국의 전통적인 길이 단위다. 포목점에서는 폭이 일정한 긴 천을 둘둘 말아 두루마리로 보관하다, 눈금이 표시된 막대로 손님이 원하는 만큼 천의 길이를 재서 끊어 팔았다. 자를 재는 이 막대기가 바로 '잣대'다.

한 자가 약 30센티미터이니 삼척동자의 키는 1미터에 미치지 못하고, 『삼국지』의 구척장신 관우의 키는 한 자를 30센티미터로 가정하면 2.7미터로 세계 신기록이다(중국 후한 말의 한 자를 기준으로 해도 2미터가 훌쩍 넘는다). 프로타고라스가 한 말에서 '인간'이 제각각 다른 개별적 존재로서의 한 사람 한 사람을 일컫는다면, 사람마다 잣대가 다르므로 나의 한 자가 다른 사람에게는 한 자가 아닐 수 있다는 뜻이다. 사람마다 진리라고 생각하는 것이 모두 다르니

절대적인 진리가 없다는 뜻이다. 프로타고라스의 말에서 인간이 호모사피엔스 모두를 가리킨다면, 사람에게 맞는 이야기라고 해서 강아지에게도 맞는 이야기는 아니라는, 강아지 키워본 사람이면 누구나 동의할 주장으로 읽을 수도 있다. 혹은 모든 것을 인간의 시각에서 보겠다는, 인간중심주의 선언으로 볼 수도 있다.

길이, 부피, 무게, 그리고 시간의 잣대

한국사를 공부할 때 등장하는 도량형(度量衡)의 통일은, 길이(度)와 부피(量), 그리고 무게(衡)를 재는 표준(잣대)을 하나로 정했다는 뜻이다. 물리학의 입장에서 보면 부피는 가로, 세로, 높이, 세 방향의 길이를 곱해 얻어지므로, 부피단위를 길이단위와 별도로 정할 필요는 없다. 하지만 안에 가득 담긴 양으로 부피를 재는 됫박을 따로 만들어서, 길이를 재는 잣대와 함께 쓰는 것이 현실에서는 훨씬 더 편했으리라.

무게는 돌림힘의 평형을 이용해 저울로 쟀다. 막대의 한쪽에 무게를 알고 있는 추를 매달고 다른 쪽 끝에는 무게를 재고자 하는 물체를 매단다. 중력에 의해서 추가 있는 쪽으로 막대가 돌아가려는 돌림힘과 물체가 있는 쪽으로 막대가 돌아가려는 돌림힘의 크기가 같아져 돌림힘이 평형을 이루면 막대는 수평 방향을 유지한다. 추의 무게와 추를 매단 위치를 바꿔가며 막대가 수평 방향으로 가만히 평형을 이루도록 하면 물체의 무게를 잴 수 있다.

길이를 재는 잣대, 부피를 재는 됫박, 무게를 재는 저울을 국가가 정한 것이 바로 도량형의 통일이다.

시간의 길이를 재는 잣대는 굳이 따로 정할 필요가 없었다. 오늘이 며칠인지는 밤에 달을 보면 알고, 하루 중 지금이 언제인지는 낮에 해를 보면 짐작할 수 있기 때문이다. 하루해의 길이는 나라 안 어디서나 별 차이가 없지만 계절에 따라서는 크게 변한다. 하짓날 서울에서 해는 오후 7시 57분에 져서 다음 날 오전 5시 11분에 뜬다. 밤의 길이가 9시간 14분으로 짧다. 동짓날은 거꾸로다. 무려 14시간 26분이 밤이다. 조선시대 한양도성 안 사람들에게 야간 통행금지 시간의 시작은 종을 28번 치고[인정(寅正)], 끝은 다음 날 새벽 북을 33번 쳐서 알렸다[파루(罷漏)]. 밤 시간을 5등분 한 것이 '경(更)'이고 '경'을 다시 5등분 한 것이 '점(點)'인데, 1경에 해당하는 시간이 하짓날에는 111분, 동짓날에는 173분으로 무려 한 시간의 차이가 난다.

사시사철 들쭉날쭉 변하는 잣대로 밤 시간을 쟀다는 것이 흥미롭다. 인정은 2경에 파루는 5경 3점에 쳤으니, 하짓날에는 밤 9시 48분부터 다음 날 새벽 4시 27분까지, 동짓날에는 밤 8시 10분부터 다음 날 새벽 6시 34분까지가 통행금지 시간이었던 셈이다. 성문을 열며 동트는 새벽을 알려주는 것이 파루다. 우리 조상들은 곡식이 빨리 성장해서 부지런히 일해야 할 여름에는 아침 일찍 일어나 저녁까지 일했고, 추수가 끝나 한가한 겨울에는 느지막이 일어나 일찍 잠자리에 들었다.

물리학에서는 시간이 여름밤과 겨울밤에 다를 수 없다. 뉴턴역학과 칸트철학의 시간은 관찰 대상의 변화를 측정하는 순수한 형식이다. 무엇이라도 담을 수 있지만, 무엇을 담아도 절대 변하지 않는 빈 그릇이다. 과거 동양의 시간 개념은 고전물리학과는 무척 달랐다. 우리 선조들에게 시간은 삶과 동떨어질 수 없는 것이었다. 삶의 리듬에 맞추어져 있어서 계절과 밤낮에 따라 시간도 함께 변했다. 해 뜨는 시간이 매일 다른데도 일출에 맞추어 하루를 시작했던 선조들이, 우리 눈에는 이상해 보일 수도 있다. 하지만 선조들이 여름 아침의 우리를 보았다면, 해가 뜬지도 모르고 여전히 잠자리에서 꾸물대는 후손들을 이해할 수 없었으리라.

1킬로그램을 정의하는 법, 플랑크상수

과학에도 잣대가 있다. 거리, 시간, 질량뿐 아니다. 전류, 온도, 물질의 양, 빛의 세기를 재는 잣대도 있다. 한국의 1미터가 미국에서는 10미터라면 우리는 서로를 이해할 수 없다. 잣대에 대한 합의는 소통을 위한 첫걸음이다. 모든 나라가 합의한 여러 표준잣대의 모음이 국제표준단위계다. 얼마 전까지도 질량 1킬로그램의 표준은 프랑스 파리에 보관된 합금 덩어리였다. 외계인이 지구인의 1킬로그램이 얼마인지 알려면 굳이 파리를 방문해야 했다는 뜻이다. 이제 1킬로그램은 물리학의 기본상수인 플랑크상수에 기반해 정해졌다. 외계인과 통신을 하게 되면, 1킬로그램이 얼마인지 이제 드디어 말로 설명할 수 있게 되었다는 뜻이다. 지구에서 사용하는 물리학의 잣대들이 우주적 규모의 보편성을 가지게 되었다는 면에서, 국제표준단위계는 과학의 역사에서 큰 의미가 있다.

위키피디아에서 'foot(unit)'을 검색해보라. 1피트를 어떻게 정했는지 보여주는 중세 유럽의 흥미로운 그림을 볼 수 있다. 왼쪽 발을 한 줄로 이어 붙여 여럿이 나란히 서고는, 발 크기의 평균으로 1피트를 정하는 모습이 담겼다. 사람마다 발 크기가 모두 다른데, 내 발만 특별하다고 우기면 우리는 공통의 잣대에 합의할 수 없다. 이 그림을 보며 현대의 민주주의를 떠올렸다.

삶에도 잣대가 있다. 우리는 각자의 잣대를 가지고 세상을 본다. 남의 잣대가 나와 다르면, 다름을 틀림으로 오해하지 않으려는 노력이 필요하다. 또 내 잣대를 먼저 의심해보는 성찰적 회의도 중요하다. 서로의 잣대가 다를 수 있음을 인정하고, 많은 이가 합의할 수 있는 공통의 잣대를 찾아가는 지난한 노력의 이름이 민주주의다. 또 민주적인 방법으로 숙의를 거쳐 합의한 결과라면 내 잣대와 달라도 그 결과를 존중하는 것 역시 민주주의다. 내 발만 발이 아니다.

○○○

플랑크상수 빨갛게 달아오른 숯에서는 빛이 나온다. 온도가 더 높아지면 더 짧은 파장을 가진 빛이 나온다. 19세기 후반 많은 과학자가 고심한 문제가 바로 온도에 따라 달라지는 빛의 복사에너지의 분포를 이해하는 것이었다.

막스 플랑크(Max Planck)는 바로 이 문제를 해결한 물리학자다. 특정한 진동수 f를 가지고 있는 빛의 에너지는 연속적으로 변하는 것이 아니라 어떤 상수 h를 진동수에 곱한 양인 hf의 정수배로 띄엄띄엄한 값을 가진다는 것을 밝혔다. 플랑크의 업적을 기려 이 상수 h를 이후 플랑크상수라고 부르게 되었다.

플랑크의 발견은 20세기 양자역학의 발전에 중요한 역할을 했다. 플랑크상수의 값은 무척 작아서 우리에게 익숙한 거시적인 크기의 세상에서는 그 효과를 직접 보기 어렵다. 양자역학으로 얻어진 결과에서 h가 0으로 수렴하는 극한을 취하면 고전역학의 결과와 같아진다.

기준

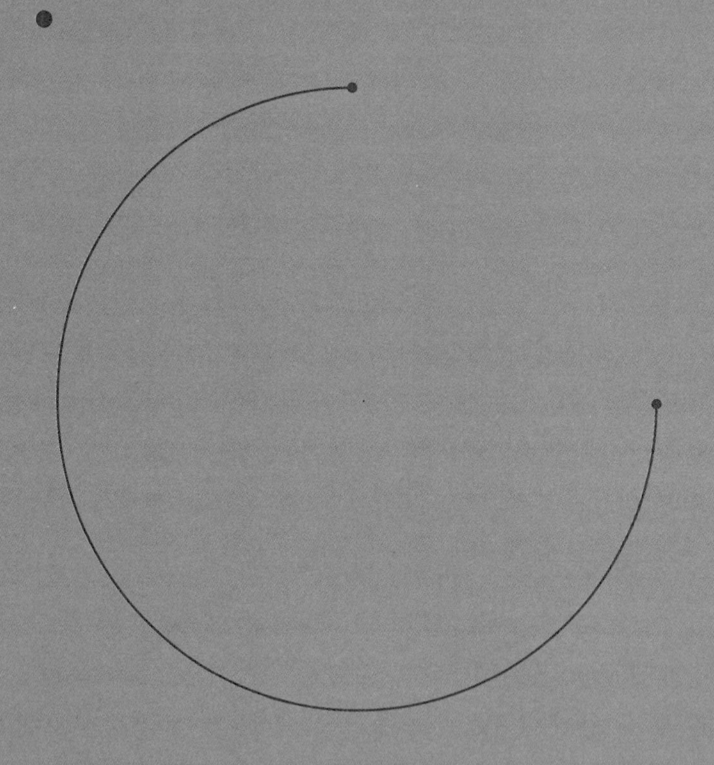

물리학의 상대성이론은 '다름'에 대한 것이 아니다.
오히려 기준이 달라져도 변하지 않는 '같음'에 대한 이야기다.

기준이 달라져도
변하지 않는 같음

고속도로에서 옆 차선의 차가 빠른 속도로 내 차를 추월한다. 내가 보면 옆 차가 빨라 보이고, 옆 차의 운전자가 보면 내 차가 느려 보인다. 누구 이야기가 맞는지 다툴 일도 없다. 둘 다 맞다. 기준이 내 차인지 옆 차인지에 따라 같은 운동을 다르게 볼 뿐이다.

지구에서 본 해, 해에서 본 지구는 비슷하면서도 다른 문제다. 지구에 붙박여 살아가는 우리는 매일 아침 해가 동쪽에서 떠 저녁에 해가 서쪽으로 지는 것을 본다. 마치 해가 하루에 한 번 지구 주위를 도는 것처럼 보인다. 멀리 떨어진 위치에서 지구와 해를 함께 보는 이는 다르게 본다. 해가 지구 둘레를 하루에 한 번 도는 것이 아니라, 지구가 팽이처럼 거의 제자리에서 빙글빙글 자전하는 것을 본다. 겉모습이 전부가 아니다. 해가 돈다, 아니다, 지구가 돈다, 둘이 다투면 멀리서 함께 볼 일이다. 누구의 눈으로 보는지, 그 기준에 따라 달라지는 세상일이 있다 해서 모든 세상일이 상대적인 것은 아니다. 해가 아니라 지구가 돈다.

처음 지구의 자전을 생각해낸 이를 떠올리면 나는 늘 경이롭다. 주변을 보라. 집채만 한 바위도 꿈쩍하지 않는다. 그런데 우리가 발 딛고 살아가는 이 엄청난 크기의 땅 전체가 끊임없이 움직이고 있다는 것을 어떻게 생각할 수 있었을까.

사실 지구 자전에 반할 법한 일상의 경험이 많다. 앞으로 달려보라. 얼굴로 불어오는 시원한 맞바람이 땀을 식힌다. 지구가 자전하고 있다면 제자리에 가만히 서 있어도 바람이 한쪽으로 끊임없이 마주 불어 선풍기 없이도 더운 여름을 날 수 있을 것 같은데, 왜 현실은 그렇지 않을까? 지구가 돌고 있다면 내 손에서 놓은 물건이 왜 지구 자전 반대방향으로 치우쳐 떨어지지 않고 똑바로 내 발밑으로 떨어질까? 땅 전체가 움직인다고 처음 주장한 과거의 그 경이로운 사람은 당시에는 아마 미친 사람 취급을 받았으리라. 여러분도 가슴에 손을 얹고 고민해보시길. 지구가 자전하고 있다는 것을 정말 이해하고 있는지, 아니면 학교에서 여러 번 배워 익숙한 지식일 뿐인지 말이다. 익숙함을 앎으로 오해하고 있는 것은 아닌지 말이다.

갈릴레오의 상대성원리, 아인슈타인의 상대성이론

지구와 해의 운동, 그리고 내 차에서 본 옆 차의 움직임은 고전역학으로 쉽게 이해할 수 있다. 상대성이론이라 하면 누구나 아인슈타인을 떠올리지만, 사실 갈릴레오가 먼저다. 갈릴레오의 상대성과 뉴턴의 물리학만으로도 앞에서 이야기한 것은 모두 설명할 수 있다. 지구가 움직여도 맞바람이 불지 않는 이유는, 땅과 대기의 마찰력으로 말미암아 지구 위의 대기도 결국은 같은 방향과 속도로 땅과 함께 움직여서다. 물 담긴 컵을 돌리면, 오래지 않아 컵 안의 물이 컵과 함께 도는 것과 마찬가지다. 지구가 자전해도 물체가 발밑에 수직으로 똑바로 떨어지는 것도 당연하다. 달리는 기차 안에서 동전을 떨어뜨려보라. 기차가 빠른 속도로 달려도 동전은 내 발밑으로 떨어진다. 동전이 내 손을 떠나는 순간, 기차가 움직이는 방향으로 기차와 같은 처음속도를 갖기 때문이다. 과학이 상식이 되면, 상식적으로 이해할 수 없던 현상이 이제 당연한 상식이 된다.

갈릴레오의 상대성원리에 따르면 시속 100킬로미터로 달리는 기차에서 시속 100킬로미터로 야구공을 앞으로 던지면 땅 위에 멈춰 서 있는 사람은 시속 200킬로미터로 날아가는 야구공을 본다. 땅 위에서 본 공의 속도는 기차의 속도에 기차 안에서 본 공의 속도를 더해 얻어진다. '1+1=2'와 다를 바 없는 이야기다. 축구경기의 승부차기에서, 제자리에 멈춰서 차지 않고 달려와 공을 차는 선수는 갈릴레오의 상대성원리를 이용하는 셈이다.

아인슈타인의 상대성이론은 이 상황이 그리 간단치 않다는 것을 알려준다. 빛의 속도로 움직이는 기차 안에서 빛의 속도로 공을 앞으로 던지면, 땅 위에 정지한 사람이 본 공의 속도는 얼마일까? 갈릴레오는 그 속도가 빛의 속도의 두 배라고 알려주지만, 아인슈타인의 결과는 다르다. 기차 밖에서 땅에 발을 딛고 가만히 정지해 있는 사람도 공이 빛의 속도로 움직이는 것을 본다. '1+1=1'이 되는 셈이다. 믿기 어려운 놀라운 결과이지만, 현실의 많은 실험은 하나같이 갈릴레오가 아닌 아인슈타인의 손을 들어준다. 물론 물체가 빛의 속도에 육박하는 빠른 속도로 움직일 때에 그렇다.

달라 보여도 변하지 않는 것이 있다

갈릴레오의 상대성이든 아인슈타인의 상대성이든, 둘 모두가 누가 기준이냐에 따라 물체의 운동이 다르게 보인다는 것을 알려준다. 하지만 더 중요한 이야기가 있다. 바로 "누가 기준이냐에 따라 달라 보여도, 결국 똑같은 물리법칙이 적용된다"라는 것이다. 옷차림이 달라져도 오늘의 내가 어제의 나와 같은 사람인 것처럼, 상대성이론의 진정한 의미는 달라 보여도 변하지 않는 것이 있다는 것이다. 그리고 누가 기준이어도 변하지 않는 것이 바로 물리법칙이다.

갈릴레오의 상대성원리는 "등속으로 움직이는 두 관찰자가 본 운동법칙은 같다"라는 것이고, 아인슈타인의 상대성이론은 이 원리에 더해서 "등속으로 움직이는 관찰자라면, 빛의 속도는 누가 보아도 같다"를 보탠 이야기다. 물리학의 상대성이론은 '다름'에 대한 것이 아니다. 오히려 기준이 달라져도 변하지 않는 '같음'에 대한 이야기다. 같은 법칙이 적용되지만, 기준이 달라지면 각자가 보는 현상이 다르게 보일 뿐이다.

서 있는 곳이 다르면 확연히 달라 보이는 세상일이 많다. 같은 일을 어쩌면 저렇게 정반대로 볼 수 있는지, 서로 상대를 도저히 이해할 수 없을 때도 있다. 지구에서 해를 보면서 해가 돈다고 생각하는 사람, 해에서 지구를 보면서 지구가 돈다고 생각하는 사람이 있다면, 먼저 역지사지의 마음으로 서 있는 곳을 바꾸어볼 일이다. 그래도 이해가 안 되면 멀리서 둘이 나란히 지구와 해를 함께 살펴볼 일이다. 서로 다르게 본다고 해서 옳고 그름을 정할 수 없는 것은 아니다. 세상일도 그렇다. 서 있는 곳이 달라도 여전히 유효한 보편법칙이 있다. 나는 요즘 평화를 자주 떠올린다.

법칙

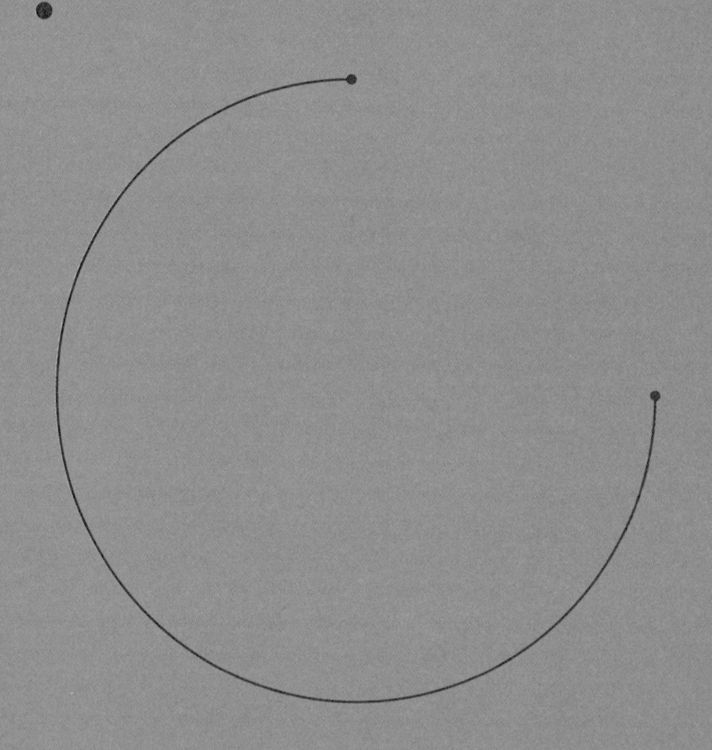

자연은 금지하지 않는다.

어기는 것이 가능하지 않으니 금지할 필요가 없다.

자연스럽지 않은 것들은 없다

당위의 법칙과 사실의 법칙

대한민국은 법치국가다. 법은 국가의 정체성을 밝혀, 나아갈 방향을 큰 틀에서 제시하기도 하고, 사람들 사이의 갈등을 조정하기도 한다. 우리 모두가 따라야 할 당위의 가치가 담긴, 사람이 만든 법칙이 바로 우리가 이야기하는 '법'이다. 약하거나 강한 징벌을 받을 수 있지만, 어쨌든 어기는 것이 가능은 하다. 어기는 것이 아예 불가능하면 우리는 법을 만들지 않는다. 커다란 유조선의 공중 비행을 규제하는 법을 만들 이유가 없다. 법이 필요한 이유는 어길 수 있기 때문이다.

자연이 따르는 법칙은 다르다. 마음에 들지 않아도 어길 수 없다. 손에서 가만히 놓은 물체가 땅을 향해 아래로 떨어진다는 자연법칙은 당위가 아닌 사실의 법칙이다. 내가 아무리 간절히 원해도 생각만으로 돌을 위로 띄울 수는 없다. 사람이 만든 당위의 법칙과 달리 '스스로 그러함'을 뜻하는 자연(自然)은 금지하지 않는다. 어기는 것이 가능하지 않으니 금지할 필요가 없다. 인간이 만든 당위의 법칙이 "이렇게 하는 것도, 저렇게 하는 것도 가능하지만, 둘 중 이렇게 하기로 약속해요"라고 할 때, 자연은 "네 맘대로 해봐. 그게 되나"라고 한다.

확인된 자연현상이 그렇게 관찰되는 이유는 자연의 법칙이 그 현상을 가능하게 했기 때문이다. 어긋나는 것은 존재할 수 없다. 자연은 자연의 법칙이라는 커다란 테두리 안에서 금지하지 않고 허용한다. 동성애는 자연스럽지 않다고 말하는 이들이 있다. 틀린 생각이다. 자연이 허락했으니 동성애가 존재하는 것이다. 세상에 존재하는 모든 것은 자연스럽다. "자연스럽지 않다"라는 이유로 동성애를 금지한다는 발상은 돌멩이의 자유낙하를 금지한다는 발상과 다를 것 하나 없는 어불성설이다. 오해하지 마시라. 자연에서 발견되는 모든 것을 허락하라는 뜻이 절대 아니다. 제3자에게 아무런 피해를 주지 않는데도, 자신과 달라 마음에 들지 않는다는 이유로 다른 이의 감정을 막겠다는 발상은 야만임을 말하고 싶을 뿐이다.

법칙에서 이론으로

인간이 알아낸 당대의 자연법칙은 시간이 지나면 변할 수 있다. 자연법칙은 우리 머릿속이 아니라, 머리 밖 자연에 존재하는 실재의 반영이라고 생각하는 과학자가 많다. 사람이 존재하지 않아 자연법칙을 발견할 주체가 없던 시절에도 돌멩이는 아래로 떨어졌다. 물론 시간이 지나 인식의 틀이 바뀔 수 있다. 흙, 물, 공기, 불, 네 종류의 원소가 있고, 흙의 자연스러운 위치는 공기의 아래이므로 돌멩이가 아래로 떨어진다고 설명한 것이 그리스철학이다. 뉴턴이 완성한 고전역학은 지구가 중력으로 돌멩이를 잡아 끌기 때문이라고 설명한다. 설명의 대상인 자연은 그대로이지만, 우리가 자연을 설명하는 방식이 변한 것이다. 이후 뉴턴의 고전역학은 아인슈타인의 상대성이론으로 외연을 넓혔다. 자연현상을 설명하는 자연법칙은 변화와 발전에 열려 있다.

현대에 들어서는 물리학자들이 찾아낸 자연의 법칙을 '법칙'이라고 부르지 않는 경향이 눈에 띈다. 뉴턴의 중력법칙이라고 하지만, 아인슈타인의 상대성이론이라고 하듯이 '이론'이라는 표현이 더 널리 쓰인다. '법칙'이라고 하면 인간의 합의로 정해진 당위의 법칙을 먼저 떠올리는 오해를 막으려면, '이론'이 '법칙'보다는 더 나은 표현이라 할 수 있다.

그런데 '이론'이라 하면 사람들은 이론의 가변성에 과도하게 주목하는 경향도 눈에 띈다. 누가 어떤 주장을 할 때 "그건 그냥 너의 이론일 뿐이야"라고 할 때의 '이론'의 의미는 아인슈타인의 상대성이론의 '이론'과 단어는 같아도 그 경중에는 엄청난 차이가 있다. 물리학의 이론은 자연현상을 정합적으로 설명하는 사고의 틀이라는 면에서 "단지 너의 이론"과는 엄청난 차이가 있는 것이다. 여러 생각의 틀이 모여 구성된 전체인 물리학은 확실성의 정도가 제각각인 다양한 이론들의 모임이다. 빛보다 빠를 수 없다는 이론, 에너지가 보존된다는 이론, 고립계의 엔트로피는 증가한다는 이론 등은 물리학의 토대 중 가장 튼튼해, 어느 누구도 타당성을 의심하지 않는다. 한편 최근 실험으로 관찰된 특정 물리현상을 설명하는 이론은 대체 가능한 여럿이 경합하는, 약한 확실성의 상태에 머물러 있을 때가 많다.

자신이 속한 사회가 합의한 당위의 법칙이 외부의 다른 사회에서는 성립하지 않음을 볼 때 우리는 세상을 보는 더 큰 시선을 얻는다. 외계의 지적생명체를 만난다면, 나는 그들이 자연을 기술하는 이론의 틀이 궁금할 것이다. 빛의 속도가 일정하다는 것은 우주의 어느 문명도 동의하겠지만, 우리가 가진 고전역학의 운동법칙을 그들은 어떻게 기술할지, 우리의 양자역학과 그들의 양자역학은 어떻게 다를지 무척 궁금하다. 자연현상은 같아도, 기술 방식은 얼마든지 다양할 수 있다. 같은 것을 보고 다르게 설명하는 외계의 지적생명체와의 만남은 과학의 역사상 가장 큰 도약을 만들 것이 확실하다.

지구에서 본 태양계 행성의 위치정보를 학습시켰더니, 인공지능이 행성운동의 중심에 태양이 있다는 태양중심설을 스스로 알아냈다는 연구가 발표되었다. 인류에게 수천 년이 걸린 태양중심설을 인공지능은 짧은 시간에 발견했다는 점에서 무척 놀라운 결과다. 아직 걸음마 수준이지만, 인공지능이 거둘 미래의 성취가 나는 벌써 궁금하다. 미래의 인공지능이 찾아낼 우리와 다른 자연 법칙은 어떤 모습일까. 물리학자가 필요 없는 물리학의 발전이 가능한 세상이 도래하지는 않을까. 이해 없이 예측할 수 있는 세상에서, 우리는 물리학의 아름다움을 이야기할 수 있을까.

상식

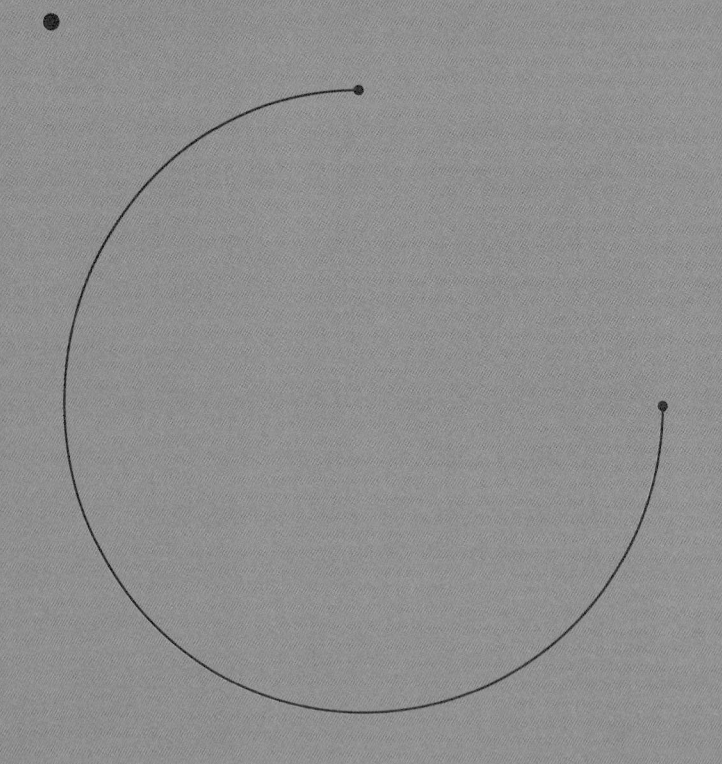

과학의 마음은 갈대와 같다.
흔들리지 않아서 믿을 수 있는 것이 아니라,
흔들려서 믿을 수 있는 것이 과학이다.

나의 지식을 모두의 상식으로 만드는 과정

많은 사람이 동의하는 지식이 '상식'이다. 손에서 놓은 돌멩이는 땅을 향해 아래로 떨어진다는 것, 지구가 둥글다는 것, 그리고 백신이 감염병 확산을 막는 데 도움이 된다는 것도 상식이다. 이런 상식에 많은 이가 동의하는 것은 맞지만 그렇다고 모든 이가 동의하는 것은 또 아니다. 손에서 가만히 놓은 돌멩이가 저절로 하늘로 치솟는다고 믿는 이는 단 한 명도 없지만, 지구가 둥글지 않고 평평하다고 믿는 사람은 현대에도 간혹 있고, 다양한 생명이 진화의 과정 없이 한순간 등장했다고 믿는 사람, 전 지구적인 기온상승이 거짓이라고 믿는 사람은 지금도 여전히 많다. 나의 상식이 세상의 상식과 다르면 먼저 나의 상식을 의심해볼 일이다.

과학 지식이 아닌 상식도 많다. 식탁에서 코 푸는 외국인을 예의 없다 생각하며 후루룩 국물을 들이키는 나를 그 외국인은 거꾸로 예의 없다 노려본다. 코 파는 것은 어디서나 지저분한 것이지만 귀 파는 것은 경우에 따라 '우웩'의 정도가 다르고, 꿈틀대는 산 낙지를 보며 입맛을 다시는 한국인을 어떤 외국인은 경악하며 바라본다. 학회에서 만난 인도인 학생이 내 설명에 고개를 계속 가로저어 당황했던 기억도 떠오른다. 인도에서 가로 고갯짓은 경청과 동의의 의미라는 사실을 그때 알았다. 한여름 복날이면 보신탕 한 그릇 정도는 먹어야 한다는 오래전 과거의 상식은 이제 말도 안 되는 이야기가 되었다. 때와 곳이 바뀌면 상식도 달라진다. 주변에 이해할 수 없는 일이 많다면 먼저 나의 상식의 기준을 가만히 돌아볼 일이다.

"왜 땅은 아래로 떨어지지 않을까"

고대 그리스에서는 천상의 것들이 아닌 땅 근처에서 볼 수 있는 모든 것은 흙, 물, 공기, 불, 이렇게 네 종류의 원소로 구성되어 있다는 것이 상식이었다. 흙, 물, 공기, 불의 순서로 우주의 중심을 향해 움직이려는 경향이 강하다는 것으로 물체의 움직임을 설명했다. 손에서 놓은 돌멩이가 아래로 떨어지는 이유는 흙 원소가 공기에 비해 우주의 중심을 향하려는 성향이 강하기 때문이라는 것이다. 지구가 둥글다는 현대인의 상식은 서양의 고대 철학자들도 동의한 상식이었다. 우주가 모든 것이 균일하게 섞인 상태에서 시작하면, 먼저 우주의 중심에서 시작해 흙이 모여 둥글게 뭉쳐 지구가 된다고 생각할 수 있기 때문이다. 또 둥근 지구가 우주의 중심에 가만히 정지해 있으니 지구 표면인 땅도 어디 다른 곳으로 움직일 이유가 없다. 고대 서양의 세계관에서 "왜 땅은 아래로 떨어지지 않을까?"라는 질문은 떠오르지 않았다.

오래전 동양의 세계관은 달랐다. 동양의 천원지방(天圓地方)의 세계관에서는 네모반듯한 땅을 둥근 하늘이 감싼 모습이 우주의 형태였다. 판판한 땅 위에서 동서남북 어느 방향으로도 쉽게 걸어갈 수 있지만 위아래 방향은 그렇지 않다는, 우리가 늘 접하는 당연한 상식과도 일치하는 형태다. 네모반듯한 땅 근처에서 모든 것은 당연히 아래로 떨어지니, "땅 자체는 왜 아래로 떨어지지 않을까?"라는, 고대 서양에서는 떠오르지 않았던 이 질문이 동양의 세계관에서는 중요한 질문이 된다. 상식이 바뀌면 질문도 바뀐다.

우주의 기가 네모반듯한 땅을 감싸고 크게 순환하고 있어서 땅이 아래로 떨어지지 않는다는 설명도 있었다. 다른 재미있는 설명도 있다. 땅이 아래로 떨어지지 않는 이유는 거대한 코끼리 네 마리가 땅을 등에 지고 있기 때문이다. 그렇다면 왜 코끼리는 아래로 떨어지지 않을까? 이 질문에 대한 답도 당연히 있다. 코끼리 네 마리가 거대한 거북이 등 위에 있기 때문이다. 그렇다면 거북이는 왜 아래로 떨어지지 않을까? 인터넷에서 찾아본 그림에서 이 문제를 해결하는 방식이 재밌다. 거대한 거북이를 거대한 뱀이 똬리를 틀고 그 위에 받치고 있는데, 이 커다란 뱀의 몸은 둥글게 우주 전체를 감싸고 땅 위 저 높은 곳에서 뱀의 입이 꼬리를 물고 있다. 뱀의 똬리 부분이 아래로 떨어지려 해도 뱀의 입이 꼬리를 물고 있어서 아래로 떨어질 수 없다는 재미있는 생각이 그림에 담겨 있다. 물론 현대인의 눈으로 보면 말도 안 되는 설명이지만, 세계관 안에서 의미 있는 질문을 제시하고 그 질문에 대한 답을 나름 정합적으로 도출한 고대인의 발상이 무척이나 흥미롭다. 시대가 바뀌고 사는 곳이 바뀌면 상식도 바뀌고, 상식이 바뀌면 질문도, 그리고 질문에 대한 답도 바뀐다.

흔들려서 믿을 수 있는 것이 과학이다

단 한 사람의 예외 없이 모든 이가 동의하는 진실은 무척 드물다. 상식이 모든 이가 동의하는 지식이라면, 지구가 둥글다는 것도, 생명의 진화도 상식이 아닌 셈이다. '모든 사람'이라는 기준을 '이성적 사고가 어느 정도 가능한 대부분의 사람'으로 바꾸어도 문제는 남는다. 얼마나 많은 사람이 동의해야 '대부분'이라고 할 수 있을지, 이성적 사고의 기준은 또 어떻게 정할지 분명하지 않다. 나는 어떤 지식이 올바른 상식인지 헷갈릴 때 가만히 시간에 따른 변화의 방향에 주목해본다. 여러 지식이 만들어지고 그중 일부는 세월의 힘을 이겨 상식이 된다.

한번 상식이 된 과학 지식은 시간을 거슬러 거짓으로 다시 판명되는 일이 무척 드물다는 것이 인류의 오랜 경험이다. 둥근 지구와 생명의 진화가 이미 상식이 된 지금, 이 두 지식이 거짓으로 판명되어 평평한 지구와 한순간의 생명 창조가 다시 상식이 되는 미래를 상상하기는 어렵다. 과학의 바탕이 되는 상식의 형성은 긴 시간 척도에서 보면 누적적으로 보인다. 지구가 평평하다고 믿고, 생명의 진화를 의심하고, 기후변화를 부인하는 사람은 시간에 따른 과학의 발전을 보지 못하고 과거에 머무는 셈이다. 아무리 기다려도 지구가 다시 우주의 중심에 놓여 주변에 태양을 거느리는 미래는 오지 않는다.

지식이 상식이 되는 과정에서 중요한 것은 내용이 아니라 과정 자체다. 우리가 그나마 과학을 믿을 수 있는 근거는 내용이 아니라 과정이다. 과학의 마음은 갈대와 같다. 흔들리지 않아서 믿을 수 있는 것이 아니라, 흔들려서 믿을 수 있는 것이 과학이다. 잘 흔들리지 않으면 어떻게든 흔들어보려는 수많은 노력이 모이고, 크게 흔들려서 쓰러진 갈대는 과학의 상식이 되지 못하고 역사의 뒤안길로 사라진다. 흔들어도 잘 흔들리지 않는 갈대 여럿이 서로 몸을 엮어 큰 다발이 되면, 그렇게 만들어진 상식의 다발 위에서 또 새로운 갈대가 자란다. 나의 지식을 모두의 상식으로 만드는 과정의 이름이 과학이고, 새로운 과학의 싹은 토대가 된 상식을 받침 삼아 다시 위로 자라난다.

자신이 상식이라고 믿는다고 정말 상식인 것은 아니다. 어떤 것도 믿지 말라는 이야기가 아니다. 때와 장소가 바뀌면 상식도 바뀌지만 가만히 들여다보면 그래도 방향이 있다. 뭐라도 풀려면 뭐라도 물어야 하고, 무엇을 물을지는 내가 가진 상식이 정한다. 답이 엉뚱한 사람, 질문이 엉뚱한 사람을 보면 그 사람의 상식을 의심해볼 일이다. 현재가 아닌 과거에 사는 사람은 아닌지, 가만히 저울질해볼 일이다.

이해

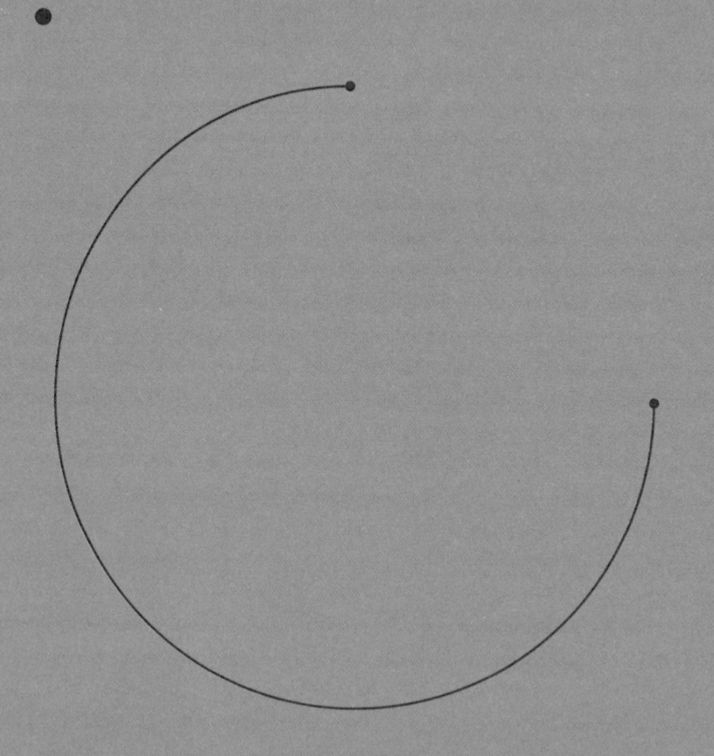

고전역학의 나무 아래에 서서 바라본 양자역학은
이해가 불가능하다.
양자역학을 이해하려면 양자역학의 나무 아래에 서야 한다.

공통의 나무 그늘을 찾는 일

“그럴 수도 있지. 다 이해해.” 실수한 사람을 위로할 때 우리가 할 법한 말이다. 사정과 상황을 헤아려보니 당신의 행동을 내가 너그럽게 받아들일 수 있을 때가, 바로 내가 당신을 이해한 순간이다. 이해했다고 해서 당신의 생각과 행동에 내가 전적으로 동의한다는 뜻은 또 아니다. 나라면 그렇게 행동하지 않을 것으로 확신하면서도 나는 당신을 이해한다고 말할 수 있다.

‘이해하다’의 영어 단어는 ‘understand’다. 몸을 낮추어 겸허한 마음으로 당신이 있는 곳보다 아래 서는 것이 올바른 이해의 자세라는 뜻이 담겼다고 할 수 있다. 순서를 번갈아 상대보다 낮은 곳에 한 번씩 서보고 나서야 둘이 서로를 이해할 수 있다면, 이해가 이루어진 다음의 모습은 위아래 구별 없이 어깨를 나란히 하며 함께 서 있는 장면이 제격이다.

어쩌면 나와 당신이 서로를 이해한다는 것은 둘 사이 교감과 공감의 출발점이 될, 어떤 공통의 나무 그늘을 찾았다는 뜻일지 모른다. 그곳에서 바라보는 방향은 제각각 다를 수도 있지만 말이다. 나는 understand의 'under'를 다른 이의 아래가 아니라 둘이 함께 나란히 선 한 그루 나무의 아래라는 뜻으로 읽는다. 비 오는 날 한 우산 아래에서 어깨를 나란히 하고 도란도란 이야기를 나누며 함께 걷는 모습이 '이해'의 모습이다. 서로의 이해는 공통의 나무 그늘 아래 함께 서는 데서 출발한다. 나무 아래 옆 사람이 어디를 보는지, 우산을 함께 쓴 옆 친구가 어디로 걸어가려 하는지, 우리는 한 나무, 한 우산 아래 함께 나란히 서야 이해할 수 있다.

양자역학을 이해한다는 것

대상이 사람이 아니어서 공감을 논할 수 없을 때에도 우리는 자주 이해를 말한다. 물리학자 파인만은 "이 세상에 양자역학을 이해하는 사람은 한 명도 없다"라고 했다. 한국어로도, 한문으로도, 그리고 영어로도 똑같이 '이해'라고 적지만 내가 당신을 이해한다고 할 때와는 느낌이 다른 문장이다. "제발 날 좀 이해해줘"라고 이야기할 때, 우리는 양자역학을 이해하듯이 나를 이해해달라고 부탁하는 것이 아니다. 한 사람을 이해하는 것은 객관적인 논리가 중요치 않은 너그러운 받아들임이다. 당신의 생각에 동의하지 않더라도 나는 당신을 이해한다고 말할 수 있지만, 슈뢰딩거방정식에 동의하지 않고 양자역학을 이해할 수는 없다. 사람이 아닌 지식을 대상으로 한 이해는 그 내용을 속속들이 깨달았다는 논리적인 받아들임이다. 양자역학의 이해에는 사람을 온전히 이해할 때의 너그러움이 필요치 않다. 나도, 콧대 높은 양자역학도 서로에게 너그러운 적은 단 한 번도 없다.

물리학과에 진학한 대학생은 학부 3학년쯤 양자역학을 처음 배운다. 처음 배우는 학생에게 나를 포함한 많은 물리학자가 해주는 충고가 있다. 일단은 양자역학의 수학적 방법론에 익숙해지려고 노력하고, 그 의미를 찬찬히 고민하는 시간은 좀 뒤로 미루라는 것이다. 나도 이러한 "입 닥치고 계산 먼저(Shut up and calculate)"의 방법으로 양자역학을 배웠다.

같은 교재로 같은 물리학자에게 양자역학을 배워 시험 점수도 똑같이 100점 만점을 받은 우수한 두 학생이 있다고 하자. 그런데 둘은 완전히 다른 이야기를 한다. 한 학생은 자신이 양자역학을 이해했다고 말하는데, 다른 학생은 만점을 받았음에도 자신은 양자역학을 전혀 이해하지 못했다고 말할 수 있다. 양자역학을 배우고 나면 모든 물리학도가 가지는 근원적인 질문이 바로 '이해'의 의미에 대한 것이다. 똑같은 수준으로 양자역학을 알아도, 두 학생은 완전히 다른 의미로 양자역학의 이해를 말할 수 있다. 양자역학을 이해한다는 것은 무슨 뜻일까? 아니, 도대체 과학에서 이해란 무슨 뜻일까?

과학의 이해가 사람의 이해와 비슷한 점이 있다. 나무 그늘 아래에 서는 것이 이해의 출발점이라는 점에서 그렇다. 과학도, 사람도 무언가 이해하려면 그 그늘에 서 있을 나무 한 그루가 필요하다. 과학철학자 토머스 쿤(Thomas Kuhn)이 제안해 이제는 모두의 상식이 된 용어인 패러다임(paradigm)이 바로 과학의 이해를 위한 그늘을 드리울 나무의 이름이다. 과학은 햇볕 쨍쨍한 마른하늘에서 어느 날 갑자기 뚝 떨어진 무언가가 아니다. 과학의 이해도 나무 그늘 아래 함께 서야 가능하다. 패러다임의 나무 아래에 있을 때에만 우리는 과학을 이해할 수 있다. 쿤의 패러다임의 나무는 수많은 가지와 나뭇잎으로 이루어진다는 점도 중요하다. 내가 연구하는 내용을 다른 과학자가 이해하려면, 이미 존재하는 머리 위의 나뭇가지와 나뭇잎도 필요하다. 양자역학의 눈으로 세상을 보려면 일단 양자역학의 나뭇가지와 나뭇잎에 익숙해지는 지난한 과정이 필요하다.

어느 나무 아래 설 것인가

양자역학을 제대로 이해한 사람은 없다는 파인만의 말에서 '이해'는, 고전역학의 나무 아래에서 본 양자역학 이야기다. 우리가 살아가는 거시적인 크기의 세상에서 양자역학은 그 모습을 직접 드러내지 않는다. 우리가 두 구멍을 동시에 통과하는 총알을 본 적도, 상상할 수도 없는 이유다. 오랜 기간의 진화과정에서 오로지 고전역학으로 기술되는 세상의 모습에 맞춘 생각의 모듈이 장착된 생물종이 바로 우리 호모사피엔스다. 우리는 빛의 속도에 가까울 정도로 빠른 세상, 전자와 양성자 같은 작은 세상을 직접 감각해 마주한 적이 단 한 번도 없다. 우리 머릿속에 장착된 생각의 기본 틀은 비상대론적 고전역학이다. 그리고 고전역학의 나무 아래에 서서 바라본 양자역학은 이해가 불가능하다.

양자역학을 이해하려면 양자역학의 나무 아래에 서야 한다. 똑같이 만점을 받아도 양자역학을 이해했다고, 혹은 전혀 이해하지 못했다고 말하는 것이 모두 가능하다. 어느 나무 아래에 서서 '이해'를 말하는지에 따라서 다를 뿐이다. 양자역학을 이해한 물리학자는 단 한 명도 없다는 말도, 물리학자라면 양자역학을 모두 이해하고 있다는 말도 모두 맞다.

이해의 의미를 다시 생각한다. 이해는 서로의 견줌이다. 과학이나 사람이나, 공통된 지점이 없다면 서로 아무것도 이해할 수 없다. 무엇이라도 이해하려면 우리는 함께 한 나무, 한 우산 아래 나란히 서야 한다. 세상을 얼마나 넓게 이해하는지, 그 이해의 폭은 내가 서 있는 나무 그늘의 면적에 비례한다. 누구 하나도 같은 이 없어 제각각 유일하고 소중한 우리 모두의 머리 위, 숲처럼 울창한 이해의 나무를 꿈꾼다. 제각각 달라도 모두가 서로를 이해하는, 다른 이의 발아래 누구도 서지 않는, 차별 없는 세상을 꿈꾼다.

○○○

양자역학 우리가 눈으로 직접 볼 수 있을 정도 크기의 거시적인 세상의 운동은 물리학의 고전역학이 설명한다. 로켓을 발사해서 화성에 착륙시키는 것이 가능한 것도 고전역학 덕분이다. 한

편, 절대 맨눈으로는 볼 수 없을 정도로 작은 것들의 세상을 설명하는 것이 양자역학이다. 양자역학이 설명하는 세상은 고전역학으로 본 세상과 무척이나 다른 모습이다. 커다란 물체의 경우, 우리는 물체의 위치와 운동량을 우리가 원하는 정확도로 측정할 수 있지만, 아주 작은 입자들은 다르다. 위치를 정확히 측정하면 운동량을 모르고, 운동량을 정확히 측정하면 위치를 모르게 된다.

양자역학은 우리가 측정하게 될 물리량을 딱 하나의 값으로 예측하지 않는다. 양자역학의 예측은 이처럼 결정론적이 아닌 확률적인 예측이다. 우리는 지금 어디에 있는지 입자의 위치를 알아도, 잠시의 시간이 지난 다음에 그 입자의 위치를 어디라고 콕 집어 말할 수 없다. 입자가 그 위치에서 발견될 확률만 예측할 수 있을 뿐이다.

양자역학의 확률은 우리 관찰 주체의 주관적인 한계가 아니라 자연이 가지고 있는 객관적인 속성이라는 것도 중요하다. 아무리 측정기술이 미래에 발전해도 양자역학을 따르는 입자 하나의 속성은 확률적으로만 예측가능한 것이 많다. 하지만 양자역학을 따르는 입자가 정말 많으면 전체의 특성은 정확히 예측할 수 있는 경우도 많다. 많은 전자기기의 작동원리는 양자역학을 따라서, 그 안 전자 하나의 물리량은 확률적으로만 예측할 수 있다. 그래도 전자기기 전체는 일관적으로 작동한다.

뇌 안의 연결 배선을 바꾸는 방법
: 말과 글

우리 호모사피엔스는 주로 언어를 이용해 서로 소통한다. 성대와 입으로 만들어진 청각정보를 담은 발화언어가 말이라면, 물리적 실체를 가진 매체에 시각정보로 담긴 문자언어가 글이다. 기나긴 진화의 역사에서 인간이 지금처럼 지구의 지배자가 된 것은 바로 인간의 사회성 덕분이다. 다른 이의 마음을 마치 자신의 마음처럼 떠올릴 수 있는 사회적 공감과 한 사람이 새로 알아낸 것을 다른 사람이 보고 들어 배우는 사회적 학습이 인류의 놀라운 성공의 바탕이다. 말과 글을 통한 서로의 연결과 소통은 흩어진 '여럿'을 함께하는 '우리'로 만들어 인류의 성공을 이끌어냈다. 사람이 만든 말과 글이 거꾸로 지금 인류의 모습을 만든 셈이다.

뇌과학과 신경과학 분야의 연구에 따르면, 사람의 감정과 이성은 손바닥 위에 올라갈 정도로 작은 우리 뇌속 1000억 개 신경세포 사이 연결의 결과다. 사람의 뇌 안, 내부 연결의 배선을 바꾸는 방법은 둘뿐이다. 외과적 수술, 그리고 말과 글이다. 말과 글은 비외과적인 안전한 방법으로 뇌 안의 내부 배선을 장기적으로 바꾸는, 거의 유일하고 확실한 효과적인 수단이다. 말과 글로 전달된 정보로 나의 뇌는 바뀌고, 오늘의 나는 어제의 나와 달라진다. 말과 글은 나를 바꾼다.

글보다 말이 훨씬 오래전에 탄생했다. 다양한 음성신호를 발화할 수 있는 해부학적 인체구조가 출현한 시점은 언제일까? 호모사피엔스의 출현으로 짐작해도 짧게는 수십만 년 전의 일이고, 길게는 200만 년 전으로 추정하는 과학자도 있다. 한편 글은 인류의 역사에서 극히 최근의 발명품이다. 지금부터 5000년 전 무렵의 일이다.

말은 사람 사이의 실시간 정보 전달을 담당하는 중요한 역할을 하지만, 휘발성의 문제도 있다. 한번 입에서 음성으로 발화한 말은 공기를 거쳐 파동의 형태로 다른 이의 귀에 닿는다. 말한 이와 듣는 이 사이 시공간의 한 점을 순식간에 통과한 말은 그 안에 담긴 정보를 듣는 이의 머릿속 기억으로 변환한다. 문제는 우리의 기억이 오래 지속되지 않는다는 점이다. 여러분도 한번 해보시라. 처음 들은 휴대폰 전화번호는 딱 10분만 지나도 기억하기 어렵다. 물론 반복은 단기기억을 장기기억으로 전환하지만, 인간의 장기기억도 믿을 만한 것이 아니다. 시간이 흐르며 오랜 기억은 사라지고 또 엉뚱하게 왜곡되기도 한다.

휘발해 사라지는 말에 담긴 정보가 시간의 흐름을 버티며 오래 지속되려면, 우리 뇌 밖 외부의 저장장치가 필수다. 바로 글이 탄생한 이유다. 글은 뇌 밖에서 많은 이가 공유할 수 있는 공용 기억저장장치다. 오랜 인간의 역사에서 현재의 클라우드 저장장치의 역할을 담당했던 것이 책과 같은 글의 기록이다. 글은 딱 몇 사람만 소유할 수 있었던 일회성 음성정보의 시공간 규모를 획기적으로 확장한다. 말이 글이 되면 정보는 여러 사람에게 전달되어 말의 공간적 제한을 넘어서고, 말의 청각정보가 물리적인 실체가 있는 매체에 담겨 시각정보로 바뀌면 글은 말의 시간적 제한을 넘어선다. 글은 화석으로 고정된 말이다.

우리 모두의 사고는 우리가 사용하는 언어의 구조를 따른다. 하루 종일 한국어가 아닌 영어로 의사소통을 해야 했던 타국에서의 젊은 시절, 영어가 그나마 좀 익숙해질 때의 흥미로운 경험이 떠오른다. 혼잣말을 가끔 영어로 하게 되었고, 심지어는 꿈도 영어로 꾼 적이 있다. 사람의 말과 글은 그 사람의 생각이 외부로 표출되는 수단이지만, 거꾸로 내가 하는 말과 내가 쓰는 글이 나의 생각을 규정할 때도 정말 많다.

과학에도 독특한 말과 글이 있다. 과학의 말글은 수학의 형태를 가질 때가 많다. 과학자 갈릴레오가 "자연이라는 책은 수학이라는 언어로 적혀 있다"라고 했듯이 말이다. 특히 물리학에서 수식(數式)은 자연현상을 효율적으로 기술하는 놀라운 방식이다. 한글 자모에 해당하는 수학 기호가 언어의 문법 규칙처럼 서로 관계를 맺어 자연현상을 함축적으로 기술하는 것이 수식이다. 한 줄의 수식은 우리 일상의 말글의 길이를 획기적으로 줄여 과학자 사이의 효율적인 소통에 기여한다. 사람들은 과학자가 어려운 수식을 자꾸 쓰는 것이 불만이지만, 과학자들이 젠체하려고 수식을 쓰는 것은 아니다. 수식을 쓰면 논의의 전개가 훨씬 더 쉽고 간편하기 때문이다. 과학에서도 말글과 생각은 양방향으로 소통한다.

음성정보인 말이 시각정보로 바뀌어 담긴 것이 글이라면, 말과 글은 서로 어울려야 한다. 오랜 동안 말과 글이 달랐던 한반도에서, 둘 사이의 일치가 이루어진 계기가 바로 조선 세종 대의 한글 창제다. 고등학생 때 인상 깊게 배운 『훈민정음』 서문에, 나라의 말이 중국의 글과 달라 서로 통하지 않는다는 세종의 문제의식과 그로 말미암은 글과 말의 괴리로 고통받는 모든 백성을 생각하는 세종의 애민의식이 담겨 있다. 지구 위 다른 어떤 글과 달리 생일이 명확히 알려진 유일한 글이 한글이다. 10월 9일은 한글날이다. 한민족이 처음으로 말에 맞는 글을 갖게 된 것을 축하하는 역사적인 날이다. 전 세계에서 글의 탄생을 축하하는 생일을 유일하게 가진 우리 모두가 기쁘게 자축할 의미 있는 날이다.

풍경

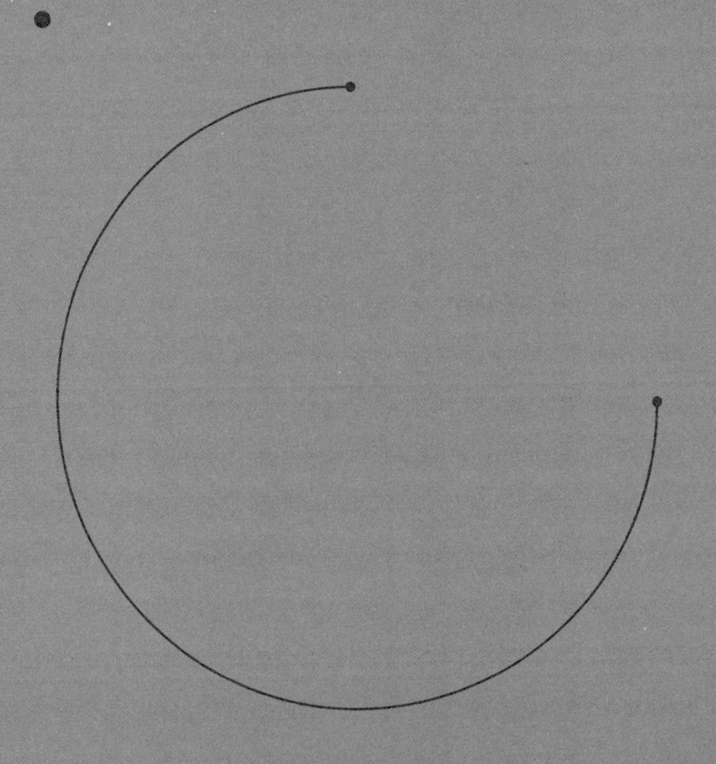

에너지풍경의 골짜기에서 출발해 봉우리에 올라서려면
봉우리 높이만큼의 에너지가 필요하다.

봉우리 높이만큼의 에너지

"서는 데가 바뀌면 풍경도 달라지는 거야." 2015년 방영된 드라마 〈송곳〉에서 많은 이가 기억하는 명대사다. 같은 사람이어도 경제적 상황이나 사회적 위치가 달라지면 세상을 보는 눈도 변한다는 의미다. 한 사람이 보는 풍경도 상황에 따라 달라질 수 있다면, 누적된 삶의 경험이 천양지차인 두 사람이 보는 풍경의 차이는 더 말할 나위도 없다.

"인간은 만물의 척도"라는 프로타고라스의 말도 떠오른다. 책에서 읽고는 글귀 속 인간이 단수인지 복수인지 궁금했던 기억이 있다. 복수라면 인본주의적 가치관의 주장으로 읽을 수 있을 듯했다. 하지만 단수라면, 참과 거짓을 가르는 기준이란 객관적으로 존재해서 모두가 동의할 수 있는 어떤 것이 아니며, 우리 각자가 제각각 다른 기준을 갖는다는, 진리의 극단적 상대성에 대한 주장이 될 수 있다고 여겨졌다. 찾아보니 이 말 속 인간은 단수형이다.

인간이라는 류(類)를 뜻하지 않았으므로, 각자가 주장하는 각자의 진리만 있을 뿐이라는 주장으로 읽는 것이 적당해 보인다. 요즘 한국 사회에서 자주 볼 수 있는 안타까운 모습이기도 하다. 서 있는 곳이 달라서 세상도 달리 보는 이들이, 서로 자기가 보는 풍경만 옳다고 우기는 형국이다. 자신의 생각에 동의하는 사람은 옳고, 자신과 생각이 다른 사람은 틀리다고 많은 이가 믿는다. 다름과 틀림은 엄연히 다른데도, 다르면 틀린 것이라고 우리는 틀리게 생각한다.

에너지풍경과 섞임성질

물리학에도 풍경이 있다. 영어 알파벳 W의 모습을 떠올려보라. 두 골짜기 사이에 산봉우리 하나가 있는 모습이다. 옆에서 보았을 때 W 모양이 되도록 철판을 구부리고 가만히 구슬을 그 위에 놓으면, 구부러진 철판의 경사를 따라서 아래로 구르는 구슬은 둘 중 한 골짜기 바닥에 멈춘다. 중력에 따른 위치에너지가 최소가 되는 위치가 구슬이 선호하는 위치다. 물리학의 에너지풍경(energy landscape)은 바로 W의 꼴로 구부린 철판 같은 것이다. 물리계는 에너지풍경의 가장 깊은 골짜기인 바닥상태에 있으려는 경향이 있다. 작은 물방울이 네모나지 않고 둥근 이유, 물이 위가 아니라 아래로 흐르는 이유, 겨울철에 온도가 내려가면 물이 수증기가 아니라 얼음이 되는 이유, 눈의 결정이 사각형이 아닌 육각형인 이유가 모두 하나같다. 그럴 때가 아닐 때보다 에너지가 더 낮아서 그렇다.

물리학의 에너지풍경에 관한 이야기 중 섞임성질(ergodicity)이라는 것이 있다. 섞임성질이 있는 물리계는, 시간이 흐르다 보면 허락된 모든 상태를 빠짐없이 방문할 수 있다. 통계물리학에서 이론을 전개해 물리량을 계산할 때 이 섞임성질은 아주 유용하다. 시간이 지나면서 물리계의 동역학적 상태가 어떻게 변화하는지 일일이 추적하지 않아도, 물리계에 허락된 상태가 어떤 것들인지만 파악해서 계산 결과를 얻을 수 있기 때문이다. 동역학적인 운동방정식을 풀지 않아도 통계와 확률의 방법으로 전체의 특성을 쉽게 알아낼 수 있다.

W자 모양의 에너지풍경에서 가운데 놓인 산봉우리의 높이가 아주 높다면, 왼쪽 골짜기에서 오른쪽 골짜기로 건너가는 것은 불가능하게 되고, 바로 이런 경우에 섞임성질이 성립하지 않는다. 아무리 오래 기다려도 반대쪽 골짜기로 가지 못하니, 시간이 아무리 오래 지나도 물리계는 가능한 모든 상태를 방문하지 못한다.

섞임성질이 성립하지 않는 예를 우리 주변에서도 쉽게 볼 수 있다. 냉동실에 오래 두었는데도, 페트병에 담긴 음료가 액체상태일 때가 있다. 냉동실에서 꺼내 뚜껑을 열고 음료를 컵에 따르면 그때서야 음료가 얼기 시작하는 것을 경험한 사람이 많다. 냉동실의 낮은 온도에서 음료는 W자의 두 골짜기처럼 두 상태에 있을 수 있다. 왼쪽 골짜기가 얼어 있는 상태, 오른쪽 골짜기가 얼지 않은 상태에 해당한다면, W자의 오른쪽을 살짝 들어 올려서 왼쪽으로 약간 기우뚱한 W자의 모습이 냉동실 안 음료와 비슷하다. 왼쪽으로 기운 W자는 왼쪽 골짜기가 더 깊다. 진정한 의미에서 음료가 선호하는 바닥상태는 바로 얼어 있는 고체상태라는 이야기다. 하지만 음료가 오른쪽 골짜기의 액체상태에 있어도, 저절로 높은 에너지의 봉우리를 넘어 왼쪽 골짜기의 고체상태로 가지는 못한다. 뚜껑을 열어 컵에 따르는 것과 같은 외부의 자극이 있어야 비로소 더 깊은 왼쪽 골짜기에 갈 수 있다.

에너지만 보면 얼어 있는 것이 맞는데 현실에서는 액체로 남아 있는 이런 상황을 과냉각상태라고 부른다. 과냉각상태는 두 골짜기 중 약간 더 높은 위치에 있는 W자의 오른쪽 골짜기에 물질이 있는 상태다. 겨울에 이용하는 액체 주머니 손난로도 보통 과냉각상태를 유지한다. 주머니 손난로 안에는 둥근 철편이 있다. 이 철편을 딸깍 누르면 철편의 가는 홈에 들어 있던 물질의 작은 고체 조각이 방출되어 응결핵으로 작용하고, 이러한 자극에 힘입어서 전체 물질은 더 깊은 W자의 왼쪽 골짜기인 고체상태로 다가선다. 이렇듯 액체 주머니 손난로는 두 골짜기의 높이 차이에 해당하는 에너지가 외부로 방출되는 것을 이용한다.

내가 선 곳, 네가 선 곳

자, 기울이지 않아 두 골짜기의 높이가 같은 W자 모양의 에너지 풍경을 다시 보자. 둘 중 어느 골짜기에 구슬이 안착할지는, 처음 출발한 위치에 따라 달라진다. 왼쪽 절반의 어느 위치에서 출발한 구슬은 왼쪽 골짜기로, 오른쪽 절반 어딘가에서 출발한 구슬은 오른쪽 골짜기로 쏙 들어가고, 일단 깊은 골짜기에 자리 잡은 구슬은 다른 골짜기로 저절로 폴짝 옮겨가지 못한다.

전체 에너지풍경 W를 보는 우리 눈에는 두 골짜기가 모두 보이지만, 왼쪽에서 출발해서 왼쪽 깊은 골짜기에 도착해서 멈춘 구슬은 오른쪽 골짜기의 존재를 알지 못한다. 저 산 너머에는 이곳에서 볼 수 없는 다른 풍경이 있다. 이 골짝 저 골짝 속속들이 모두 들여다보지도 않고, 네 골짜기보다 내 골짜기가 더 깊다고 우길 수는 없는 일이다. 내 좁은 경험이 만들어낸 내가 보는 풍경은 세상의 작은 부분일 뿐이다. 그런데도 우리는 다른 이가 다른 곳에서 보는 풍경도 내 눈에 보이는 풍경과 다르지 않다고 섣불리 믿으며 나의 척도로 세상 모든 것을 재려 한다. 내가 본 적 없는 다른 골짜기를 이야기하는 사람을 전혀 이해할 수 없는 것은, 그가 선 곳에 내가 서본 적이 없기 때문일지 모른다.

저 산 너머 풍경은 산봉우리에 올라서야 보인다. 에너지풍경의 골짜기에서 출발해 봉우리에 올라서려면 봉우리 높이만큼의 에너지가 필요하다. 놀이공원의 롤러코스터를 생각해보면 금방 알 수 있다. 높은 곳에서 짜릿한 낙하를 시작하기 전에, 먼저 전기로 작동하는 전동기를 이용해 롤러코스터를 높은 봉우리 위에 올린다. 전기의 형태로 에너지를 공급하지 않으면 롤러코스터는 출발지보다 더 높은 위치로 스스로 올라가지 못한다. 우리 사는 세상의 풍경도 마찬가지가 아닐까. 내가 선 곳이 네가 선 곳과 달라서 보는 풍경에 합의할 수 없을 때, 이 골짝 저 골짝 어디가 더 깊은지 목소리 높여 다툰다고 될 일이 아니다. 서로 손 맞잡고 높은 봉우리에 함께 오를 일이다. 제각각 갇힌 골짜기 안에서 서로 이곳이 더 깊다 외쳐봐야 메아리만 들릴 뿐이다. 진리는 저 산 너머에도 있다.

○○○

동역학계의 섞임성질

부엌의 조리대에서 보글보글 김치찌개가 끓고 있다. 집의 창문을 모두 닫으면 결국 맛있는 김치찌개 냄새는 온 집 안에 고르게 퍼진다. 김치찌개 냄새를 일으키는 특정 기체분자 하나를 생각해보자. 이 분자는 공기 중의 다른 분자들과 끊임없이 충돌을 계속 이어간다. 이 냄새 분자를 우리가 오랫동안 계속 추적할 수 있다면, 이 분자는 집 안 어디에나 있을 수 있다. 이 분자가 시간이 지나면서 방문하는 모든 위치는, 이 분자가 있을 수 있는 모든 위치와 같다.

이런 성질이 있을 때, 물리학에서는 동역학계가 섞임성질이 있다고 한다. 시간이 지나면 고르게 섞이는 성질이 있다는 뜻이다. 섞임성질을 가정하면 구성요소들의 동역학적인 경로에 대한 정확한 추적을 하지 않고도 가능한 모든 경우를 생각해서 통계적으로 시스템의 성질을 이해할 수 있다. 평형열역학의 이론은 동역학계의 섞임성질을 가정한다.

확률

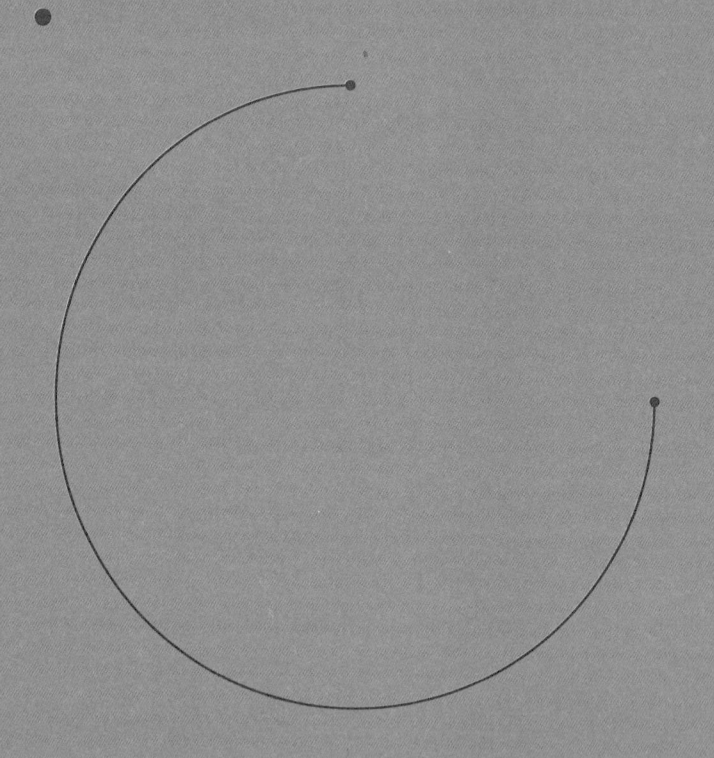

지금까지는 확실히, 앞으로는 아마도 거의 확실히.

세상은 양자택일로 돌아가지 않는다

"그래서 사람이 벽을 통과할 수 있나요, 없나요?"

손에서 놓은 돌멩이는 아래로 떨어질까? 물리학에서는 빛보다 빠르게 움직이는 것은 아무것도 없다고 하는데, 정말 그럴까? 마치 유령처럼 사람이 스르륵 벽을 뚫고 지나갈 수 있을까? 내가 백신을 맞으면 코로나에 안 걸릴까?

과학은 이런 질문에 답할 수 있다. 그런데 많은 경우 100퍼센트 확실한 답을 주는 것은 아니다. 돌멩이는 지구 표면 근처에서는 당연히 아래로 떨어지지만 지구 주위를 도는 우주선 안이라면 그냥 그 자리에 둥둥 떠서 머무른다. 아래로 떨어지는 돌멩이도 '지구 표면 근처'라는 가정이 없다면 확실하지 않다. 빛보다 빠른 것이 정말 없는지도 과학자로부터 100퍼센트 확실한 답을 듣기 어렵다. 많은 물리학자의 대답은 "지금까지는 확실히, 앞으로는 아마도 거의 확실히"일 것이다.

에너지가 늘 보존되는지, 엔트로피는 늘 항상 늘어나는지 물으면, 그것도 또 사람들이 기대하는 확실한 '네, 아니오'의 둘 중 하나로 답하는 물리학자 역시 없다. 아주 짧은 시간에는 에너지가 하나의 값으로 딱 주어질 수 없다는 양자역학의 불확정성원리는, 작은 에너지가 아무런 원인 없이도 갑자기 잠깐 생성될 수도 있음을 알려주며, 엔트로피는 외부와 완벽히 단절된 고립계에서, 그것도 그 안에 들어 있는 입자가 아주 많을 때만 '확실히' 증가한다. 하지만 이것도 또 '거의 확실히'라고 수정하고 싶어 하는 것이 과학자다. 과학은 어느 상황에서나 확실히 성립하는 100퍼센트를 꺼린다.

엔트로피 증가가 늘 일어나는 것은 아니라고 말해주면, 사람들은 혼란스럽다. 입자의 수가 어떻고, 고립계가 어떻고, 설명을 이어가면 이를 악물고 어려운 이야기를 귀 기울여 들은 다음, 다시 묻는다. "아니, 그래서 결국, 엔트로피가 항상 증가한다는 것인가요? '네, 아니오'로 답해주세요." 그럼 물리학자는 주저하다 어쩔 수 없이 '아니오'라고 답하고, 이 이야기를 들은 사람은 "물리학자에게 들었는데, 엔트로피가 증가하는 것이 아니래요"라고 다른 사람에게 전하기도 한다. 혹은 물리학자가 "'네, 아니오'라고 그렇게 칼로 무 자르듯 이야기할 수는 없어요"라고 말하면, 질문한 사람은 또 "과학자나 과학자가 아닌 사람이나, 답을 모르는 것은 마찬가지네요"라고 말한다. 드물지만 내가 간혹 겪는 일이다.

"백신 접종하면 정말 코로나 안 걸려요?"도 마찬가지다. 모든 과학자는 이 질문에 “아니, 그런 것은 아닙니다. 백신 맞아도 걸릴 수 있어요”라고 말한다. 다시 또 “그럼 백신 안 맞으면 코로나에 반드시 걸리나요?”라고 물으면 “아니, 또 그 이야기는 아니구요”라는 답을 듣는다. “아니, 그래서 백신을 맞아야 한다는 것인가요, 맞지 않아도 된다는 말인가요?”라고 물으면 “그래도 꼭 맞으셔야 해요”라는 답을 듣고 다시 되묻는다. “아니, 백신 맞는다고 안 걸리는 것도 아니고, 안 맞는다고 꼭 걸리는 것도 아니라면서 왜 맞아야 해요?”라고 말이다. 자연은 확률이 대세인데 사람들은 모 아니면 도, 양자택일의 확실성을 원한다.

에너지의 장벽을 작은 입자가 스르륵 통과할 수 있다는 양자터널효과는 실험과 이론으로 검증된, 그리고 실제로도 이용되고 있는 엄연한 사실이다. 인간도 결국 입자들의 모임이고 눈앞의 벽도 입자들의 모임이니, 사람이 영화 속 유령처럼 벽을 스르륵 뚫고 지나갈 확률이 정확히 0은 아니다. 이 이야기를 하면 어떤 이는 “내가 물리학자에게 들었는데 말이야, 사람이 벽을 통과할 수 있대”라고 친구에게 전할 수도 있다. 확률이 0이 아니라고 해서 그것이 우리가 경험할 가능성이 있다는 이야기는 아니라는 설명을 이어가면, 다시 되묻는다.

“아니, 그건 되었구요. 결국 그래서 사람이 벽을 통과할 수 있나요, 없나요?”

“불가능한 건 아니지만, 우리가 그런 사람을 볼 수는 없어요.”

“아니, 가능하다면서, 왜 또 그런 일을 볼 수는 없다고 하나요?”

이렇게 질문이 이어진다. 사람이 벽을 통과할 확률이 정확히

0은 아니다. 과학적 사실이다. 하지만 그렇다고 해서 우리 옆에 있던 사람이 벽을 통과해 옆방으로 이동할 수 있다는 말은 또 아니다. 가능하지만 불가능한 일이다. 세상에는 매일 늘 볼 수 있는 일, 자주 볼 수 있는 일, 드물지만 오래 기다리면 그래도 볼 수 있는 일, 평생 아무리 오래 기다려도 볼 수 없는 일, 그리고 우주의 나이만큼 긴 시간을 기다려도 볼 수 없는 일이 있다. 자연에는 큰 확률, 상당히 작은 확률, 그리고 엄청나게 작은 확률이 있다. 사람이 벽을 통과하는 것은 엄청나게 작은 확률로 가능한 일일 뿐이다.

확률에 관하여

어떤 사건이 일어나는 경우의 수를 가능한 모든 경우의 수로 나눈 것이 확률이다. 큰 수의 역수를 구하면, 즉 큰 수를 분모에 두면 작은 수가 되니, 얼마나 작아야 작은 것인지에 대한 질문은 사실 얼마나 커야 큰 것인지에 대한 질문과 같다. 확률이 제각각이듯 큰 수도 제각각이다. 세상에는 큰 수, 상당히 큰 수, 그리고 엄청나게 큰 수가 있다. 10억이라는 숫자를 적어보자. 1 뒤에 0이 아홉 개가 놓인다. 명확한 정의는 아니지만, 상당히 큰 수는 1 뒤에 0이 여럿 있는 수다. 예를 들어 1리터들이 플라스틱 병 안에 담긴 물분자의 수는 1뒤에 0이 25개 정도 나오는 상당히 큰 수다. 우주에는 이보다 엄청나게 큰 수도 자주 등장한다. '엄청나게 큰 수'에서 1 뒤에 등장하는 0의 개수는 '상당히 큰 수'다. 예를 들어 큰 수인 10억의

1,000,000,000은 금방 적지만, 1 뒤에 0이 10억 개가 있는 엄청나게 큰 수를 종이에 적으려면 정말 오랜 시간이 걸린다. '엄청나게 큰 수'는 '상당히 큰 수'와 비교할 수 없을 정도로 정말 엄청나게 더 큰 수다.

방 안에 산소분자가 하나 있다면, 방 안에서 내가 앉아 있는 쪽 방의 절반이 아닌 그 건너편에 이 산소분자가 있을 확률은 2분의 1이다. 마찬가지로 어림잡아 계산하면 산소분자 두 개 모두가 건너편 절반에 있을 확률은 4분의 1이다. 방 안에 있는 산소분자 모두가 내가 있는 쪽이 아닌 저 건너에 있을 확률은 2분의 1을 산소분자의 개수만큼 곱한 값이다. 방 안 산소분자의 개수가 1 뒤에 0이 27개쯤 이어지는 상당히 큰 수라고 할 때, 그 결과는 '엄청나게 작은 확률'이 나온다. 이 확률이 정확히 0은 아니기에, 가만히 이곳에 앉아 있는 내가 아무 이유 없이 질식하는 것은 어쨌든 가능은 한 일이다. 하지만 내가 우주의 나이만큼 오래 사는 것을 지구 위 모래알 수만큼 여러 번 반복해도, 내가 가만히 앉아 있는 방 안에서 질식사하는 사건은 단 한 번도 일어날 수 없을 정도로 드문 사건이다. 가능하지만 어쨌든 불가능한 일이다.

아래로 떨어지는 돌멩이는 지구 표면 근처라는 조건에서는 확실하다. 빛보다 빠른 것은 없다는 것은 아직까지는 확실하다. 가만히 앉아 있는 이 방에서 내가 저절로 질식사할 확률, 외부와 단절된 고립계 안에 상당히 큰 수의 입자가 있을 때 엔트로피가 저절로 줄어들 확률, 외부에서 유입되는 에너지가 없이도 영구기관이 작동할 확률, 사람이 스르륵 벽을 뚫고 통과할 확률은 엄청나게 작다. 우주가 상당히 큰 수만큼 반복되어도 단 한 번도 볼 수 없을 정도로 아주 작고도 작은 확률로 일어나는 사건이다. 한편 두어 번 백신을 맞으면 감염의 위험이 줄고, 걸려도 증상이 약하다는 것은 높은 확률로 일어나는 사건이다. 통과하기를 바라며 눈 감고 벽에 부딪쳐봐야 혹만 생긴다. 시도도 하지 마시라. 하지만 백신 접종은 과학자의 권고를 꼭 따르시길. 백신 맞으면 100퍼센트 안전하다는 이야기가 아니다. 하지만 여러 차례의 백신 접종 효과는 아주아주 높은 확률로 엄연한 진실이다. 세상 모든 것은 확률로 돌아간다.

경계

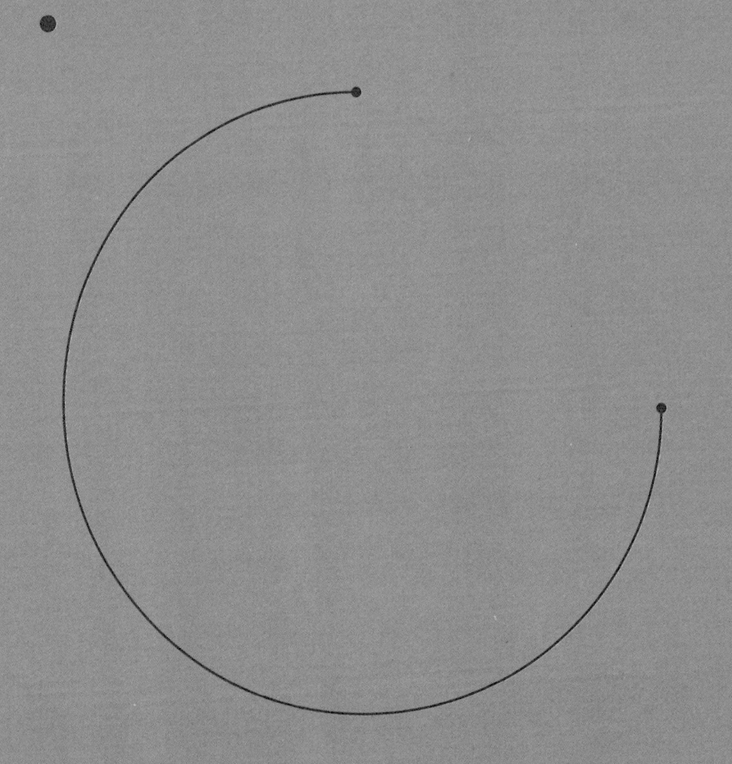

어떤 경계는 없는데 우리가 만든다.
우리가 설정한 경계는 양쪽의 구별을 만들고,
시간이 지난 구별은 장벽이 된다.

문턱이 사라지면
발가락을 찧지 않는다

경계로 나뉜 연속은 불연속이 된다

어린 시절, 빨리 밥 먹으러 나오라는 어머니의 부름을 듣고 방에서 뛰쳐나오다 방의 안과 밖을 가르는 야트막한 나무 문턱에 발가락을 찧어 아팠던 기억이 난다. 한두 번도 아니고 자주 그랬던 것 같다. 문을 닫으면 눈앞을 턱 하니 막은 문이 안과 밖을 나누는 확실한 물리적 경계가 되지만, 문턱은 문이 열려 있어도 안팎의 경계로 작동한다. 배고파 후다닥 방에서 뛰쳐나오다 미처 보지 못할 때도 많았지만 말이다. 초등학교 때 짝꿍과 다투면 곧이어 하는 일이 책상 한가운데에 볼펜으로 선을 긋는 것이었다. "여기 넘어오면 안 돼." 바닥에 떨어뜨린 지우개가 어쩌다 저쪽으로 굴러가면 책상에 그어진 직선이 공해상으로 연장되는지를 두고 다투었던 기억도 난다.

방의 안팎을 가르는 문, 바닥에 놓인 문턱처럼 누가 보아도 동의하는 경계도 있지만, 책상 위에 임의로 그은 선처럼 우리가 어느 날 그렇게 하기로 정해서 생긴 경계가 세상에는 더 많다. 내 집 땅과 옆집 땅을 가르는 차이는 지적도에만 있을 뿐 땅을 보아서는 알 수 없고, 차를 타고 충청북도에서 경상북도로 접어들 때 표지판 없이 도의 경계를 알 수 있는 사람은 없다. 그렇게 보이지 않아도, 한번 설정한 경계는 이쪽과 저쪽을 나눈다. 둘 사이에 보이지 않는 선이 있다고 가정하고 나와 너, 내 것과 네 것을 가르는 셈이다. 눈에 잘 띄는 경계도 있고, 어떤 경계는 주의를 기울여야 볼 수 있지만 전혀 눈에 보이지 않는 경계도 있다.

경계가 꼭 공간만 나누는 것은 아니다. 시간에도 경계가 있다. 합법적으로 술을 마실 수 있는 나이가 되기 이전과 이후를 나누는 경계, 투표를 할 수 있는지 없는지를 나누는 경계도 있고, 지하철 요금을 내다가 안 내도 되는 '지공(지하철 공짜)'의 나이에 접어들 때의 시간 경계도 있다. '지공' 하루 전과 다음 날을 비교해도 우리는 아무 차이가 없지만, 일단 시간에 그어진 경계는 이전과 이후로 둘을 나누어서, 지하철 요금을 불연속적으로 변하게 한다. 공간이든 시간이든 세상에는 눈에 보이지 않는 경계가 훨씬 더 많다. 우리가 그렇게 하기로 정해서 그은 선이 하나를 둘로 나눈다. 연속에 긋는 경계가 불연속을 만든다.

사람들도 경계로 나뉜다. 인종이라는 경계, 성별이라는 경계, 그리고 경제 수준이라는 경계도 있다. 사람들의 소득을 기준으로 상위 10퍼센트를 경계로 설정해 가르면, 상위 10.001퍼센트인 사람은 9.999퍼센트인 사람과 작은 차이로 남남이 된다. 5억 원을 경계로 세금의 부과 기준을 달리하면, 4억 9900만 원을 가진 사람과 5억 100만 원을 가진 사람은 서로 크게 다른 세금을 낼 수도 있다. 수능 점수 1점 차이로 한 사람의 인생의 경로가 달라질 수도 있고, 0.01초의 작은 차이로 육상 경기의 메달 색이 바뀐다. 이제는 점점 흐릿해지지만 고등학교 학생을 문과와 이과로 나누던 경계도 오랫동안 지속되었다. 문과라는 보이지 않는 라벨을 단 학생은 배우는 것, 생각하는 것이 이과 친구와 달라지고, 상류 계곡물에서 아주 작은 차이로 갈라선 두 물방울은 시간이 지나 하류에 이르면 멀리 헤어져 큰 강으로 나뉜다. 세상은 연속이지만 우리는 그 안에 수많은 경계를 짓고, 경계로 나뉜 연속은 불연속이 된다.

100도라고 부르기 전에도 물은 이 온도에 끓었다

우리가 긋지 않아도 존재하는 경계가 있다. 스스로(自) 그러함(然)을 뜻하는 자연은 경계도 스스로 정한다. 1기압에서 가스 불에 올린 냄비 안 물은, 온도가 점점 올라 99도에 이를 때까지는 끓지 않다가 100도가 되면 끓기 시작한다. 물의 끓는점을 100도라 부르기로 한 것은 사람의 약속이지만, 우리가 100도라고 부르기 전에도 물은 이 온도에 끓었다. 물의 끓는점은 사람이 아닌 자연이 스스로 정한 경계다. 자연은 저절로 경계를 향해 나아가 그곳에 머무는 경향이 있다. 온도가 올라 끓는점에 도달한 물은 끓는 동안 여전히 100도에 머물고, 아무 방해 없이 빠르게 늘던 세균도 주어진 환경에 자연이 허락한 숫자 이상으로 늘지 못한다. 달려서 오른 체온은 땀으로 식히고, 추운 날 떨어진 체온은 몸의 떨림과 닭살로 올린다. 오르면 내리고 내리면 올려 체온은 자연이 정해준 경계로 향한다. 자연은 스스로 정한 경계를 향해 끊임없이 스스로 다가선다.

다른 곳에도 경계가 많다. 쿼크부터 원자핵과 전자를 지나 원자까지는 주로 물리학의 영토이지만, 원자를 넘어 분자가 되면 이제 주로 화학의 영역이고, 애매한 접경 지역을 지나 생체 안 거대분자와 세포에 이르면 이제 생물학과 의학의 영토가 시작한다. 현미경으로 확대해 본 세포의 모습에서 화학과 생물학의 경계를 본 사람은 없고, 사진 찍힌 분자의 모습에 물리학자 출입금지 푯말은 보이지 않는다. 우리가 편의를 위해 설정한 학문 사이의 경계다. 자연은 나뉘지 않는데, 우리는 나눈다.

자연에 없는 수많은 경계를 짓는 것이 과학의 발전과정이었다고 할 수 있다. 한 몸이었던 철학과 과학의 경계가 그어지고, 다음에는 과학 안에 수많은 경계가 늘어났다. 같은 땅에 속했던 물리학도 그 안에 수많은 지방자치단체가 등장했다. 현대과학에서 같은 물리학자라고 해서 물리학의 모든 영역을 알고 있는 것이 아니다. 학문의 발전과 함께 일어난 세부를 향한 분기는 더 많은 경계를 만들고 경계는 구별로 작동한다. 너무나 넓게 확장된 과학의 영토 전체를 한 사람이 모두 알 수 없으니, 영역을 경계 지어서 각자 맡은 그 영역 안이라도 이해하려면 어쩔 수 없는 선택이었다.

현대과학은 지방분권이 대세지만, 옆집 숟가락이 몇 개인지도 알았던 오래전 작은 마을이 부럽다. 나뉘어 멀어진 옆 마을 사람들의 요즘이 궁금하기도 하다. 느슨한 연방제 정도가 좋지 않을까.

어떤 경계는 자연에 있으니 있는 것이 당연하고, 어떤 경계는 없는데 우리가 만든다. 우리가 설정한 경계는 양쪽의 구별을 만들고, 시간이 지난 구별은 장벽이 된다. 넘어본 사람만 경계를 만나고, 넘지 않은 사람은 경계를 보지 못한다. 나의 경계는 어디일까. 나의 경계도 내가 마음속에 그은 상상의 선은 아닐까. 요즘 내가 사는 집에는 문턱이 없고, 밥 먹으러 나오느라 발가락을 찧을 일도 더 이상 없다. 없어도 되는 경계는 굳이 있을 필요가 없지 않을까. 문턱은 조심할 것이 아니라 없앨 것이 아닐까. 문턱이 사라지면 발가락을 찧지 않는다.

5부

더 나은 삶을 향한 아름다운 안간힘

: 공존에 관하여

무한

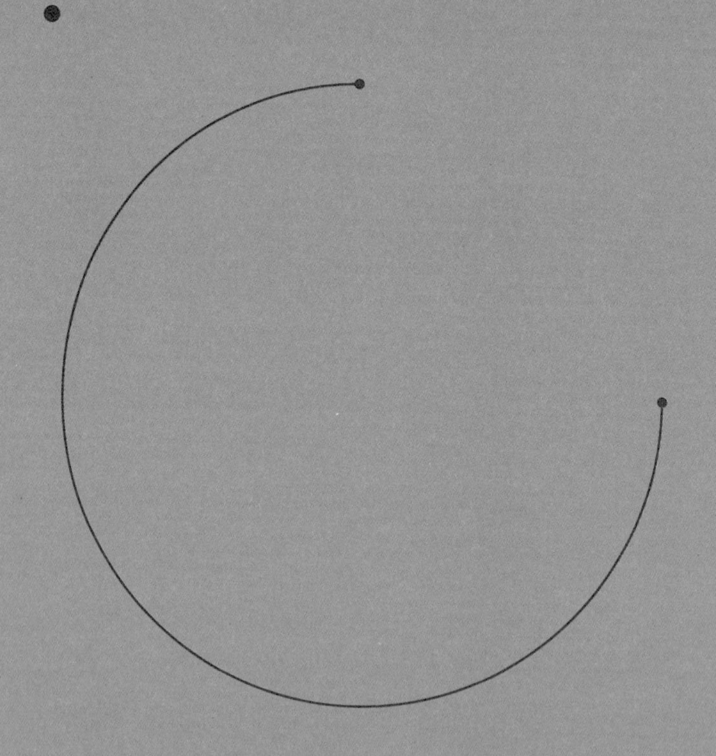

무한을 향해 한 발씩 전진할 수는 있어도,
무한에 도착해 깃발을 꽂을 수는 없다.
무한은 아무리 다가서도 늘 한참 저 앞에 보이는 무지개를 닮았다.

거리가 아닌 방향으로 측정되는 물리량

세상에 100보다 더 큰 수는 없다고 믿었던 어린 시절이 기억난다. 주변을 둘러봐도 100보다 더 많은 수가 모여 있는 것은 본 적이 없었다. 초등학교에서 덧셈을 배우고 나니 생각이 달라졌다. 100에 100을 더하면 더 큰 수인 200이 된다. 아주 큰 수에 아주 큰 수를 더하면 아주 더 큰 수를 얻는다.

그렇다면 세상에 가장 큰 수가 있을까? 가장 큰 수가 없다는 것은 어렵지 않게 보일 수 있다. 누가 A가 가장 큰 수라고 주장하면 A+1은 A보다 더 크다고 이야기해주면 된다. A가 얼마여도 우리는 항상 A보다 더 큰 수를 생각해낼 수 있다. 가장 큰 수를 종이에 적을 수는 없지만, 우리는 세상에서 가장 큰 수를 향해 갈 수 있다. 1에서 시작해 점점 1씩 더해나가면 우리는 무한(無限)을 향해 나아간다. 무한을 향해 한 발씩 전진할 수는 있어도, 무한에 도착해 깃발을 꽂을 수는 없다. 무한은 아무리 다가서도 늘 한참 저 앞에 보이는 무지개를 닮았다. 저 앞에서 우리를 손짓해 한 발씩 다가설 수는 있어도 닿을 수는 없다.

무한대는 절반으로 나누어도 줄지 않는다

수학의 무한은 재미있는 특성이 많다. '1, 2, 3,……'처럼 적히는 자연수의 개수는 당연히 무한대(無限大)다. 그렇다면 '……-3, -2, -1, 0, 1, 2, 3……'처럼 적히는 정수의 개수는 무한대의 두 배일까?

어느 누구도 끝까지 세어서 무한대에 도달할 수는 없지만, 그래도 서로 비교할 수는 있다. 내가 가진 셔츠와 바지의 개수가 같은지 다른지 찾아내는 방법과 같다. 셔츠와 바지를 하나씩 짝을 지어보는 것이다. 더 이상 짝지을 셔츠가 남지 않았는데 바지가 남았다면, 바지가 많은 것이고, 셔츠가 남았다면 셔츠가 더 많은 것이다. 내 옷장에 분홍색 셔츠는 딱 하나 있지만, 청바지는 여럿이다. 하나씩 짝지어보고 나서 바지가 많은지, 셔츠가 많은지를 알아내는 이런 방법에서 분홍색 셔츠에 내가 가진 청바지 중 어떤 것을 짝짓는지는 전혀 중요하지 않다. 내가 가진 모든 바지를 가격이 비싼 바지부터 싼 바지의 순서로 늘어놓고, 셔츠는 색상이 밝은 쪽부터 어두운 쪽의 순서로 늘어놓고 순서대로 짝을 지어도, 거꾸로 바지를 색상으로 셔츠는 값으로 늘어놓고 짝을 지어도, 셔츠가 많으면 셔츠가 남고 바지가 많으면 바지가 남는다.

두 집합에 들어 있는 원소의 수를 비교할 때, 정확히 이 방법을 쓴다. 만약 한 집합의 원소 하나마다 다른 집합의 원소 딱 하나를 골라서 일대일대응을 시켰더니, 두 집합에서 남는 원소가 하나도 없다면 두 집합에 들어 있는 원소의 개수는 정확히 같다. 물론 바지와 셔츠를 대응시키는 방법이 여럿이듯이, 마찬가지로 일대일대응의 방법도 하나가 아닐 수 있다. 하지만 이렇게 하나씩 짝을 지을 수 있는 방법이 존재한다는 것만 보이면, 두 집합의 원소의 개수가 같음을 증명한 셈이다.

자연수와 정수의 개수는 양쪽 모두 무한대이지만 같은 무한대인지, 다른 무한대인지 셔츠-바지 짝짓기의 방법으로 쉽게 답을 찾을 수 있다. 자연수는 원래처럼 1, 2, 3,……의 순서로 늘어놓고, 정수는 0, 1, -1, 2, -2, 3, -3,……의 순서로 0에서 가까운 것부터 순서대로 늘어놓자. 그러고는 앞에서 시작해 자연수 하나를 같은 위치에 놓인 정수 하나에 차례로 일대일 대응시키면 된다. 1에는 0, 2에는 1, 3에는 −1 식으로 말이다. 자연수 하나에는 정확히 정수 하나가 대응되고, 정수 하나에도 정확히 자연수 하나가 대응됨을 쉽게 알 수 있다. 자연수와 정수 사이를 하나씩 짝짓는 일대일대응을 찾았으니, 정수의 개수와 자연수의 개수는 똑같다는 결론을 얻는다.

둘 모두 무한대인데, 정확히 같은 무한대다. 0보다 큰 정수가 자연수다. 따라서 0보다 큰 정수의 개수는 자연수의 개수와 같다. 정수 중에는 0보다 작은 정수도 많다. 이들이 또 자연수의 개수만큼 있다. 흥미롭게도 정수의 개수의 절반은 정수 전체의 개수와 정확히 같은 무한대다. 무한대는 절반으로 나누어도 줄지 않는다. 정확히 같다. 무한대에 1을 더해도 무한대고, 1을 빼도 무한대다. 무한대에 무한대를 더해도 같은 무한대다. 길이가 1인 선분에 들어 있는 점의 개수는 길이가 2인 선분에 들어 있는 점의 개수와 정확히 같은 무한대다. 증명은 여러분의 연습 문제로 남기겠다.

F=ma와 무한소

무한은 수학에서도 널리 연구되는 재미있는 주제이지만 물리학에서도 큰 역할을 한다. 뉴턴의 운동법칙 $F=ma$에서 가속도 a는 속도 v의 미분이고, 속도 v는 위치 x의 미분이다. 미분은 두 시간 사이의 간격을 무한히 잘게 쪼개는 과정으로 정의된다. 12시 정각에 물체의 순간적인 속도를 알려면, 12시의 물체의 위치와 12시에서 아주 짧디짧은 시간 후의 물체의 위치가 얼마나 다른지를 재서, 이 둘의 차이를 방금 이용했던 무한히 작은 두 시점 사이의 시간 간격으로 나누면 된다. 이처럼 미분은 무한히 작은 무한소(無限小)에서 정의된다. 무한소나 무한대나 둘 모두 무한에 관계한다. 주어진 크기를 무한 번 쌓으면 무한대이지만, 무한 번 자르면 무한소이다.

미분의 반대과정인 적분도 무한에 관계한다. 적분은 무한소로 전체를 부분들로 나눈 다음에, 이 부분을 무한 번 더해서 얻는다. 원의 면적을 적분으로 얻으려면, 무한소의 중심각을 갖는 부

채꼴의 무한히 작은 면적을 무한 번 더하면 된다. 물리학에서 가속도를 적분하면 속도, 속도를 적분하면 위치가 된다.

우리가 사는 세상에도 무한과 비슷한 것들이 있다. 인류가 다다르고자 하는 이상이 그렇다. 누구나 차별받지 않고 행복하게 사는 세상, 경제적인 풍요가 소수에게 집중되지 않고 누구나 풍요로운 세상, 학생들을 시험 점수 하나로 줄 세우지 않고 한 명 한 명을 유일한 존재로 존중하는 세상, 노동 현장에서 목숨을 걸지 않아도 되는 그런 세상. 누구나 꿈꾸는 이런 세상으로 유한한 시간 안에 도달할 수 없을 것은 자명하다. 그래도 우리는 함께 꿈을 꾸어야 하지 않을까. 저 앞산에 걸쳐 있던 무지개는 막상 도착하면 또다시 저 멀리 물러나 보인다. 꿈은 거리가 아니라 방향으로 측정되는 물리량이다. 사람들이 10년 뒤, 100년 뒤가 아니라 1000년 뒤, 1만 년 뒤의 꿈을 꾸는 세상을 꿈꾼다.

틈새

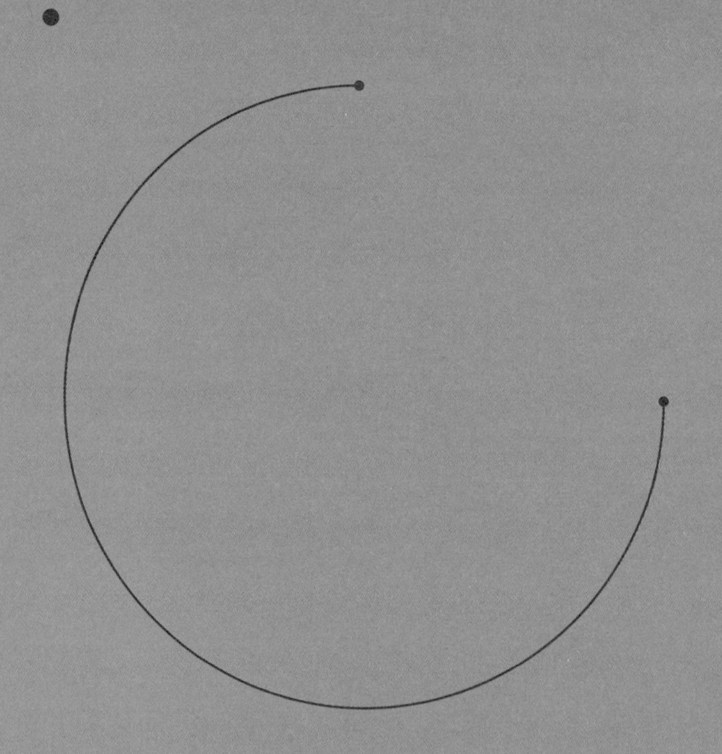

존재하지만 보이지 않는 빛이
우리가 보는 빛보다 훨씬 더 많다.
보이지 않는다고 존재하지 않는 것이 아니다.

있지만 잊었던 작은 것들이 모습을 드러낼 때

빛이 알려주는 티끌의 존재

늦잠에서 일어나 커튼을 젖힌다. 눈부신 햇살이 커튼 사이로 쏟아지면, 방금 전까지 보이지 않던 작은 먼지들의 경이로운 세상이 펼쳐진다. 헤엄치듯 부유하며 햇빛에 반짝이는 먼지들의 멋진 운동을 넋 놓고 쳐다본다. 빛이 만들어낸 길 밖으로 벗어난 먼지 입자는 감쪽같이 사라져서 보이지 않고, 거꾸로 밖에서 빛 속으로 들어온 입자가 눈에 띄기 시작한다. 있던 먼지가 갑자기 사라진 것도, 없던 먼지가 갑자기 생긴 것도 아니다. 틈새와 균열을 통해 들어온 빛은, 있지만 몰랐던 작은 존재들을 비춘다.

구름 잔뜩 낀 날에 비가 그치면, 언뜻언뜻 파란 하늘이 보이기 시작한다. 구름 사이의 틈을 뚫고 땅으로 내려오는 햇빛의 기둥이 갑자기 등장할 때도 있다. 산꼭대기 높은 곳에서 이런 빛기둥이 비추는 광경을 멀리서 바라보면 정말 장관이다. 척박한 일상을 살아가는 힘든 지상에서 고개를 들면, 때 묻지 않은 하얀 구름과 푸른 하늘이 보인다. 많은 종교에서 죽으면 간다는 천당의 위치로 '하늘'을 지목했던 이유다. 비가 그쳐 맑아진 대기를 뚫고 저 멀리 보이는 햇빛의 기둥은 하늘과 땅을 연결하는 것처럼 보이기도 한다. 마치 이 현실 세상과 저 사후 세상 사이의 통로처럼 말이다. 여러 종교화에 표현된 승천의 이미지, 빛기둥을 따라 외계인의 우주선으로 올라가는 SF영화의 장면도 비슷한 광경을 묘사한다.

틈새를 비집고 들어온 빛은 직진해서 경로 중간에 놓인 입자들을 만난다. 입자마다 모양도 방향도 제각각이니, 입자에 부딪힌 빛은 사방팔방으로 난반사한다. 온갖 방향의 반사광 중, 어쩌다 우리의 눈 쪽으로 향한 빛의 일부가 눈 속 망막에 도달한다. 그러고는 시각을 담당하는 세포에 전기신호를 만들고, 그 신호가 뇌에 전달되어 모이면 우리 뇌는 '어디에', '무엇'이 있는지 파악한다. 우리가 무언가를 볼 때, 늘 일어나는 과정이다.

창으로 들어온 빛의 경로가 경로 옆으로 비켜선 우리 눈에 보이려면, 빛을 난반사하는 입자들이 있어야 한다. 구름 사이를 뚫고 진행하는 빛기둥이 우리 눈에 보이는 것도 마찬가지다. 저 위의 하얀 구름 떠다니는 하늘도, 우리 사는 지상의 세상처럼 햇빛을 난반사하는 온갖 것들이 있는 불완전한 세상이다. 구름 사이를 뚫고 내려오는 햇빛의 광선은 티 없이 완전한 하늘의 세상을 보여주는 것이 아니다. 저 위의 하늘과 우리 사는 땅 사이에 연속적으로 존재하는, 있지만 보지 못했던 온갖 티끌의 존재를 알려준다.

우주공간에서 벌어지는 전함들의 전투 장면이 담긴 SF영화들이 있다. 전함이 파괴되어 폭발할 때, 효과음을 들려주는 것은 과학적인 오류다. 우주공간에는 공기가 없으니 소리가 전달될 수 없다. 효과음뿐 아니라 광선 무기가 발사되어 적을 공격하는 영화 장면도 오류다. 진공인 우주공간에는 빛을 난반사할 입자가 없으니, 빛의 경로에서 벗어난 관찰자는 레이저광선을 볼 수 없다. 과학적 오류가 없는 영화라면 우주 전함에서 발사한 레이저 무기의 광선을 관객은 볼 수 없다. 두 전함 사이에서 무슨 일이 벌어지는지 또한 전혀 눈치챌 수 없는데, 갑자기 한 전함이 소리 없이 폭발하거나 파괴되는 것으로 보일 수밖에 없다. 아무 소리가 들리지 않으면, 긴박감이 느껴지지 않아서 아무리 치열한 전투도 좀 싱겁게 보일 것이 분명하다. 오류임은 잘 알지만, 콰광 효과음과 함께 멋진 레이저광선을 쓩쓩 교환하는 영화 속 전투 장면을 나는 더 좋아한다.

보이지 않는다고 존재하지 않는 것이 아니다

물리학의 발전사 곳곳에 '틈새'가 등장한다. 가는 틈새로 입사한 빛을 프리즘으로 굴절시켜 갖가지의 무지개 빛깔로 분해한 뉴턴의 광학실험도 유명하다. 색이 없는 햇빛이 다양한 색을 가진 여러 빛의 성분으로 구성되어 있음을 명확히 보인 실험이다. 칼 세이건의 책과 같은 제목의 텔레비전 다큐멘터리 〈코스모스〉에서 본 인상적인 장면을 기억한다. 작은 틈으로 들어온 햇빛을 프리즘으로 굴절시켜 분해해 커다란 방의 어두운 바닥에 넓게 펼친 장면이다. 길게 바닥에 펼쳐진 빛의 스펙트럼에서 방바닥 중간의 일부에서만 무지개 색깔이 보인다. 이렇게 좁은 가시광선 영역을 벗어난 곳에도 도달한 전자기파가 분명히 있는데도 우리는 전혀 보지 못한다. 존재하지만 보이지 않는 빛이 우리가 보는 빛보다 훨씬 더 많다. 보이지 않는다고 존재하지 않는 것이 아니다.

코로나19 이후의 세상이 이전의 세상에 비해 과연 달라질지, 달라진다면 어떻게 그리고 얼마나 달라질지, 어느 누구도 아직 확실히 말하지 못한다. 그래도 분명한 것이 있다. 코로나19가 만든 인류 사회의 균열과 틈새는 이전에도 있었지만 보지 못했던 것들을 보여준다. 이전에는 모든 면에서 본받아야 할 대상으로만 보였던 서구 선진국의 맨얼굴에 실망하기도 했고, 한국의 우리가 미처 깨닫지 못했던 스스로의 자랑스러운 모습에 자부심을 느끼기도 했다.

많이 지치고 힘들었지만 항상 숨쉬는 공기처럼 익숙해서 잊고 있었던 일상의 고마움을 깨닫게 된 것은 소중한 경험이다. 경기장을 가득 채운 관중의 우렁찬 함성, 콘서트홀에서 직접 듣는 생생한 음악을 모두가 그리워했다. 친한 친구 여럿과 소주잔을 기울이며 나누던 왁자지껄한 대화, 동네 헬스클럽에서 땀 흘려 운동한 뒤의 샤워도 자주 떠올렸다. 샤워하려고 운동한 것은 아닐까 생각할 정도로 내가 정말 좋아한 일상의 경험이다. 강의실을 가득 채운 학생들의 생생한 질문도, 수업 중에 몰래 휴대폰으로 딴짓하던 모습도, 수업이 재미없는지 강의실을 살짝 빠져나가다 눈이 마주친 학생의 입가의 어색한 미소도, 코로나로 힘든 기간 중 내가 무척이나 그리워했던 장면이다. 앞으로 이어질 다시 찾은 평온한 일상에서, 코로나로 새롭게 다시 알게 된 일상의 작은 소중함을 잊지 말자. 틈새로 들어온 빛은, 있는데 잊었던 작은 것들을 비춘다.

대칭

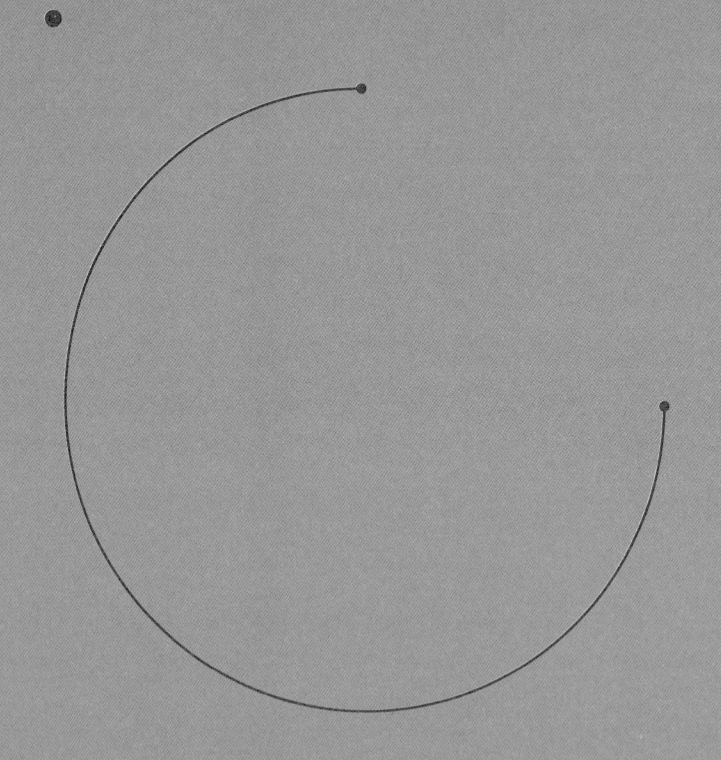

새는 좌우의 날개로 난다.

한쪽 날개만 있어 대칭이 깨진 새는 날지 못한다.

물리학이 아름다울 수 있는 이유

간단한 질문 하나를 던져보겠다. 매일 거울에서 보는 얼굴은 진짜 내 얼굴일까? 거울에 비친 내 모습은 다른 이가 보는 내 모습과 정확히 같을까? 매일 거울을 보면서 머리 모양과 옷매무새를 정돈하는 모두에게 이 질문은 무척 엉뚱하게 들리리라. 그리고 이 질문에 '당연히 그렇다'라고 답한 사람들이 많으리라. 삑! 정답이 아니다.

매일 거울을 보며 살지만, 거울에 비친 모습은 진짜 내 모습이 아니다. 이유는 간단하다. 거울은 늘 좌우가 뒤바뀐 모습을 보여주기 때문이다. 오른쪽 눈 밑의 작은 점이 거울에서는 왼쪽 눈 밑에 보인다. 왼팔에 시계를 찼는데 거울 속의 나는 오른팔에 시계를 차고 있다. 매일 거울을 보지만, 나는 단 한 번도 나의 참모습을 본 적이 없다. 익숙하다고 진실은 아니다.

유독 매력적인 얼굴의 비밀

많은 이가 아름답다고 하는 얼굴에는 공통점이 있다. 좌우대칭인 경우가 많다. 정면 얼굴 사진 한가운데에 수직선을 긋고 얼굴의 왼쪽과 오른쪽을 뒤집어서 원래의 사진과 비교해보면 얼마나 얼굴이 대칭인지 알 수 있다. 휴대폰에는 사진을 좌우로 뒤집어 보여주는 기능이 있다. 여러분도 한번 해보시라. 원래의 사진과 좌우가 바뀐 사진, 둘 중 하나가 좀 더 나아 보인다는 사람이 많다. 둘의 차이가 적을수록 잘생기고 예쁜 얼굴일 가능성이 크다. 얼굴의 대칭성은 유전적, 환경적 결함이 거의 없음을 보여주는 단서가 되기도 한다. 대칭성이 매력적인 이유다.

여러 사람의 얼굴 사진을 겹치고 겹쳐 합성하면 어떤 모습이 될까? 인터넷에서 이렇게 합성한 사진을 본 적이 있다. 남성이나 여성이나 상당히 매력적인 얼굴로 보인다. 그 이유도 어렵지 않게 짐작할 수 있다. 왼쪽 눈이 오른쪽 눈보다 큰 사람도 있지만 거꾸로 오른쪽 눈이 조금 더 큰 사람도 있다. 많은 사람의 얼굴 사진을 더하는 과정에서 이 둘의 경향은 서로 상쇄되어 결국 양쪽 눈의 크기 차이가 거의 없는 대칭적인 모습의 합성 사진을 얻게 된다. 100명 중 한 사람의 입술 바로 왼쪽에 점이 있어도, 나머지 99명 중 정확히 같은 위치에 점이 있는 얼굴이 있을 가능성은 크지 않다. 결국 전체 합성 사진에서 한 사람의 얼굴에 있는 점의 도드라짐은 100분의 1로 줄어서 주변 피부색과 비교해 거의 눈에 띄지 않게 된다. 제각각 다른 위치에 잡티가 있는 많은 이의 얼굴을 더

해나가면, 잡티가 눈에 띄지 않는 매끈한 피부의 합성 사진이 된다. 결국 피부도 매끈하고 얼굴도 좌우대칭인 사진을 얻는다. 평균은 대칭을 만들고 대칭은 아름답다.

왜 사람들의 평균 얼굴이 매력적으로 보이는지 다른 설명도 가능하다. 우리가 어떤 얼굴에 끌리는 것이 자손을 남기는 과정에서 더 유리한지 생각하면 이해할 수 있는 설명이다. 키나 몸무게, 혹은 두 눈 사이의 간격처럼 연속적인 값을 갖는 사람의 표현형질의 발현에는 여러 유전적, 환경적 요인이 작용한다. 이럴 때 자주 작동하는 것이 바로 통계학의 중심극한정리(central limit theorem)다. 서로 독립적인 여러 마구잡이 확률변수가 함께 작용해서 만들어지는 결과값의 확률분포는, 흔히 가운데가 높고 양쪽으로 갈수록 높이가 급격히 줄어드는 종 모양이 된다.

실제로도 한국인의 키 데이터를 모아 막대그래프를 그려보면 가운데 부분에서 봉긋한 봉우리가 보이는 종 모양을 뚜렷이 볼 수 있다. 막대그래프에서 가장 위로 볼록 솟은 곳을 최빈값이라 한다. 가장(最) 흔하게(頻) 발견되는 값이란 뜻이다. 종 모양의 정규분포에서는 평균값이 최빈값이다. 키가 평균에 가까운 사람이 더 많고, 가운데 평균에서 멀리 떨어진, 아주 크거나 아주 작은 사람은 상당히 드물다. 예를 들어 키가 2미터보다 큰 남성에게만 마음이 설레는 여성은 인생에서 맘에 드는 남성을 만날 확률이 아주 작을 수밖에 없다. 평균적인 모습에서 그리 멀지 않은 이성에 끌리는 것이 자손을 남기기에 더 유리하다. 평균값이 최빈값이어서 그렇다. 우리가 매력을 느끼는 모습이 평균에서 그리 멀지 않은 이유를 진화심리학의 입장을 택해 설명해보았다. 평균에 가까운 사람이 다수고, 다수에 매력을 느낀 사람들이 나의 조상이다.

옮김대칭성과 돌림대칭성

자, 이제 물리학에서의 대칭성 이야기를 해보자. 물리학의 대칭성은 좌우대칭성보다 훨씬 더 넓은 의미다. 얼굴이 좌우대칭이라 함은 '중앙 수직선을 기준으로 좌우뒤집기'를 하고 보았더니 변화가 없었다는 이야기다. 이처럼 무언가를 했는데 아무 변화가 없다면 물리학자는 이를 대칭성이라 한다. 아름다운 얼굴은 좌우뒤집기에 대해 불변이어서 좌우대칭성이 있다. 물리학에는 다른 대칭성도 많다. 전 우주의 모든 것을 가만히 들어 모두 다 1미터 같은 방향으로 옮겨도 변할 것은 전혀 없다. 바로 '공간옮김대칭성'이다. 아무 방향이나 회전축을 하나 골라서 모든 것을 똑같이 1도의 각도만큼 돌려도 우주는 변화가 없다. 이는 '공간돌림대칭성'이다. 시간도 공간처럼 옮김대칭성(translational symmetry)이 있다. 물리학의 법칙에서 시간 t에 $t+a$로 임의의 상수 a를 더해도 아무 변화가 없다는 의미다.

물리학의 연속적인 대칭성 하나하나에는 각각 짝을 이루는 보존법칙이 존재한다. 이것이 바로 에미 뇌터(Amalie Noether)의 감동적이고 아름다운 이론이다. 공간의 옮김대칭성과 돌림대칭성은 각각 운동량과 각운동량이 보존됨을, 시간의 옮김대칭성은 에너지보존을 알려준다. 물리학의 발전의 역사는 대칭성의 발견의 역사라 해도 과언이 아니다. 물리학은 아름답다. 대칭성 덕분이다. 물리학에서도 대칭성이 아름답다.

리영희 선생은 "새는 좌우의 날개로 난다"라고 했다. 새는 몸통을 축으로 좌우대칭의 모습이다. 한쪽 날개만 있어 대칭이 깨진 새는 날지 못한다. 새의 날개를 자세히 보라. 몸통에 가까운 쪽이 두텁고 날개의 끝으로 갈수록 단면적이 줄어든다. 나는 중앙에서 먼 날개의 한쪽 끝이 갈수록 점점 더 두터워지는 모습을 한국사회가 보여주는 것 같아 걱정이다. 날개 끝에는 거짓뉴스로 사람들을 현혹하며 손짓해 부르는 나쁜 이들도 있다. 대칭의 축을 갈등의 축으로 이용하려는 자들이다. 갈등을 넘어 건강한 대칭을 회복하기 위해서는 중심축의 현명한 설정이 필요하다. 정부와 언론, 그리고 시민 모두의 책임이다.

중심극한정리 동일한 확률분포를 가진 서로 독립적인 N개의 확률변수를 모아서 평균을 내면, 그 평균값의 확률분포는 N이 커질수록 정규분포에 수렴한다는 것이 통계학의 표준적인 중심극한정리다.

중심극한정리는 통계학뿐 아니라 여러 다양한 학문 영역에서 유용하게 널리 이용된다. 예를 들어, N번 측정한 실험 결과로부터 참값을 추정하는 경우, 이렇게 얻은 추정치가 어느 정도의 오차 한계를 가지는지를 중심극한정리를 가정해 쉽게 구할 수 있다. 1년 동안 열심히 100번 실험해 얻은 결과의 오차가 4퍼센트인데 더 많은 실험을 통해 오차를 1퍼센트로 줄이는 것이 과연 가능한지도 알 수 있다. 중심극한정리로 어림해 생각하면 무려 1600번 실험해야 해서, 앞으로 15년 더 실험해야 가능한 일이라는 깨닫게 된다.

옥석

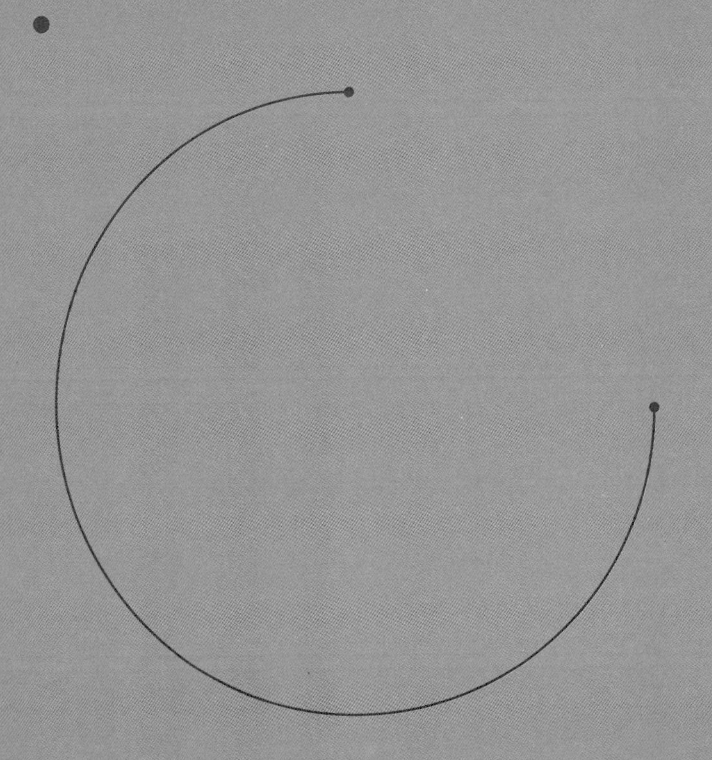

흑연을 반짝이는 다이아몬드로 만들 수 있듯이,
이 나라를 더 자랑스러운 멋진 나라로 만드는 것은
대통령이 아니라 우리 모두의 노력이다.

다이아몬드와 흑연 사이

안정상태와 준안정상태

선거의 계절이 다가오면 옥석(玉石)을 잘 구별해야 한다고 이야기하고는 한다. 값비싼 보석인 옥(玉)과 평범한 돌멩이인 석(石)을 유심히 살펴 잘 구분(區分)해야 하듯이, 한국을 한동안 이끌어갈 대통령으로 누가 가장 적당한지를 유심히 살펴 정해야 한다는 뜻이리라. 간혹 옥석구분(玉石俱焚)이라는 한문 글귀를 옥석을 가린다는 뜻으로 잘못 해석하지만, 원래의 뜻은 옥과 석이 함께 '아울러(俱) 탄다(焚)'라는 뜻이다. 옥석을 제대로 구분해놓지 않으면 가치 없는 돌멩이와 보석인 옥을 함께 망친다는 의미라고 할 수 있다. 마음에 쏙 드는 후보가 없더라도 투표에 꼭 참여해야 하는 이유다. 옥석구분을 피하려면 옥석을 미리 잘 구분(區分)할 일이다.

푸른빛을 띠는 옥과 보통의 돌멩이는 그 안의 구성요소가 다르지만, 이와 반대로 같은 구성요소로 이루어져 있는데도 우리 눈에는 정말 달라 보이는 것들도 많다. 액체인 물과 고체인 얼음은 다를 것 하나 없이 똑같은 물분자로 구성되어 있고, 보석으로 유명한 다이아몬드와 우리가 연필심으로 이용하는 흑연도 둘 모두 같은 구성원소인 탄소로 이루어져 있다. 원자들의 배열에 따라 투명하게 반짝이는 보석인 다이아몬드가 되기도, 검고 무른 값싼 흑연이 되기도 한다.

영하의 온도에서 물이 얼음으로 바뀌는 상전이가 일어나는 이유는 무엇일까? 낮은 온도에서는 고체인 얼음이 더 에너지가 낮아서, 액체인 물보다 안정적인 상태이기 때문이다. 온도가 높아지면 얼음이 녹아 물이 되는 것, 물이 끓어 수증기가 되는 것도 각각 그 상태가 주어진 온도에서 더 안정적인 상태이기 때문이다. 다이아몬드와 흑연은 물, 얼음과 달라서 우리가 살아가는 대기압과 온도 환경에서 둘 모두 각자 안정적으로 상태를 유지한다. 가만히 두면 다이아몬드는 계속 다이아몬드고 흑연은 또 계속 흑연이다.

다이아몬드와 흑연처럼 동일한 조건에서 하나가 아닌 두 상태로 존재하는 것들이 있다. 겨울철 우리가 손을 따뜻하게 할 때 사용하는 액체형 주머니 손난로도 그렇다. 액체와 고체의 두 상태가 동일한 조건에서 안정적으로 존재하는 것은 맞지만, 한번 고체로 변하면 다시 금속 절편을 눌러도 액체로 돌아가지는 않는다.

어느 정도 안정적으로 상태를 유지하지만 다른 상태에 비해 덜 안정적인 상태를 준(準)안정상태라고 부른다. 주머니 손난로에서는 고체상태가 안정상태, 액체상태가 준안정상태다. 준안정상태가 안정상태보다 에너지가 더 높고, 따라서 주머니 손난로는 액체에서 고체로 변하면서 두 상태의 에너지 차이에 해당하는 열을 밖으로 내놓게 된다. 거꾸로 안정적인 상태에 있는 물질을 준안정상태로 바꾸려면 외부에서 에너지가 유입되어야 한다. 일단 고체로 변한 주머니 손난로는 에너지의 유입이 없다면 저절로 액체로 바뀌지 못한다. 뜨거운 물에 넣어 에너지가 밖에서 유입되어야, 한 번 써서 딱딱해진 주머니 손난로를 다시 액체상태로 바꾸어서 쓸 수 있게 된다.

다이아몬드가 흑연으로 상전이할 때

우리가 살아가는 대기압과 온도에서 흑연과 다이아몬드, 둘 모두를 볼 수 있는 이유도 액체 주머니 손난로와 같다. 더 안정적이고 덜 안정적일 수는 있지만 둘 모두가 어느 정도 안정적인 상태이기 때문이다. 그렇다면 둘 중 어느 상태가 더 에너지가 낮을까? 보석인 다이아몬드는 깊은 땅속 아주 높은 압력하에서 형성된다. 높은 압력에서는 다이아몬드가 흑연보다 더 안정적인 상태다. 하지만 우리가 살아가는 대기압 정도의 압력에서는 흥미롭게도 흑연이 더 안정적인 상태다. 대기압에서 준안정상태인 다이아몬드는 고체상태인 주머니 손난로처럼 충분한 에너지를 넣어주면, 더 안정적인 흑연으로 변한다는 뜻이다. 대기압의 압력에서 온도가 아주 높아지면 다이아몬드는 흑연으로 상전이한다. 공기 중이라면 다이아몬드는 높은 온도에서 산소와 반응해 이산화탄소를 배출하며 타기도 한다. 가능하다고 정말로 실험해볼 사람은 없겠지만, 다이아몬드를 불로 태워 연소시키는 실험 동영상을 인터넷에서 쉽게 찾아볼 수 있다.

옥이나 석이나, 사실 둘 다 암석이다. 보석과 암석을 구별하는 명확한 기준은 없다. 수많은 암석 중 여러 흔한 암석과 다른 독특한 특성이 있는 암석, 그리고 쉽게 발견되지 않아 희귀한 암석 중 어떤 암석이 높은 값으로 거래되는 보석일 뿐이다. 천문학자들이 발견한 외계 행성 중에는 내부에 엄청난 양의 다이아몬드가 있을 것으로 추측되는 행성도 있다고 한다. 아마도 가능성은 극히 희박하겠지만 이 행성에 외계인 문명이 있다면 아마도 이들에게는 흔한 다이아몬드가 값비싸게 거래되는 보석 취급을 받을 리는 없으리라. 마찬가지로 각자가 처한 환경이 다르면 나의 옥이 남에게는 석이고, 다른 이의 옥이 나에게는 석일 수도 있다. 내 눈에 옥이라고 다른 모든 이가 옥으로 보아줄 리 없고 내 눈에 석으로 보여도 다른 누군가에게는 옥이 될 수 있다.

선거철이면 마땅히 지지할 후보가 딱히 없다는 사람들을 적지 않게 본다. 그래도 우리는 매의 눈으로 그나마 나은 후보를 골라내야 한다. 옥석을 제대로 구분하려는 노력이 한국 사회가 마주할 앞으로의 몇 년을 결정한다. 옥석을 구분하려 애쓰지 않으면, 옥석뿐 아니라 우리 모두의 미래를 망치는 옥석구분(玉石俱焚)이 될 수 있다. 옥석이 모두 석으로 보여도 그나마 나은 석을 고르려는 노력, 옥석이 모두 옥으로 보여도 더 나은 옥을 고르려는 모두의 노력이 꼭 필요하다.

구성요소가 같아도 배열에 따라 다이아몬드가 될 수도, 흑연이 될 수도 있는 것처럼, 다이아몬드는 그 안에 담긴 구성요소가 딱히 특별해서 다이아몬드가 되는 것이 아니다. 각각의 구성요소는 사소해도 많은 구성요소의 멋진 연결이 다이아몬드를 만든다. 투표가 끝이 아니다. 더 나은 대통령, 한국을 더 잘 이끌어갈 정부를 만드는 것은 우리 모두의 연결된 노력이 아닐까. 한국의 모습은 구성원 전체가 함께 만든다. 흑연을 반짝이는 다이아몬드로 만들 수 있듯이, 이 나라를 더 자랑스러운 멋진 나라로 만드는 것은 대통령이 아니라 우리 모두의 노력이다.

○○○ ---

상전이 고체인 얼음은 온도를 높이면 액체인 물이 되고, 온도를 더 높이면 결국 끓어서 기체인 수증기가 된다. 얼음, 물, 수증기처럼 거시적인 물질의 상태를 상(phase)이라고 하는데, 한 상이 다른 상으로 바뀌는 것을 상전이라고 한다.

상전이가 일어나는 온도는 압력에 따라 달라진다. 물이 100도에 끓어 액체인 물이 기체인 수증기로 바뀌는 것은 우리가 살아가는 1기압의 압력일 때에만 성립한다. 압력이 낮아지면 물은 더 낮은 온도에서 끓고, 끓고 있는 물의 온도는 외부에서 열이 전달되어도 온도가 오르지 않는다. 기압이 낮은 고지대에서 밥을 하면 낮은 온도에서 물이 끓어서 설익은 밥이 된다. 우리가 많이 사용하는 압력 밥솥은 높은 압력을 유지해 물의 끓는점을 올린다. 높은 온도에서 밥을 해서, 짧은 시간 안에도 잘 익은 밥을 지을 수 있다.

평화

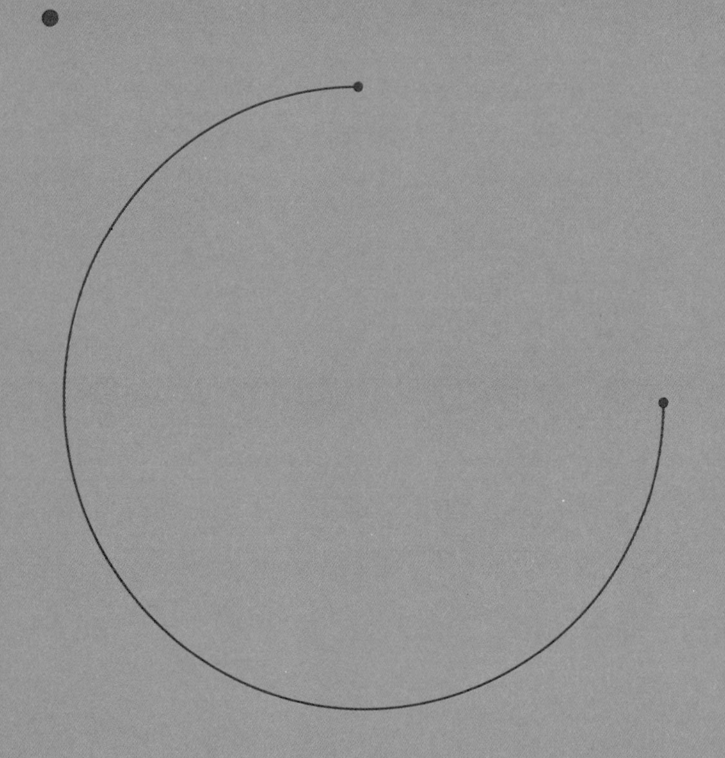

혼자가 아닌 여럿의 지속적인 공존이
평화의 다른 이름이라면,
평화는 쉽게 오지도 쉽게 유지되지도 않는다.

연결의 구조를 바꿔 세상을 바꾸다

6·25전쟁의 정전협정이 체결된 지 곧 70주년이 된다. 잠깐 전쟁을 멈추자는 약속에 불과한 정전협정은, 전쟁이 끝났다는 종전선언으로 이어져야 했고, 전쟁도 끝났으니 이제 우리 사이좋게 지내자는 평화협정으로 이어지는 것이 자연스러운 순서였다. 하지만 우리는 정전체제에서 앞으로 나아가지 못한 채 긴 세월을 보냈다.

북한을 침공해 무력으로 통일해야 한다는 생각은 제정신이라면 이제 어느 누구도 하지 않는다(드물지만 제정신이 아닌 사람이 있기는 하다). 이리 보나 저리 보나, 북한이 남한을 침공해서 무력으로 점령하려는 의도를 가질 리도 없다. 엄청나게 벌어진 남북한의 경제력을 비교하면, 장기간 이어질 전쟁을 수행할 능력이 북한에게는 없어 보인다.

힘의 비교보다 더 중요한 것은, 북한이 전쟁을 시작할 이유가 딱히 없다는 점이다. 엄청난 피해를 입을 것이 확실한 전쟁에서 북한이 얻을 것은 거의 없다. 농사지을 땅이나, 석유가 나는 유전이라면 모를까, 현대 산업 사회의 번영을 뒷받침하는 대부분의 자산은 어디로든 옮겨갈 수 있는 무형자산이다. 예를 들어 실리콘밸리의 구체적인 지리적 위치는 아무 의미가 없다. 그곳에 모인 사람들, 그들이 하는 활동이 실리콘밸리를 구성한다. 어딘가를 점령하면 그곳의 경제력이 자기 것이 되는 세상은 인류역사에서 이미 한참 지난 먼 과거의 일이다. 어느 나라가 혹여 실리콘밸리를 힘으로 점령하면, 그곳은 한순간에 실리콘밸리가 아닌 곳이 되어버린다. 남한은 북한을 침공할 이유가 없고, 북한도 남한을 침공할 이유가 없다. 그렇다면 둘이 합의해 무기를 내려놓으면 될 일이다. 어린아이라도 쉽게 동의할 내용이지만 합의와 해결은 쉽지 않았다. 오랫동안 한국 사회를 암울하게 짓눌러온 문제다.

토끼와 염소의 평화

토끼만 사는 풀밭이 있다. 엄청난 번식력으로 유명한 토끼는 그 수가 급격히 늘어난다. 토끼의 증가가 무한정 계속될 수는 없다. 새로 자라는 풀에 비해 토끼가 너무 빨리 늘면, 먹을 것이 부족해져서 토끼의 증가는 결국 멈추게 된다. 자, 이제 풀밭에 염소도 풀어놓자. 토끼가 너무 많아져도, 그리고 염소가 너무 많아져도, 토끼의 증가는 결국 멈춘다. 염소도 마찬가지다. 이 상황을 정성적으로 기술하는 생태수리모형[$dx/dt=x(3-x-2y)$, $dy/dt=y(2-x-y)$]을 분석하면, 전체 풀밭 생태계에서 안정적인 상황은 딱 두 가지가 있음을 쉽게 보일 수 있다. 염소만 살거나($x=0$, $y=2$), 토끼만 사는 ($x=3$, $y=0$), 둘 중 하나가 전체 풀밭을 모두 차지하는 상황이다. 생태학에서는 이를 경쟁배타(competitive exclusion)라 한다. 정확히 같은 자원을 놓고 어디 도망갈 곳도 없이 경쟁하는 상황에서는 둘 중 하나가 전체를 차지하는 상황이 되어야 경쟁이 멈추게 된다는 이야기다. 나는 남아메리카 원주민을 몰살시킨 에스파냐를 떠올렸다. 정복자는 이 상황도 평화라고 우길지는 모르겠지만 진정한 의미의 평화는 물론 아니다.

다른 곳을 침략해 사람들을 몰살하고 땅을 차지하는, 극도로 폭력적인 수단으로 팽창을 추구하는 경제대국은 이제 세상에 거의 없다. 사람들이 착해졌다기보다는, 여럿이 함께 공존하는 세상에서 창출되는 다양성이 길게 보면 자국에 훨씬 더 도움이 된다는 점을 그동안의 역사적 경험으로 어렵게 깨달았기 때문이리라. 놀라운 혁신이 만들어지는 도시는 거의 예외 없이 주민구성이 다양하다는 연구 결과도 있다. 당연한 이야기다. 과거와 다른 새로운 생각 중 극히 일부만 미래의 혁신으로 이어진다. 성공한 혁신이 가능하려면 먼저 다양한 생각이 만들어져야 한다. 더 나은 미래는 공존과 다양성에서 온다.

앞서 소개한 토끼와 염소의 모형에는, 둘 중 하나만 사는 획일적인 세상 말고도 다른 종착점이 하나 더 있다. 바로 토끼와 염소가 공존하는 세상이다($x=1$, $y=1$). 그런데 말이다. 둘이 공존하는 이 상황은 안정적이지 않음을 쉽게 보일 수 있다. 약간의 변화만 생겨도, 한 종만 살아가는 획일적인 세상, 평화라고 부르기도 멋쩍은 삭막한 세상으로 옮겨간다. 현실에서의 평화도 마찬가지라는 생각이 들었다. 혼자가 아닌 여럿의 지속적인 공존이 평화의 다른 이름이라면, 평화는 쉽게 오지도 쉽게 유지되지도 않는다. 노력을 멈추는 순간 그동안의 노력이 물거품이 되어버릴 수도 있다. 평화는 도달한다고 저절로 유지되는 상태도 아니다. 끊임없는 조율과 양보가 필요한 지난한 과정이다.

숨은열의 힘

라면을 좋아한다. 냄비에 물을 담아 가스레인지 불을 켰다. 가스레인지가 공급한 열에너지는 물의 온도를 높인다. 100도, 200도로 계속 오르지는 않는다. 100도에서 멈춰 더 이상 오르지 않는다. 100도에 머무는 끓는 물에 가스레인지가 공급한 열에너지는 그럼 어디로 갔을까? 이때 공급한 열에너지(숨은열이라고 한다)는 물의 온도를 올리는 것이 아니다. 물분자들이 서로 맺고 있는 연결의 구조를 변화시킨다. 온도계의 눈금으로만 물을 보는 사람은, 상전이를 일으키려면 꼭 필요한 숨은열을 보지 못한다. "온도도 안 오르는데 지금 헛고생하는 것 아니야?"라고 실망해서 가스레인지 불을 끈 사람은, 맛있는 라면을 먹을 수 없다.

평화로의 진전이 더디다고, 결과가 뚜렷이 보이지 않는다고 불평하는 이는 가스레인지의 불을 도중에 끈 사람을 닮았다. 이전과 다른 이후를 만들기 위해서는, 겉으로 드러난 결과가 뚜렷하지 않더라도 꾸준하고 진득한 노력이 필요한 것이 아닐까. 이렇게 이어진 숨은 노력은 숨은열이 되어 상전이를 만든다. 연결의 구조를 바꿔 세상을 바꾼다. 상전이 이후는 상전이 이전과 같지 않으리라.

○○○

숨은열 온도를 올려야 물이 끓어 수증기가 되듯이, 상전이가 한 방향으로 일어날 때에는 외부에서 에너지가 유입되어야 한다. 끓고 있는 물은 계속 100도의 온도를 유지한다. 상전이가 일어날 때 외부에서 유입된 에너지는 물질의 온도를 올리는 것이 아니라 물질의 상태를 바꾼다.

이처럼 물질의 상태를 바꾸기 위해 필요한 열에너지를 숨은열, 혹은 잠열이라고 한다. 물이 수증기가 되려면 외부에서 양(+)의 열에너지가 유입되어야 한다. 여름에 마당에 물을 뿌리면 물이 수증기로 상전이하면서 주변의 열을 빼앗아 마당의 기온이 내려가는 이유, 수증기가 물로 바뀌면서 방을 따뜻하게 하는 라디에이터의 작동원리도 바로 상전이에 관련된 숨은열 때문이다.

자연

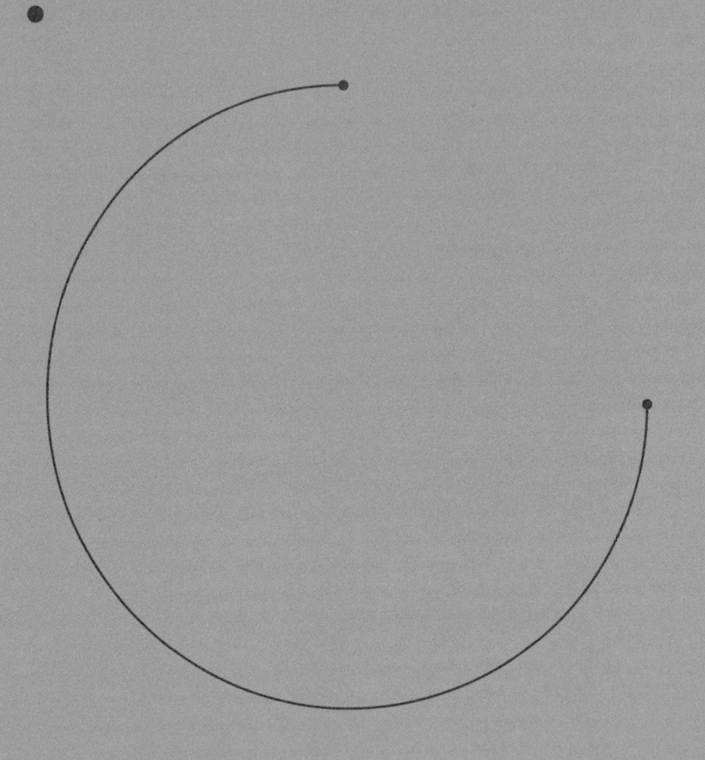

인간은 자연의 일부이지만, 자연은 인간 없이도 자연이다.
우리가 없어도 목련은 핀다.

우리가 없어도 목련은 핀다

자연과 인위

조선 선조 때 벼슬을 한 윤현(尹鉉)의 한시 중에 텃밭을 가꾸며 떠오른 생각을 적은 멋진 칠언절구가 있다. 뾰족한 마늘 싹, 가는 부추잎, 아욱과 파의 파란 새싹이 돋는 것을 경이의 눈으로 바라본 시인은 시의 세 번째 구를 "무사자연귀유사(無事自然歸有事)"라고 지었다. 정민의 『우리 한시 삼백수: 7언절구 편』에서는 이를 "일 없는 자연에서 도리어 일 많으니"라고 새겼다. 아무런 일도 하지 않는 것으로 보이는 자연에서 저절로 놀라운 생장이 일어나는 것에 감탄한 글귀다. 내가 일하는 건물 바로 앞에는 목련나무가 있다. 매년 반복되는 일이지만, 봄 목련이 피는 모습을 볼 때마다 등골이 오싹한 경이감을 느낀다. 봄은 늘 기적처럼 저절로 온다.

아무것도 하지 않아도 때맞추어 변화해가는 자연을 보며 우리는 매번 감탄한다. 하지만 그 속내를 들여다보면 자연이 아무것도 하지 않는 것이 아니다. 우리 눈 밖에서 지난겨울 동안 지난한 준비의 과정을 세심히 묵묵히 이어갔기에 때맞추어 목련이 피어난다. 하늘을 나는 저 창공의 새도 저절로 살아가는 것이 아니다. 둥지를 만들어 알을 낳고 먹이를 물어 와 새끼를 기르는 온갖 노력의 과정이 이어지지만, 우리는 둥지 떠나 하늘을 나는 새를 잠깐 보며 아무것도 안 하는 자연을 오해할 뿐이다. 우리 인간의 눈에 자연스러워 보인다고 해도 사실 저절로 살아가는 생명은 없다. 각 생명의 연결된 안간힘이 자연의 다른 이름이다.

스스로 그러함을 뜻하는 자연은 사람의 존재에 아랑곳 않고 이처럼 스스로 놀라운 일을 만들어낸다. 저절로 자라고 스스로 맺어 매년 기적같이 놀라운 일을 반복한다. 우리는 자주 자연과 인위(人爲)를 나눈다. 어떤 방식으로든 사람의 개입이 전혀 없이 무언가가 일어나는 것이 자연이라면, 인위는 인간이 의지를 가지고 한 사람의 일이다. 급격히 발전한 과학기술로 많은 이의 삶이 나아졌지만, 전에는 없었던 새로운 부작용도 많아졌다. 사람들이 자주 자연은 좋은 것이고 인위는 나쁜 것이라고 나누는 이유다. 가만히 들여다보면 과거는 좋은 것으로 현재는 나쁜 것으로 보는 것과 닮았다. 지나간 것을 그리워하는 사람의 자연스러운 심성 탓에 과거를 당시의 객관적 실상과 달리 더 좋은 것으로 기억하기 때문일 것이다. 내 생각은 다르다. 인위가 적어서 보다 자연에 가까운 과거의 삶이 온갖 인위로 둘러싸인 현대의 삶보다 모든 것이 나았을 리 없다. 많은 것이 나아졌고 세상은 지금 이 순간도 조금씩 더 나아지고 있다고 나는 믿는다.

전에 없던 문제가 새롭게 등장한 것도 분명하지만, 그렇다고 모든 인위를 걷어내고 오래전 자연상태로 돌아갈 수도 없는 일이다. 빈대 잡자고 애써 지은 초가삼간을 태울 수는 없으니까. 수만 년 전의 선조가 삼중수소 걱정을 했을 리 없지만, 더 큰 걱정이 있었다. 당장 내일 무엇을 먹을 수 있을지, 어떻게 오늘 밤 죽지 않고 살아남을지가 걱정이었다. 인위가 지금보다 적었던 오래전 과거로 돌아가 맘 편히 살 수 있는 현대인은 단 한 명도 없다. 자연이라고 모두 좋은 것도, 인위라고 모두 나쁜 것도 아니다. 게다가 사람도 자연의 일부이니 둘 사이를 딱 가를 수 있는 것도 아니다. 인위에도 자연이 많고, 자연이 보여주는 모습에서도 인위를 찾을 수 있을 때가 많다. 자연에 대한 이해가 없었다면, 지금 내가 이 글을 쓰는 노트북도 없다. 자연이 허락한 것을 알아야 인위도 가능하니, 인위도 결국 자연의 테두리를 벗어나지 못한다. 대기 중 높아진 이산화탄소 농도는 이제 우리가 매일 만나는 자연의 모습이지만 인간의 인위의 결과다. 자연과 인위를 합한 것이 자연이고, 자연에 끼친 인위의 효과 중 나쁜 것이 있을 뿐이다.

저절로 깨지는 대칭성

물리학은 자연과 우주에서 일어나는 많은 일이 도대체 어떻게 일어나는지 설명하는 독특한 방식이다. 나는 윤현의 시구에서 저절로 깨지는 대칭성(spontaneous symmetry breaking)이라는 물리학의 개념이 떠올랐다. 예를 들어보자. 물리학의 자연법칙 자체는 이곳과 저곳을 구별하지 않는다. 세상의 모든 만물을 모두 번쩍 들어서 하나같이 바로 옆으로 1센티미터를 옮긴다고 해서 우주에서 바뀔 것은 하나도 없다. 바로, 물리학의 기본법칙이 만족하는 '옮김대칭성'이다. 자연법칙과 공간은 균일해서 모든 곳이 동등하지만, 지금 바로 이곳에 '나'라는 물질적 존재가 있어서 옮김대칭성이 깨져 공간은 더 이상 균일하지 않게 된다. 자연이 가진 연속적인 옮김대칭성이 저절로 깨지지 않았다면 나도, 당신도, 목련도 없다.

우주의 탄생과 진화도 마찬가지다. 우리 우주를 구성하는 것은 하나같이 반물질이 아닌 물질이다. 내 바로 옆에 같은 크기의 반물질이 있다면, 내 몸의 물질과 만나 엄청난 에너지를 방출하며 나와 함께 소멸한다. 만약 우주에 물질과 반물질이 정확히 같은 양이 존재했다면, 현재의 우주를 구성하는 어떤 것도 만들어질 수 없었다. 물질과 반물질 사이의 대칭성 깨짐이 우리 모든 존재를 가능케 한 셈이다. 물리학은 대칭성의 아름다움을 말하지만, 대칭성이 깨졌기에 세상 만물이 존재한다. 본래의 대칭성이 저절로 깨져 자연이 된다. 자연은 아무 일도 하지 않는데(無事自然), 저절로 무슨 일이 생긴 셈(歸有事)이다. 태양도, 지구도, 나도, 당신도, 그리고 봄 목련도.

자연은 스스로를 치유한다는 믿음도 문제다. 자연의 회복탄력성은 일정 범위 안에서만 맞는 이야기다. 과거 오랫동안 인간이 자연에 미치는 효과는 제한적이어서, 자연이라는 큰 호수에 던져진 작은 돌멩이 하나 정도로 아주 작은 영향만 줄 수 있었을 뿐이다. 약간의 충격은 자연의 평형을 잠시 흩트릴 뿐, 이내 자연은 다시 처음의 평형으로 회귀한다. 하지만 충격도 충격 나름이다. 자연이 받아들일 수 있는 것보다 더 큰 충격은 자연도 어쩌지 못한다. 건강한 생태계가 유지되는 맑은 호수에 유입된 적은 양의 오염물질은 호수의 생태계가 분해해 없애서 맑은 물이 유지된다. 하지만 많은 양의 오염물질로 호수가 혼탁해지면 호수의 수생식물과 곤충, 그리고 물고기가 결국 사라진다. 맑은 물은 흐려질 수 있지만, 생명이 사라진 혼탁한 호수가 저절로 맑은 호수로 돌아오지는 못한다. 산업화 이후 인간이 지구라는 호수에 떨어뜨린 것은 작은 돌멩이 정도가 아니었다. 호수를 파괴할 정도의 엄청나게 큰 바위를, 자신도 부분으로 살아가는 호수에 스스로 떨어뜨린 셈이다.

자연은 생각하지 않는다. 배려도 없다. 자연이 인간을 싫어한다는 뜻이 아니다. 인간의 존재에 자연은 무심하다는 뜻이다. 아무리 인간이 악행을 이어가도 지구는 멸망하지 않는다. 인간이 스스로 멸망할 뿐이다. 인간은 자연의 일부이지만, 자연은 인간 없이도 자연이다. 우리가 없어도 목련은 핀다.

저절로 깨지는 대칭성

물리학의 기본 법칙에는 여러 대칭성이 있다. 위치를 옮겨도 변화가 없는 옮김대칭성도 있고, 왼쪽과 오른쪽을 바꾸어 뒤집어도 변화가 없는 좌우대칭성도 있다.

물리학의 기본 법칙에 대칭성이 있다는 것과, 우리가 늘 대칭성을 보이는 상태만 관찰할 수 있다는 것은 다른 이야기다. 자연의 기본법칙은 좌우를 구별하지 않는다고 해서, 내 심장이 가슴의 왼쪽 부분에 조금 치우쳐 있을 수 없다는 얘기가 아니다. 자연 법칙에는 좌우대칭성이 있지만, 우리가 보는 자연에서는 좌우대칭성이 얼마든지 깨질 수 있다. 이처럼 자연현상을 기술하는 자연법칙이 가지고 있는 대칭성이 저절로 깨어져서 현실에 드러나는 것을 저절로 깨지는 대칭성이라고 한다.

통계물리학 분야에서도 저절로 깨지는 대칭성은 무척 중요하다. 여러 스핀들로 구성되어 있는 자성체를 기술하는 에너지는 모든 스핀의 방향을 같은 각도만큼 돌려도 전혀 변하지 않는 스핀돌림대칭성이 있다. 하지만 충분히 낮은 온도에서는 어떤 방향이 될지는 그때그때 다르지만, 어쩌다 우연히 정해진 방향을 모든 스핀이 가리키게 된다. 낮은 온도에서 자석이 자성을 갖게 되는 현상도 저절로 깨지는 대칭성의 개념으로 이해할 수 있다.

투명

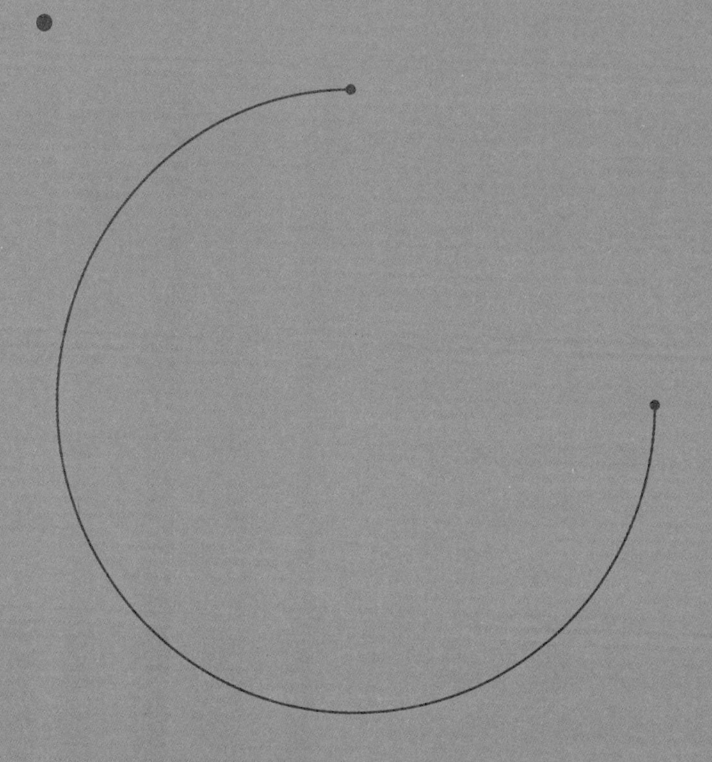

현재의 투명은 미래의 여전한 투명을 가능케 한다.
그러나 현재의 혼탁은 미래의 혼탁으로 이어진다.

아득히 깊은 곳까지 빛이 다다르려면

속을 보는 법

열 길 물속은 알아도 한 길 사람 속은 모른다. 속이 훤히 비치는 깊은 물과 도대체 무슨 생각을 하는지 알기 어려운 사람의 속마음을 비교한 속담이다. 과학자의 눈으로 굳이 멋진 속담에 트집을 잡자면, 사람의 몸은 투명한 물과 달라 가시광선을 투과하지 못해 불투명하니 당연한 이야기다. 물론 한 길 사람 몸이 투명해도 그 안 속마음이 눈에 보일 리는 없지만.

한 길 사람 속을 보는 방법이 있다. 바로 병원에서 진단용으로 사용하는 엑스선이다. 가시광선보다 짧은 엑스선 파장대의 전자기파는 사람의 몸을 어느 정도 투과한다. 엑스선 촬영은 인체 조직마다 다른 투과율 차이를 이용해 우리 몸속을 살피는 방법이다. 뼈보다 근육이 투과율이 높고, 또 특정 질병 부위의 투과율이

다르면 인체 조직의 구성성분에 따라 명암으로 구별되는 흑백사진으로 사람 몸속을 볼 수 있다. 이처럼 사람 몸속도 보는 방법에 따라 투명할 수도 아닐 수도 있다. 유리가 투명하다고는 하지만 이것도 보는 방법에 따라 다르다. 원자폭탄실험을 자동차 안에서 앞 유리 너머 맨눈으로 바라보았다는 파인만의 일화가 기억난다. 유리가 우리의 시각정보를 주로 처리하는 가시광선에는 투명해도, 짧은 파장대의 전자기파에는 투명하지 않기 때문에 가능한 일이다.

물도 그렇다. 열 길 깊이의 맑은 물도 가시광선이 아닌 다른 파장의 전자기파로 보면 물속이 잘 보이지 않는다. 물은 가시광선보다 파장이 짧은 자외선이나 파장이 훨씬 긴 적외선은 잘 투과하지 않는다. 투명한 맑은 물도 가시광선으로 볼 때의 이야기일 뿐이다. 물의 광학적 특성으로 우리가 이해할 수 있는 것이 있다. 태양은 가시광선 영역대에서 가장 큰 복사에너지를 지구로 보내고, 따라서 지구 식물의 광합성은 이 영역의 빛을 주로 이용한다. 또 물은 좁디좁은 가시광선 영역의 전자기파를 잘 투과하므로, 수생식물은 태양의 복사에너지를 효율적으로 이용할 수 있다. 지구 생명이 처음에 물에서 시작할 수 있었던 물리학적 근거다. 열 길 물속이나 한 길 사람 속이나 한 치 두께의 유리나, 어떻게 보는지에 따라 투명도가 달라진다. 투명하게 잘 보려면 보는 방법을 잘 고를 일이다.

열 길 물속과 한 길 사람 속을 비교한 속담은 가시광선 투과율에 관한 물리학의 이야기가 당연히 아니다. 그래도 흥미로운 점이 있다. 왜 우리는 광학적 물성이 정의되지 않는 사람의 마음을 아주 좁은 가시광선 영역대의 전자기파만 인식할 수 있는 사람의 시각 인식에 비유할까? 영화 〈아바타〉에서 본 멋진 대화가 떠오른다. 사랑에 빠진 외계인 여성이 인간 남성의 눈을 직시하며 "I see you"라고 말하는 장면이다. 한 길이라는 길이의 단위로는 결코 측정할 수 없는 상대의 마음을 깊이 이해하는 방법은 가시광선이 아니라 관심과 애정이다.

호숫물의 불연속적 상전이

맑고 투명한 호수도, 혼탁한 호수도 있다. 그리 깊지 않은 호숫물의 투명도가 어떻게 달라지는지에 대한 재미있는 이야기가 담긴 마틴 셰퍼(Marten Scheffer)의 『급변의 과학』이라는 책이 있다. 투명한 물은 호수 바닥까지 햇빛을 잘 전달해 풍성한 생태 환경을 만들어낸다. 울창한 수생식물은 건강한 호수 생태계의 필수조건이다. 수서곤충과 물고기 등 수많은 생명이 수생식물에 의지해 살아간다. 투명한 호수는 어느 정도의 유기물질이 외부에서 유입되어도 건강한 생태계가 이를 분해해 맑은 물을 계속 유지할 수 있다. 현재의 투명은 미래의 여전한 투명을 가능케 한다.

혼탁한 호수는 거꾸로다. 혼탁한 호수 바닥에는 햇빛이 잘 도달하지 않아 수생식물이 자라지 못하고, 따라서 건강한 생태 환경을 이루기도 어렵다. 게다가 외부에서 유입된 유기물질로 말미암아 수면 가까이에서 번식한 조류는 햇빛이 바닥에 닿는 것을 더욱 방해하게 된다. 현재의 혼탁은 미래의 혼탁으로 이어진다.

호수에는 이처럼 투명한 물과 혼탁한 물, 두 종류의 안정적인 평형상태가 있다. 한번 투명해진 물은 어느 정도의 오염에도 계속 투명도를 유지할 수 있지만, 한번 혼탁해진 물은 다시 투명해지기 어렵다. 이처럼 두 종류의 안정적인 평형상태가 함께 가능할 때, 한 평형상태에서 다른 평형상태로 옮겨가는 상전이는 불연속적으로 급격히 일어나는 경우가 많다. 앞서 소개한 책의 한국어판 제목이 『급변의 과학』인 이유다. 유입되는 유기물질을 조금 줄인다고 해서 혼탁한 호수가 투명한 호수로 천천히 연속적으로 바뀌기는 어렵다. 하지만 기나긴 노력이 쌓이면 변화는 갑자기 올 수 있다. 어렵게 불연속 상전이로 도달하게 된 투명한 평형상태는 웬만한 양의 오염물질이 유입되어도 이를 극복해 투명한 상태를 유지한다.

한번 투명해진 호수는 웬만한 오염에도 투명성을 스스로 유지할 수 있듯이, 투명한 사회는 내부 자정효과를 만들어 편법과 불공정이라는 미래의 오염을 미리 방지할 수 있다. 투명해진 세상 곳곳을 비추는 밝은 빛은 세상의 이목을 피하는 어두운 그늘을 없애, 세상이 계속 투명성을 유지하게 만들 수 있다. 썩은 바닥이 드러나 혼탁해진 지금의 세상을 보며, 미래에 올 투명한 세상을 기다린다.

잘 보아야 바꿀 수 있다. 잘 보이지 않으면 보는 방법을 바꿀 일이다. 어떻게 보는지에 따라 불투명한 오리무중으로 보일 수도,

투명한 맑은 물로 보일 수도 있다. 구석구석을 살피는 모두의 지속적인 관심으로 투명하게 드러난 세상은 미래의 오염도 막아낼 수 있다. 안 보이면 결국 썩는다. 현재의 악취에 눈 감고 코 막지 말고, 더 깊이 드러내서 더 투명해진 세상이 더 빨리 오기를 기다린다. 힘 있어 더 가진 이들의 음울한 한 길 사람 속도 열 길 물속처럼 투명하게 모두에게 드러나는 미래를 미리 손꼽아 기다린다.

지속가능한 성장을 향한 길

: ESG경영에 관하여

요즘 한국 사회의 여러 분야에서 '지속가능성'이 화두다. 재화와 용역을 생산하고 판매해 이익을 거두는 것이 목표인 기업도, 기업이 제공한 것을 구매하는 소비자도 마찬가지다. 불확실한 미래에도 지속이 가능하려면 이제 기업은 환경(Environment)과 사회(Social)를 고려한 적절한 의사결정구조(Governance)에 대한 치열한 고민을 시작해야 한다. 요즘 ESG경영이라는 단어가 언론 매체에 하루가 멀다 하고 등장하는 이유다. 환경과 사회를 생각하는 기업 경영은 기업의 이미지를 개선해서 소비자에게 좋은 인상을 주는 정도의 수준이 아니다. 우리 앞에 놓인 먼 미래에도 기업이 생존하려면, ESG는 선택이 아니라 필수다. 기업은 환경과 사회와 동떨어져서는 생존할 수 없기 때문이다.

과학에도 '환경'이 자주 등장한다. 자연에 존재하는 모든 것은 주변 환경과 상호작용하며 끊임없이 에너지와 물질 그리고 정보를 교환한다. 주변 환경과 완벽히 단절된 시스템을 고립계라고 한다. 고립계는 시간이 지나면 엔트로피가 최대가 되는 최종적인 평형상태를 향해 비가역적으로 다가선다. 하지만 환경에 대해 열려 있는 시스템은 엔트로피 증가라는 굴레에서 벗어나 얼마든지 새롭고 놀라운 현상을 스스로 만들어낼 수 있다. 매일 밥 먹고 새롭게 배워 하루가 다르게 성장하는 아이, 에너지를 공급받아 유용한 일을 하는 엔진, 햇빛과 물의 도움으로 봄에 피는 예쁜 꽃, 모두 마찬가지다. 외부 환경의 도움으로 내부의 상태를 바꾸어나가는 과정을 이어간다. 환경으로부터 고립된 것이 자연에 없듯이, 환경과 사회로부터 동떨어진 기업도 없다. 기업은 고립무원의 섬이 아니라, 사회와 환경으로 이루어진 바다 위를 항해하는 배다. 사람과 자연, 사회와 환경이 없다면 기업도 없다.

오랫동안 우리 인간은 사회와 환경으로 이루어진 바다의 크기가 무한대라고 여겼다. 지구의 자연이 인간에게 줄 수 있는 것도 무한대, 인간이 배출한 오염물질을 처리하는 자연의 능력도 무한대라고 믿었다. 하지만 무엇이든 내어주고 어떤 잘못도 너그럽게 받아들일 것처럼 보였던 자연이 실은 유한한 크기였음을 요즘 우리는 매일 깨닫고 있다. 자연은 엄청난 크기의 대양이 아니라 결국 작은 연못에 더 가까웠던 셈이다.

양 떼를 기르는 마을 사람들이 있다. 양 떼를 먹일 내 풀밭도 있지만, 마을 사람 누구나 자신의 양 떼를 풀어놓을 수 있는 마을 공유의 풀밭이 있다면 어떤 일이 생길까? 현명한 사람이라면 당연히 자신의 양떼를 먼저 마을 공유의 풀밭에 풀어서 풀을 먹이고, 그곳의 풀이 없어진 다음에야 자신이 소유한 풀밭에서 양들을 먹일 것이 분명하다. 그런데 나만 똑똑한 것이 아니다. 결국 마을 공유의 풀밭은 수많은 양으로 북적이고, 그곳의 풀은 순식간에 모두 없어져 황무지가 된다. 있지만 아무도 쓰지 못하는 무용지물이 되고 만다.

이러한 '공유지의 비극(Tragedy of the Commons)'의 틀로 이해할 수 있는 것이 바로 지구의 환경오염이다. 지구를 둘러싼 대기를 마을의 공유 풀밭으로, 그리고 자기의 양 떼를 공유지에 슬쩍 먼저 풀어놓는 행위를 오염물질의 배출로 바꾸어 생각하면 쉽게 이해할 수 있다. 처리 비용 없이 몰래 오염물질을 배출하면 나에게는 이익이지만, 모두의 이기적인 이익 추구로 결국 지구 대기가 심각하게 오염된다. 단기적인 이익을 추구하는 근시안으로는 저 멀리 다가오는 장기적인 피해를 막기 어렵다. 모두가 함께 공유한 푸른 풀밭과 맑은 연못을 후손에게 물려주려면, 우리 모두의 관심과 노력, 정부의 적절한 규제가 꼭 필요하다.

기업과 소비자는 사회와 환경에 커다란 영향을 미치고, 그 효과는 되먹임되어 다시 기업과 소비자에게 영향을 되돌려준다. 필요한 상품을 가능한 싼 가격에 구매하는 소비자의 합리성도 변하고 있다. 현대의 소비자는 자신의 소비에 가치를 담는다. 자신의 소비가 사회와 환경에 미치는 영향을 고려해 더 높은 가격마저도 흔쾌히 지불하는 착한 소비자가 늘고 있다. 노동자인권을 침해하는 회사, 환경오염물질을 배출하는 회사의 상품은 시장에서 빠르게 도태된다. 사회와 환경에 미치는 영향마저도 기업 활동에 반영하는 기업이 더 높은 수익을 거두는 미래가 이미 우리 곁에 다가오고 있다. 기업과 사회, 기업과 환경은 한쪽의 손해가 다른 쪽의 이익이 되는, 뺏고 뺏기는 관계가 결코 아니다. 도움을 주고받으며 함께 살아가는 생태계의 공생에 더 가깝다. 사회와 환경을 고려한 기업과 소비자는 사회와 환경을 더 나은 방향으로 이끌고, 그렇게 바뀐 사회와 환경에서, 기업과 소비자도 더 큰 이익을 거둘 수 있다.

성장은 어제와 오늘, 그리고 오늘과 내일의 비교다. 더 나은 내일을 바란다면, 오늘 하루를 버텨 내일 아침에 눈을 뜰 수 있어야 한다. 지속이 없다면 성장도 당연히 불가능하다는 이야기다. 무한한 크기의 자연과 무한한 소비 규모의 확대를 가정한 전통적인 의미의 경제성장은 지속가능하지 않다. 환경과 사회의 내일을 위해 오늘의 부담을 감수하지 않는 기업은 내일이 없다. 손해를 보라는 이야기가 아니다. 거꾸로다. 환경과 사회를 위한 오늘의 부담은 내일의 지속과 성장을 가능케 하는 현명한 투자다. 기업과 소비자 모두에게 도움이 되는, 많이 남는 장사다.

보이지 않아도 존재하고 있습니다

물리학자 김범준이 바라본 나와 세계의 연결고리

초판 1쇄 발행 2022년 11월 10일
초판 4쇄 발행 2024년 10월 28일

지은이 김범준

발행인 이봉주 **단행본사업본부장** 신동해
편집장 김경림 **교정교열** 라헌 **디자인** [★]규
마케팅 최혜진 이은미 **홍보** 반여진 허지호 송임선
제작 정석훈 **국제업무** 김은정 김지민

브랜드 웅진지식하우스
주소 경기도 파주시 회동길 20 ㈜웅진씽크빅
문의전화 031-956-7430(편집) 02-3670-1123(마케팅)
홈페이지 www.wjbooks.co.kr
인스타그램 www.instagram.com/woongjin_readers
페이스북 www.facebook.com/woongjinreaders
블로그 blog.naver.com/wj_booking

발행처 ㈜웅진씽크빅 **출판신고** 1980년 3월 29일 제 406-2007-000046호

978-89-01-26635-0 03400

웅진지식하우스는 ㈜웅진씽크빅 단행본사업본부의 브랜드입니다.